UG NX 9

中文版　标准教程

■ 张瑞萍　温玲娟　等编著

清华大学出版社

北　京

内 容 简 介

　　本书以最新版的 UG NX 9 中文版为操作平台，全面介绍使用该软件进行产品设计的方法和技巧。全书共分为 9 章，主要内容包括草绘建模、特征建模、曲线建模、曲面建模、工程图建模、模具建模和装配建模，覆盖了使用 UG NX 设计各种产品的全过程。书中在讲解软件功能的同时，在每一章都安排了丰富的"课堂实例"，同时提供了大量的上机练习以辅助读者巩固知识，解决读者在使用 UG NX 9 过程中所遇到的大量实际问题。配书光盘附有多媒体语音视频教程和大量的图形文件，供读者学习和参考。全书内容丰富、结构安排合理，适合作为 UG 软件的培训教材，也可以作为 CAD/CAM/CAE 工程制图人员的重要参考资料。

图书在版编目（CIP）数据

UG NX 9 中文版标准教程/张瑞萍，温玲娟等编著. —北京：清华大学出版社，2015
（清华电脑学堂）
ISBN 978-7-302-39049-7

Ⅰ. ①U…　Ⅱ. ①张… ②温…　Ⅲ. ①计算机辅助设计-应用软件-教材　Ⅳ. ①TP391.72

中国版本图书馆 CIP 数据核字（2015）第 017143 号

责任编辑：冯志强
封面设计：吕单单
责任校对：徐俊伟
责任印制：宋　林

出版发行：清华大学出版社
　　　　网　　址：http://www.tup.com.cn, http://www.wqbook.com
　　　　地　　址：北京清华大学学研大厦 A 座　　　邮　　编：100084
　　　　社 总 机：010-62770175　　　　　　　　　邮　　购：010-62786544
　　　　投稿与读者服务：010-62776969，c-service@tup.tsinghua.edu.cn
　　　　质 量 反 馈：010-62772015，zhiliang@tup.tsinghua.edu.cn
印 装 者：北京密云胶印厂
经　销：全国新华书店
开　本：185mm×260mm　　　印　张：18.5　　　　字　数：459 千字
　　　　（附光盘 1 张）
版　次：2015 年 4 月第 1 版　　　　　　　　　　　印　次：2015 年 4 月第 1 次印刷
印　数：1～3000
定　价：49.00 元

产品编号：062501-01

前　　言

UG NX 是一款集 CAD/CAM/CAE 于一体的 3D 参数化软件，是当今世界最先进的计算机辅助设计、分析和制造软件。它涵盖了产品设计、工程和制造中的全套开发流程，为客户提供了全面的产品全生命周期解决方案。该软件不仅是一套集成的 CAX 程序，而且已远远超越了个人和部门生产力的范畴，完全能够改善整体流程以及流程中每个步骤的效率，因而广泛地应用于航空、航天、汽车、通用机械和造船等工业领域。

应客户的要求，新版本的 UG NX 9 软件在 CAD 建模、验证、制图、仿真/CAE、工装设计和加工流程等方面增强了功能，提高了整个产品开发过程中的生产效率，可以更快地提供质量更高的产品。

1．本书内容介绍

本书以理论知识为基础，以机械设备中最常见的零部件模型为训练对象，带领读者全面学习 UG NX 9 软件，从而达到快速入门和独立进行产品设计的目的，全书共分 9 章，具体内容如下。

第 1 章　主要介绍 UG NX 9 软件的特点和功能，以及如何设置 UG 的基本环境，另外详细讲解了各种基本操作方法和基本操作工具的使用方法，使用户对 UG NX 9 的建模环境有进一步的了解。

第 2 章　主要介绍 UG NX 中的草绘基本环境和常用草绘工具的使用方法，以及相关的约束管理等内容。

第 3 章　主要介绍各种基准特征、体素特征、扫描特征和设计特征的创建方法，并详细介绍了建模模块中相应的特征操作技巧。

第 4 章　主要介绍有关实体特征编辑功能中各种工具的操作方法和使用技巧，并详细介绍了各种特征关联复制工具的使用方法。

第 5 章　主要介绍空间曲线的绘制方法，包括各类基本曲线和高级曲线，并详细介绍了空间曲线的各种操作和编辑方法。

第 6 章　主要介绍曲面的相关概念，以及有关曲面编辑的操作方法和技巧，并通过讲述各种简单和复杂曲面造型工具的使用方法，全面介绍构建曲面特征的操作方法。

第 7 章　将重点介绍 UG 工程图的建立和编辑方法，具体包括工程图的参数预设置、图纸操作、添加视图，以及编辑和标注工程图等内容。

第 8 章　主要介绍注塑模具的工艺流程，以及初始化设置和分模前的准备操作，并通过介绍分型面的创建和分模设计等诸多操作来讲述整个模具的设计过程。

第 9 章　主要介绍使用 UG NX 9 进行装配设计的基本方法，包括自底向上和自顶向下的装配方法，以及执行组件编辑和创建爆炸视图等操作方法。

2．本书主要特色

全书是指导初中级用户学习 UG NX 9 中文版绘图软件的图书，主要体现以下特色。

❑ **内容系统性和直观性**

本书内容强调系统性和直观性，特别是对在使用 UG NX 9 软件过程中容易造成失误的很多细节作了细致的阐述。各章节均附有大量来自实践的工程设计案例，以帮助读者将所学理论知识应用于工程实际。

此外，在专业内容的安排上也进行了细化，对于较为简单、通俗易懂的知识点，使用了较短的篇幅进行简要介绍，而对于在设计中不容易掌握的内容，则加大篇幅进行了详细介绍。

❑ **案例的实用性和典型性**

为提高读者实际绘图能力，在讲解软件专业知识的同时，各章都安排了丰富的"课堂实例"和"上机练习"来辅助读者巩固知识，这样安排可快速解决读者在学习该软件的过程中所遇到的大量实际问题。

各个课堂实例和上机练习的挑选都与工程设计紧密联系在一起，详细介绍了这些典型模型的结构特征、应用场合、设计产品过程需要注意的重点难点，同时附有简捷明了的步骤说明。使用户在制作过程中不仅巩固知识，而且通过这些练习建立产品设计思路，在今后的设计过程中，达到举一反三的效果。

3．随书光盘内容

为了帮助更好地学习和使用本书，本书专门配带了多媒体学习光盘，提供了本书实例源文件、最终效果图和全程配音的教学视频文件。在使用本光盘之前，需要先安装光盘中提供的 tscc 插件才能运行视频文件。光盘中，example 文件夹提供了本书主要实例的全程配音教学视频文件。downloads 文件夹提供了本书实例素材文件。image 文件夹提供了本书主要实例最终效果图。光盘有如下特色。

❑ **人性化设计**

光盘主界面有 3 个按钮，分别是"素材下载"、"教学视频"和"网站链接"，前两个按钮对应光盘的 downloads 文件夹和 example 文件夹。用户只需单击相应的按钮，就可以进入相关程序，比如单击"网站链接"按钮可以直接链接到清华大学出版社网站。

❑ **交互性**

视频播放控制器功能完善，提供了"播放"、"暂停"、"快进"、"快退"、"试一试"等控制按钮，可以显示视频播放进度，用户使用非常方便。比如，视频文件在播放的过程中，单击"试一试"按钮，可以最小化视频播放界面，读者可以跟随视频文件指导，自行上机练习视频教学内容。

❑ **功能完善**

本光盘由专业技术人员使用 Director 技术开发，具有背景音乐控制、快进、后退、返回主菜单、退出等多项功能。用户只需单击相应的按钮，就可以灵活完成操作。比如，自动运行光盘时，单击"视频教程"按钮，可以进入视频文件界面，单击每一个视频按钮，就可以直接播放视频文件；如果手动打开光盘，可以进入 example 文件夹，双击对应的 avi 文件，直接打开视频文件。

4．本书适用的对象

对于不具备任何软件操作基础的读者，通过本书丰富的练习操作，可以认识 UG NX 软件，掌握软件基本操作，可以作为计算机辅助设计的入门读物。

对于机械、模具、加工等专业初学 UG NX 软件的读者，本书紧扣工程专业知识，不仅带领读者熟悉该软件，而且可了解产品设计的过程，以及产品在设计过程中需要注意的因素和重要环节。

对于具有 UG NX 软件操作基础的读者，可以简略学习 UG NX 基础操作内容，了解 UG NX 9 软件的新增功能和操作环境，将重心放在造型设计等知识点的学习。

全书可安排 26～30 个课时，并配有相应的课堂实例和上机练习，可以作为高等院校、职业技术院校机械、机电、模具等专业的教材，教师在组织授课时可以灵活掌握。

参与本书编写的除了封面署名人员外，还有吴东伟、倪宝童、石玉慧、李志国、唐有明、王咏梅、李乃文、陶丽、连彩霞、毕小君、王兰兰、牛红惠等人。由于时间仓促，水平有限，疏漏之处在所难免，欢迎读者朋友登录清华大学出版社的网站 www.tup.com.cn 与我们联系，帮助本书的改进和提高。

编　者

目 录

第1章

UG NX 9 基础知识

UG NX 是一款集 CAD、CAM 和 CAE 于一体的三维参数化软件，是当今世界最先进的计算机辅助设计、分析和制造软件之一。UG NX 9 软件提供了多种新功能和更强大的工具，便于设计、仿真和制造。此外，在系统学习一个软件之前，首要的工作就是熟悉并了解该软件的各种相关知识。UG NX 9 作为专业化的绘图软件，具有其他软件所不同的特点和操作要求。作为 UG 软件的初学者，灵活掌握这些相关知识和基本操作方法是学好该软件的关键，也为以后进一步提高绘图能力打下坚实的基础。

本章主要介绍 UG NX 9 软件的特点和功能，以及如何设置 UG 的基本环境，另外详细讲解了各种基本操作方法和基本操作工具的使用方法，使用户对 UG NX 9 的建模环境有进一步的了解。

本章学习目的：

- ➢ 了解 UG 软件各模块的特点
- ➢ 熟悉 UG NX 9 软件的工作界面
- ➢ 熟悉 UG 基本环境的设置方法
- ➢ 掌握文件和视图操作方法
- ➢ 掌握基本操作工具的使用方法

1.1 UG NX 概述

同以往国内使用最多的 AutoCAD 等通用绘图软件比较，UG NX 软件直接采用了统一数据库、矢量化和关联性处理，以及三维建模同二维工程图相关联等技术，提高了用户工作效率。该软件不仅是一套集成的 CAX 程序，而且已远远超越了个人和部门生产力的范畴，完全能够改善整体流程及其每个步骤的效率，因而广泛地应用于航空、航天、汽车、通用机械和造船等工业领域。

1.1.1 UG 技术特点

UG NX 提供了一个基于过程的产品设计环境，使产品的开发从设计到加工，真正实现了数据的无缝集成，从而优化了企业的产品设计与制造。UG 面向过程驱动的技术是虚拟产品开发的关键技术，在面向过程驱动技术的环境中，用户的全部产品以及精确的数据模型能够在产品开发全过程的各个环节保持相关，从而有效地实现了并行工程。

伴随着 UG 版本不断地更新和功能不断地扩充，促使该软件朝着专业化和智能化方向发展，其主要技术特点如下所述。

❑ **智能化的操作环境**

UG NX 具有良好的用户界面，绝大多数功能都可以通过图标来实现，并且在进行对象操作时，具有自动推理功能。同时，在每个操作步骤中，绘图区上方的信息栏和提示栏中将提示操作信息，便于用户做出正确的选择。

❑ **建模的灵活性**

UG NX 以基于特征（如孔、凸台、槽沟和倒角等）的建模和编辑方法作为实体造型的基础，类似于工程师传统的设计方法，可以用参数驱动；且该软件具有统一的数据库，真正实现了 CAD、CAE、CAM 等各模块之间的无数据交换的自由切换，可实施并行工程。此外，该软件采用复合建模技术，可将实体建模、曲面建模、线框建模、显示几何建模与参数化建模融为一体。

❑ **集成的工程设计功能**

UG NX 出图功能强，可以方便地将三维实体模型生成二维工程图，且可以按照 ISO 标准和国标标注尺寸、形位公差和汉字说明等。此外，还可以直接对实体作旋转剖和阶梯剖等操作生成各种剖视图，增强了绘制工程图的实用性。

1.1.2 UG 软件的功能模块

UG NX 功能非常强大，涉及工业设计与制造的各个层面，是业界最好的工业设计软件包之一。该软件的各功能是靠各种模块来实现的，用户可以通过利用不同的功能模块来实现不同的用途。UG NX 整个系统由大量的模块所构成，可以分为以下几大模块。

1．基本环境模块

基本环境模块即基础模块，它仅提供一些最基本的操作，如新建文件、打开文件、输入/输出不同格式的文件、层的控制和视图定义等，是其他模块的基础。

2．CAD 模块

UG NX 软件的 CAD 模块是产品设计的基本模块，包括实体建模、特征建模、自由形状建模、装配建模和制图等基本模块，是 CAID（计算机辅助工业设计）和 CAD 的集成软件，较好地解决了以往难以克服的 CAID 和 CAD 数据传输的难题。该模块又由以下许多独立功能的子模块构成。

❑ **建模模块**

建模模块作为新一代产品造型模块，提供了实体建模、特征建模、自由曲面建模等先进的造型和辅助功能。如图1-1所示的电机外壳模型就是使用建模工具获得的。

❑ **制图**

UG 工程制图模块是以实体模型为基础自动生成的平面工程图，用户也可以利用曲线功能绘制平面工程图。其中，3D 模型的任何改变都将会同步更新工程图，从而使二维工程图与 3D 模型完全一致，同时也减少了因 3D 模型改变而更新二维工程图的时间。如图1-2所示就是使用该模块创建的法兰轴工程图。

❑ **装配建模**

UG 装配建模模块用于产品的模拟装配，支持"由底向上"和"由顶向下"的装配方法。装配建模的主模型可以在总装配的上下文中进行相应的设计和编辑，而组件则以各种约束方式被灵活地配对或定位，改进了性能并减少了存储的需求。如图1-3所示就是在该模块中创建的截止阀装配体效果。

❑ **模具设计**

Mold Wizard 是 UGS 公司提供的运行在 UG 软件基础上的一个智能化、参数化的注塑模具设计模块。该模块的最终目的是生成与产品参数相关的、可用于数控加工的三维模具模型。此外，3D 模型的每一改变均会自动地关联到相应的型腔和型芯部分。如图1-4所示就是使用该模块进行模具设计的效果。

图1-1　电机外壳模型

图1-2　创建工程图

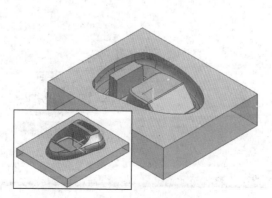

图1-3　截止阀装配　　　　图1-4　充电器座模具效果

3. CAM 模块

利用【加工】模块可以根据建立起的三维模型生成数控代码，用于产品的加工，且其后处理程序支持多种类型的数控机床。【加工】模块提供了众多的基本模块，如车削、固定轴铣削、可变轴铣削、切削仿真和线切割等。如图 1-5 所示就是使用铣削功能创建的仿真刀具轨迹。

图 1-5　仿真刀具轨迹

4. CAE 模块

CAE 主要包括结构分析、运动和智能建模等应用模块，是一种能够进行质量自动评测的产品开发系统，提供简便易学的性能仿真工具，使任何设计人员都可以进行高级的性能分析，从而获得更高质量的模型。如图 1-6 所示就是使用结构分析模块对带轮部件执行有限元分析的效果。

图 1-6　带轮有限元分析

1.1.3　UG NX 9 新增功能

新版本的 UG NX 9 软件在相应的模块中增加了新的工具，并对原有的操作工具或命令进行了不同程度的加强，便于用户快捷高效地完成设计任务。

1. 全新的 Ribbon 界面

UG NX 9 软件使用全新的 Ribbon 界面，减少了鼠标的点击率，使操作界面更加清晰明了，用户可以方便、快捷地找到所需要的工具按钮，如图 1-7 所示。

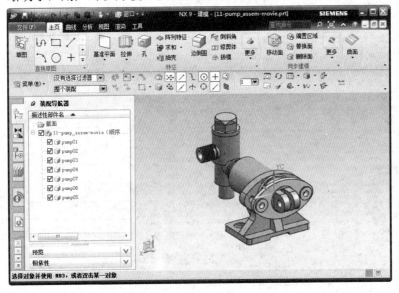

图 1-7　全新的 Ribbon 界面

此外，用户还可以设置相应的参数选项切换至原先的经典界面样式。在【菜单】下拉列表中选择【首选项】|【用户界面】选项，系统将打开【用户界面首选项】对话框，如图 1-8 所示。

此时，切换至【布局】选项卡，在【用户界面环境】选项组中选择【经典工具条】单选按钮，即可使 UG NX 9 软件的界面返回至经典界面样式，如图 1-9 所示。

2. 二维同步技术

UG NX 9 软件在相应的草绘命令中添加了二维同步技术，有效地提高了设计效率。其中，涉及的命令工具有【移动曲线】工具、【偏置移动曲线】工具、【调整曲线尺寸】工具和【删除曲线】工具。各工具的具体操作方法将在之后的章节中详细介绍，这里不再赘述。

图 1-8 【用户界面首选项】对话框

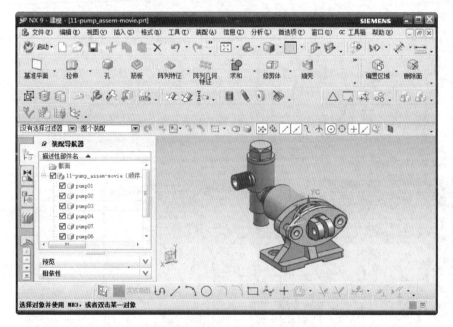

图 1-9 经典界面样式

3. 线性尺寸

UG NX 9 软件在草图标注版块中，将原先的【水平尺寸】、【平行尺寸】、【竖直尺寸】和【垂直尺寸】等命令合并为一个新的命令：【线性尺寸】，如图 1-10 所示。

该命令整合了多个标注命令，启用一个命令即可完成相应的多尺寸标注工作，不必再相互切换各命令，大大提高了标注效率。

4. 螺旋线阵列

新版本的 UG NX 9 软件在阵列选项中添加了【螺旋线】阵列方式。由原先的只能先绘制出螺旋线，再按螺旋线路径排列变为直接增量螺旋阵列，使阵列功能进一步加强，如图 1-11 所示。

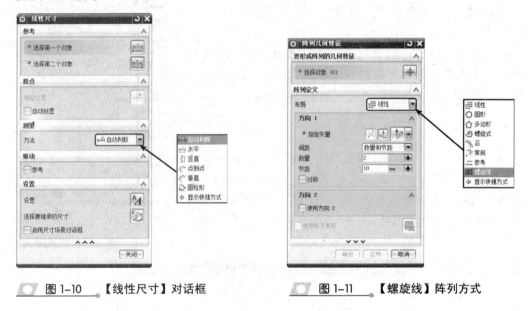

图 1-10　【线性尺寸】对话框　　　　图 1-11　【螺旋线】阵列方式

5. 同步视图

在之前的 NX 版本中，新建窗口中的各视图只能单独旋转进行查看；而在新版本的 UG NX 9 软件中，用户可以进行多视图同步旋转和查看，使设计人员可以从多角度、全方位地查看自己的设计方案，如图 1-12 所示。

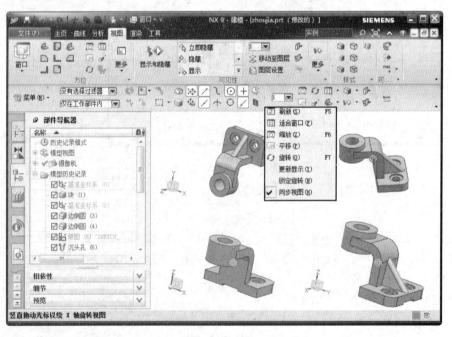

图 1-12　同步视图

1.2 初识 UG NX 操作界面

要使用 UG NX 9 软件进行工程设计，必须进入该软件的操作环境。用户可以通过新建文件的方法，或者通过打开文件的方法进入该操作环境。

此外，在进行机械设计工作之前，如何能够简易、快速地定义出符合每个不同设计者风格的工作界面，以及如何能够熟练使用这些操作来对付应急问题，是很多初级用户所面临的问题，并且也是亟待解决的问题。UG NX 9 提供了方便的界面定制方式，可以按照个人需要进行相应的界面定制。

1.2.1 UG NX 9 工作界面

UG NX 9 的工作界面如图 1-13 所示。该界面主要由绘图区域、菜单栏、提示栏、状态栏、工具栏和资源栏组合而成，现分别介绍如下。

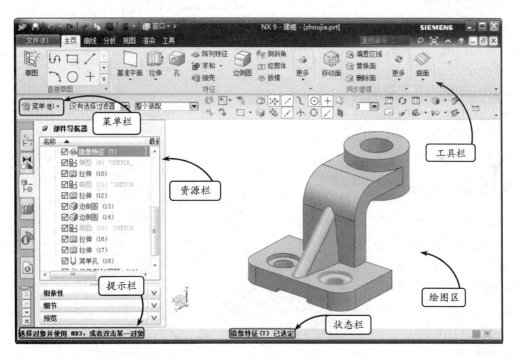

图 1-13 UG NX 9 的工作界面

1. 菜单栏

菜单栏包含了 UG NX 9 软件的主要功能，位于主窗口的左部。菜单栏是分级式菜单，系统将所有的指令和设置选项予以分类，分别放置在不同的分级式菜单中。选择其中任何一个菜单时，都将会弹出子菜单，同时显示出该功能菜单中所包含的有关指令。

2. 工具栏

工具栏在主窗口的上部，且各个工具栏被系统按类分别放置在相应的选项卡中。工具栏以简单直观的图标来表示每个工具的作用。UG 具有大量的工具栏供用户使用，只要单击工具栏中的图标按钮就可以启动相应的功能。

在 UG NX 中，几乎所有的功能都可以通过单击工具栏上的图标按钮来启动，且集成各相应工具栏的选项卡可以以固定或浮动的形式出现在窗口中。此外，如果将鼠标指针停留在工具栏按钮上，将会出现该工具对应的功能提示。

3. 绘图区

绘图工作区域是 UG NX 9 的主要工作区域，以窗口的形式呈现，占据了屏幕的大部分空间，其用于显示绘图后的效果、分析结果和刀具路径结果等。在 UG NX 9 中，还支持以下操作方法。

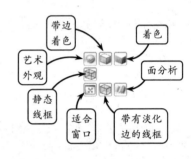

❏ 挤出式按钮

在绘图区域按住鼠标右键不放，系统将打开新的挤出式按钮，用户可以选择多种视图的操作方式，如图 1-14 所示。

图 1-14　挤出式按钮

❏ 小选择条和视图菜单

在绘图工作区域的空白处，单击鼠标右键，系统将打开如图 1-15 所示的小工具条和快捷菜单。用户可以在该快捷菜单中选择视图的操作方式。

4. 提示栏和状态栏

提示栏位于绘图区的下方，用于提示使用者操作的步骤。在执行每个指令步骤时，系统均会在提示栏中显示使用者必须执行的动作，或提示使用者执行下一个动作。

状态栏固定于提示栏的右方，其主要用途是显示系统及图素的状态。例如当鼠标停留在某曲面上时，状态栏将显示当前曲面的特征，如图 1-16 所示。

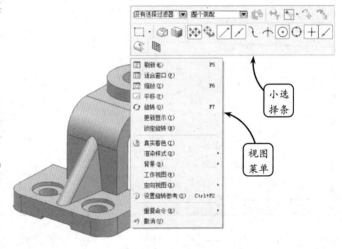

图 1-15　小选择条和视图菜单

5. 资源栏

资源栏是用于管理当前零件的操作及操作参数的一个树形界面，如图 1-17 所示。

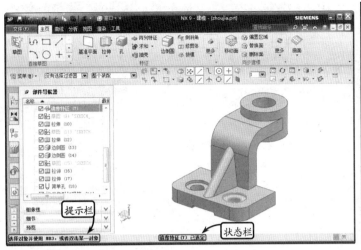

图 1-16 提示栏和状态栏   **图 1-17** 资源栏

该资源栏的导航按钮位于屏幕的左侧，如装配导航器和部件导航器等。该资源栏中各主要导航器按钮的含义如表 1-1 所示。

表 1-1 资源栏主要导航器按钮含义

导航器按钮	按 钮 含 义
装配导航器	用来显示装配特征树及其相关操作过程
部件导航器	用来显示零件特征树及其相关操作过程，即从中可以看出零件的建模过程及其相关参数。通过特征树可以随时对零件进行编辑和修改
重用库	能够更全面地浏览 Teamcenter Classification 层次结构树，并提供了对分类对象的直接访问权。此外还可将相关 NX 部件的任何分类对象拖动到图形窗口中
Web 浏览器	可以在 UG NX 9 中切换到 IE 浏览器
历史记录	可以快速地打开文件，此外，还可以单击并拖动文件到工作区域打开该文件
系统材料	系统材料中提供了很多常用的物质材料，如金属、玻璃和塑料等。可以单击并拖动需要的材质到设计零件上，即可达到给零件赋予材质的目的

1.2.2 设置 UG 基本环境

在进行机械设计工作之前，如何能够简易、快速地定义出符合每个不同设计者风格的工作界面，以及如何能够熟练使用这些操作来对付应急问题，是很多初级用户所面临的问题，并且也是亟待解决的问题。UG NX 9 提供了方便的界面定制方式，可以按照个人需要进行相应的界面定制。

1. 对象和选择参数设置

UG NX 软件提供了多处系统的基本参数设置，常用的包括对象、选择、背景和用户界面。系统的基本设置没有统一的固定模式，完全根据用户的需要进行相应操作，例如对象的颜色或者线宽等各项参数，都可以通过相关的参数修改来实现熟悉工作环境的目的。

在设计过程中，经常需要选择相应的图形对象进行编辑修改，且在选择这些图形对象的同时也要考虑到选择的准确性及时效性。因此，UG 软件基于不同的设计需要，

将对象的选择功能提供了人性化的
设置。

　　要进行对象或选择方面的相关设
置，可以选择【首选项】|【对象】选
项，或者【首选项】|【选择】选项，
系统将打开相应的对话框，用户即可
对不同类型对象的颜色、线型、宽度
和透明度等属性参数，或者各种选择
对象的方式进行相应的设置，如图
1-18 所示。

2. 定义工作平面

　　工作平面只能在进入各功能模块
后方可设置，具体设置包括图形在绘
图区中的网格显示和捕捉等。

　　要设置工作平面，可以选择【首
选项】|【栅格】选项，系统将打开
【栅格】对话框，如图 1-19 所示。在
该对话框中可以定义以下 3 种栅格工作平面类型。

❑ 矩形均匀网格

　　选择【矩形均匀】网格类型后，【栅格大小】
面板将显示如图 1-20 所示的 3 个文本框。在这 3
个文本框中分别设置相应的参数值，并启用【栅格
设置】面板中的【显示栅格】和【显示主线】复选
框，即可获得相应的网格效果。

❑ 矩形非均匀网格

　　选择【矩形非均匀】网格类型后，【栅格大小】
面板将显示如图 1-21 所示的 6 个文本框。该网格
类型与矩形均匀网格的不同之处在于：该类型可以
设置两个方向上的间隔参数。其他操作方法与矩形
均匀网格类型相同，这里不再赘述。

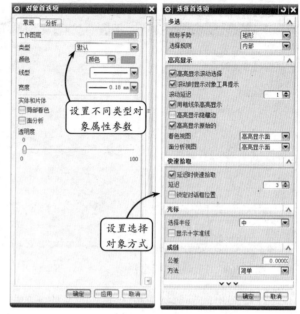

图 1-18　　【对象首选项】和【选择首选项】对话框

图 1-19　　【栅格】对话框

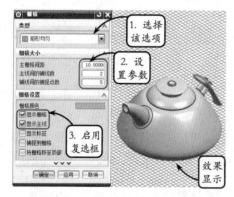

图 1-20　　设置矩形均匀网格

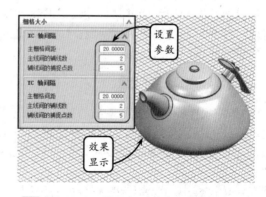

图 1-21　　设置矩形非均匀网格

❑ **极坐标网格**

选择【极坐标】网格类型后,【栅格大小】
面板将显示如图 1-22 所示的 6 个文本框。设置
相应的参数值后,网格将按照 Z 轴方向旋转形
成极坐标网格。此时,启用【栅格设置】面板
中的【显示栅格】和【显示主线】复选框,即
可获得相应的网格效果。

3. 设置背景

❑ 图 1-22　设置极坐标网格

在 UG NX 9 中,默认的绘图区域呈灰色,
且从上到下,由深至浅。若想改变这种视觉效果,可以选择
【首选项】|【背景】选项,系统将打开【编辑背景】对话框,
如图 1-23 所示。该对话框中各选项的含义介绍如下。

❑ **着色视图**

着色显示实体和曲面。选择【纯色】单选按钮,背景色
将被设置为单一的颜色;选择【渐变】单选按钮,则需要分
别指定绘图区域顶部与底部的颜色。此时单击两选项对应的
调色板按钮,系统将打开【颜色】对话框,如图 1-24 所示。
在该对话框中指定相应的颜色作为背景颜色即可。

❑ 图 1-23　【编辑背景】
　　　　　　　　　对话框

> ➤ **线框视图**　以线框形式显示实体和
> 曲面,选项含义同着色视图。
>
> ➤ **普通颜色**　指定单一色调时的颜色,
> 即当在【着色视图】或【线框视图】
> 选项组中选择【纯色】单选按钮时使
> 用的颜色。
>
> ➤ **默认渐变颜色**　用于恢复默认的顶
> 部与底部的颜色选项。单击该按钮
> 后,之前设置的背景颜色将全部恢复
> 至原来的默认颜色。

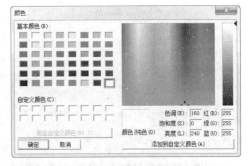

❑ 图 1-24　【颜色】对话框

1.3　UG NX 基本操作

UG NX 9 作为专业化的图形软件,具有其他软件所不同的特点和使用要求,其中包
括相关的文件管理、对象操作、视图布局操作和工作图层管理等。作为 UG 软件的初学
者掌握这些基本操作方法是学好该软件的关键,也是进一步提高作图能力的关键。

1.3.1　文件管理

在文件菜单中,常用的命令是文件管理指令(新建、打开、保存和另存为),即用
于建立新的零件文件、开启原有的零件文件、保存或者重命名该文件。本节将主要介绍

文件管理的基本操作方法。

1. 新建和打开文件

在进行工程机械设计时，可以通过新建文件或打开已创建的文件进入 UG 的操作环境。其设置方法是：利用【新建】工具，可以选择各类型的模板进入指定的操作环境；同样可以利用【打开】工具，直接进入与之相对应的操作环境中。

❑ **新建文件**

要创建新文件，可以选择【文件】|【新建】选项，或者在【快速访问工具条】中单击【新建】按钮□，系统将打开【新建】对话框，如图 1-25 所示。

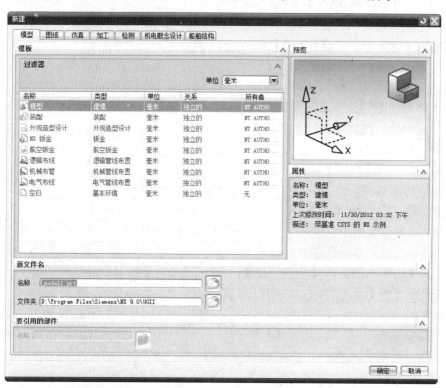

图1-25　【新建】对话框

由图 1-25 可以看出，该对话框包括了 7 类选项卡。其中，【模型】选项卡包含了执行工程设计的各种模板；【图纸】选项卡包含了执行工程设计的各种图纸类型；【仿真】选项卡包含了仿真操作和分析的各个模板。

提　示

新建文件时，需要注意指定文件的路径与文件名。其中，文件的命名可以按计算机操作系统建立的命名约定（UG 不支持中文名称，包括路径中也不能有中文）。

❑ **打开文件**

要打开指定文件，可以选择【文件】|【打开】选项，或者在【快速访问工具条】中单击【打开】按钮□，系统将弹出【打开】对话框，如图 1-26 所示。

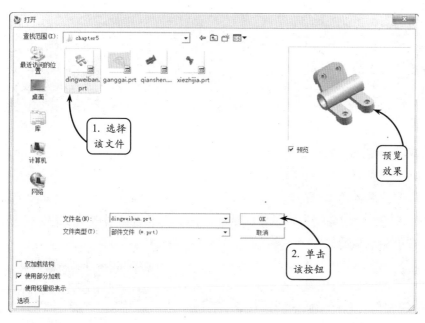

图 1-26　打开文件

　　在该对话框中单击需要打开的文件，或者直接在【文件名】列表框中输入文件名，即可在【预览】窗口中显示所选图形。如果没有图形显示，则需要启用右侧的【预览】复选框进行查看，最后单击【OK】按钮，即可打开指定的文件。

2．保存和关闭文件

　　在使用计算机时，往往因为断电或其他意外事故而造成文件的丢失，给我们的学习和工作带来很多不必要的麻烦，所以及时保存文件显得极其重要。另外，在创建完成一份设计之后，可以通过相应的关闭操作将当前的文件关闭。

□ **保存文件**

　　要保存文件，可以选择【文件】|【保存】选项，或者在【快速访问工具条】中单击【保存】按钮，即可将文件保存到原来的目录。如果需要将当前图形保存为另一个文件，可以选择【文件】|【另存为】选项，系统将打开【另存为】对话框，如图 1-27 所示。此时，在【文件名】文本框中输入文件名

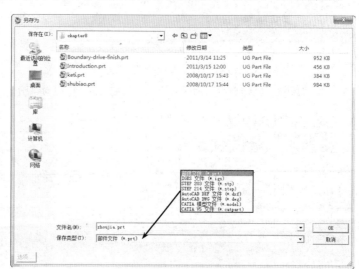

图 1-27　【另存为】对话框

称，并指定相应的保存类型，然后单击【OK】按钮即可。

❑ **关闭文件**

如果需要关闭当前文件，可以选择【文件】|【关闭】选项，在打开的子菜单中选择相应的选项进行关闭操作即可。此外，还可以通过单击图形工作窗口右上角的按钮⊠来关闭当前的工作窗口。且在退出 UG NX 9 软件时，系统将会自动提示是否要保存改变的文件。

1.3.2 对象操作

为了更快地适应 UG 软件的工作环境，提高工作效率及绘图的准确性，用户可以根据不同的使用习惯，进行选择对象的参数设置、显示设置和显示/隐藏设置等操作，便于对相关的对象操作有更加清晰的认识。

1. 对象选择设置

在设计过程中，经常需要选择相应的图形对象进行编辑修改，且在选择这些图形对象的同时也要考虑到选择的准确性及时效性。因此，UG 软件基于不同的设计需要，将对象的选择功能提供了人性化的设置。

❑ **类选择器选择**

类选择器实际上是一个对象过滤器，使用该选择器可以通过某些限定条件来选择不同种类的对象，从而提高工作效率。特别是创建大型装配实体时，该工具应用最为广泛。

要执行类选择设置，可以切换至【视图】选项卡，在【可视化】工具栏中单击【编辑对象显示】按钮 ，系统将打开如图 1-28 所示的【类选择】对话框。

图 1-28 【类选择】对话框

在该对话框中，可以根据具体需要通过【过滤器】面板中的 5 种过滤器来限制选择对象的范围。然后通过合适的选择方式来选择对象，所选对象即可在绘图区中以高亮的方式显示。该对话框中各选项的含义及设置方法见表 1-2。

表 1-2 【类选择】对话框各选项含义及设置方法

选 项	含义及设置方法
选择对象	单击该按钮，可以选择图中任意对象，然后单击【确定】按钮即可完成选取
全选	单击该按钮，可以选取所有符合过滤条件的对象。如果不指定过滤器，系统将选取所有处于显示状态的对象
反选	单击该按钮，可以选取在绘图区中未被选中的且符合过滤条件的所有对象
根据名称选择	通过在该文本框中输入预选对象的名称进行对象的选择
选择链	该选项用于选择首尾相接的多个对象。其使用方法是：先单击对象链中的第一个对象，然后再单击最后一个对象，此时系统将高亮显示该对象链中的所有对象。如选择正确，单击【确定】按钮，即可完成该选择操作

选　项	含义及设置方法
向上一级	该按钮用于选取上一级的对象。当选取了位于某个组的对象时，此项才会激活。然后单击该按钮，系统将会选取该组中包含的所有对象
类型过滤器	通过指定对象的类型来限制对象的选择范围。单击该按钮，即可在打开的【根据类型选择】对话框中指定对象选择所需要的各种对象类型
图层过滤器	单击该按钮，可以在打开的【根据图层选择】对话框中指定所选对象所在的一个或多个图层，且指定图层后只能选择这些层中的对象
颜色过滤器	通过指定对象的颜色来限制选择对象的范围。单击该颜色块后，即可在打开的【颜色】对话框中设置对象颜色
属性过滤器	通过指定对象的共同属性来限制对象的范围。单击该按钮，即可在打开的【按属性选择】对话框中指定属性选择对象
重置过滤器	取消之前的类选择操作。单击该按钮，即可重新进行类选择设置

❏ **鼠标直接选择**

当系统提示选择对象时，鼠标在绘图区中的形状将变成球体状。当选择单个对象时，该对象将改变颜色；当选择多个对象时，可以将鼠标在屏幕上指定一点，然后拖动鼠标将所选对象框选在内，释放鼠标即可选择这些对象，效果如图 1-29 所示。

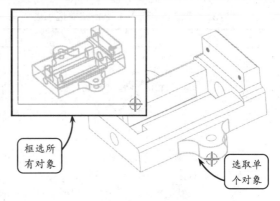

框选所有对象

选取单个对象

❏ **优先级选择对象**

除了以上两种选择对象的方法，还可以通过指定优先级来选择指定的对象。用户可以选择【编辑】|【选择】选项，在

图 1-29　利用鼠标选择对象

打开的子菜单中指定相应的选项，即可执行相关的选择操作。例如选择【最高选择优先级－边】选项，然后利用鼠标选取对象时，将以边为优先选取依据进行选取操作，效果如图 1-30 所示。

提示

若需要选择的对象位于多个对象中，可以在选择的对象上按住光标不放，直至光标形状变为十，并打开【快速拾取】对话框。此时，在该对话框的列表中选择相应的对象即可。

2．编辑对象显示

用户可以通过对象显示方式的编辑，修改对象的颜色、线型、宽度和透明度等属性。该操作特别适用于在创建复杂实体模型时，对各部分的观察、选取以及分析修改等。

切换至【视图】选项卡，在【可视化】工具栏中单击【编辑对象显示】按钮，系统将打开【类选择】对话框。此时，在绘图区中选取相应对象，并单击【确定】按钮，即可打开如图 1-31 所示的【编辑对象显示】对话框。

该对话框包括两个选项卡，在【分析】选项卡中可以设置所选对象各类特征的颜色和线型，一般情况下不予修改。【常规】选项卡中各主要选项的含义可以参照表 1-3。

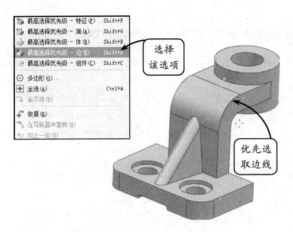

选择该选项

优先选取边线

图 1-30　　优先选取边线
图 1-31　　【编辑对象显示】对话框

表 1-3　　【常规】选项卡中各主要选项的含义

类型	含义及设置方法
图层	该文本框用于指定对象所属的图层，一般情况下为了便于管理，常将同一类对象放置在同一个图层中
颜色	该色块用于设置对象的颜色。对不同的对象指定不同的颜色有助于图形的观察，以及对各部分的选取及操作
线型和宽度	通过这两个下拉列表框，可以根据需要设置实体模型边缘、曲线或曲面边缘等对象的线型和宽度
透明度	通过该选项的设置可以调整实体模型的透明度。默认情况下透明度为 0，即不透明；向右拖动滑块，透明度将随之增加
局部着色	该复选框用于控制是否对模型进行局部着色。禁用该复选框，表示不能进行局部着色；启用该复选框，则可以进行局部着色。且为了增加模型的层次感，可以为模型实体的各个表面设置不同的颜色
面分析	该复选框可以用来控制是否进行面分析。禁用该复选框，表示不进行面分析；启用该复选框，则表示进行面分析。通过面分析操作，可以帮助用户了解面的曲率信息
继承	该工具可以将所选对象的属性赋予正在编辑的对象上。单击该按钮，系统将打开【继承】对话框。此时在绘图区中选取一个对象，并单击该对话框中的【确定】按钮，即可将所选对象的属性赋予正在编辑的对象，同时将返回至【编辑对象显示】对话框

3. 显示/隐藏对象

在创建较复杂的实体模型时，由于此模型包含多个对象特征，容易造成用户在大多数的观察角度上无法看到被遮挡的特征对象。此时就可以利用该工具将当前不进行操作的对象暂时隐藏起来，在完成相应的特征操作后，根据需要将隐藏的对象重新显示即可。

切换至【视图】选项卡，在【可见性】工具栏中单击【显示和隐藏】按钮，系统将打开【显示和隐藏】对话框，如图 1-32 所示。通过该对话框可以控制工作区中所有图形元素的显示或隐藏状态。

图 1-32　　【显示和隐藏】对话框

该对话框的【类型】列中罗列出了当前图形中所包含的各类型名称，用户可以通过单击类型名称右侧的按钮+或按钮-，控制该名称类型所对应图形的显示和隐藏状态。

1.3.3 视图操作

在模型的创建过程中，经常需要改变观察模型对象视图的位置和角度，以便进行操作和分析研究，这就需要通过各种操作使对象满足观察要求。在 UG NX 中，可以通过以下工具来观察视图的。

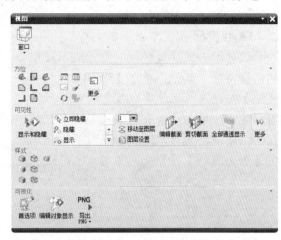

图 1-33　【视图】选项卡

1. 观察视图的基本工具

使用【视图】选项卡观察视图是最直观和最常用的方法。该选项卡包含了视图观察操作的所有工具，如图 1-33 所示。

各常用的视图工具的含义及操作方法如表 1-4 所示。

表 1-4　各常用的视图工具的含义及操作方法

按　钮	含义及操作方法
适合窗口	调整工作视图的中心和比例以显示所有对象，即在工作区全屏显示全部视图
缩放	对视图进行局部放大。单击该按钮后，在绘图中要放大的位置处按下鼠标左键并拖动至合适的位置后松开，则矩形线框内的图形将被放大
放大/缩小	单击该按钮后，在工作区中单击鼠标左键并进行上下拖动，即可完成视图的放大/缩小操作
旋转	单击该按钮后，在工作区中按下鼠标左键并移动，即可完成视图的旋转操作
平移	单击该按钮后，在工作区中按下鼠标左键并移动，视图将随鼠标移动的方向进行平移
透视	将工作视图从非透视状态转换为透视状态，从而使模型具有逼真的远近层次感

2. 观察视图的显示样式

在对视图进行观察时，为了达到不同的观察效果，往往需要改变视图的显示方式，如实体显示、线框显示等。在 UG NX 9 中，视图的显示方式包括以下几种类型。

❑ **着色显示**

该显示方式通过渲染工作实体面来显示当前环境中的所有实体。着色显示方式有两种类型，其中单击【带边着色】按钮🔘，系统将同时显示实体面和面上各轮廓边；单击【着色】按钮🔘，系统将隐藏面轮廓边，效果如图 1-34 所示。

此外，还可单击【局部着色】按钮🔘，以

图 1-34　着色显示

突出显示重要的面；单击【艺术外观】按钮🔘，根据指定的基本材料、纹理和光源来渲染工作视图中的面。

❑ **线框显示**

该显示方式通过线框的方式显示模型的结构特征。其中，单击【带有淡化边的线框】按钮⬛，系统将以灰色线条显示被隐藏的线；单击【带有隐藏边的线框】按钮⬛，系统将不显示图形中隐藏的线；单击【静态线框】按钮⬛，图形中的隐藏线将显示为虚线，效果如图1-35所示。

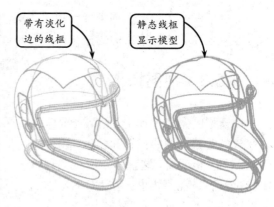

带有淡化边的线框　　静态线框显示模型

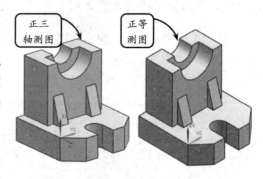

图1-35　线框显示

3．切换视图方位

通过视图方位的调整，可以方便、快捷地切换和观察模型对象在各个方向上的视图效果。在绝对坐标系中，包括8种视图方位以供选择，如下所述。

❑ **测视图**

用户可以通过单击相应的按钮将视图切换至两种轴测模式进行观察。其中，单击【正三轴测图】按钮🔘，可以从坐标系的右-前-上正角度方向观察实体；单击【正等测图】按钮🔘，可以从坐标系的右-前-上方向向下倾斜30°观察实体，效果如图1-36所示。

正三轴测图　　正等测图

图1-36　测视图

❑ **正视图**

用户可以单击对应的按钮将视图切换至顶、底、左、右、前、后6个视角方位进行观察，效果如图1-37所示。

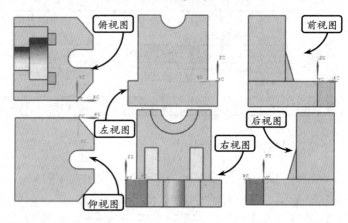

俯视图　　前视图　　左视图　　后视图　　右视图　　仰视图

图1-37　正视图

1.3.4　布局操作

按照用户定义的方式在绘图区中显示视图的集合就是视图布局。视图布局将屏幕划分为若干个视区，在每个视区中显示指定的视图，便于用户对绘制的对象有全景的理解和把握。

一个视图总要被命名，或被系统命名或由用户命名，并可随部件文件保存。在UG NX 9中，一个视图布局最多允许同时排列9个视图。用户可以在布局中的任意视图内选择对象，且布局可以被保存或删除。

1．新建布局

在进行视图布局操作之前，首先要新建一个视图布局。选择【视图】|【布局】|【新建】选项，系统将打开【新建布局】对话框，如图1-38所示。

在该对话框的【名称】文本框中输入新建布局的名称，并在【布置】下拉列表中选择相应的布局形式，系统将在该对话框下部的按钮区中显示当前布局中的视图类型。此时，单击【应用】按钮，即可完成布局的新建，效果如图1-39所示。

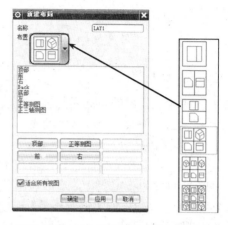

图1-38　【新建布局】对话框

2．保存布局

为了便于调用创建的视图布局，当建立了一个新的布局之后，可以将其保存起来。保存布局有两种方式：一种是按照布局原名保存；另一种是以其他名称保存，即另存为其他布局名称。

对于第一种保存方式来说，直接选择【布局】子菜单中的【保存】选项即可；对于后一种保存方式来说，可以选择该子菜单中的【另存为】选项，并在打开的【另存布局】对话框中输入新的布局名称即可，如图1-40所示。

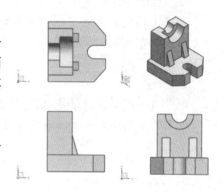

图1-39　新建视图布局

3．打开布局

创建新的布局并保存后，用户可以根据需要重新调用相关的视图布局，这就是布局打开操作。

选择【视图】|【布局】|【打开】选项，系统将打开【打开布局】对话框，如图1-41所示。

图1-40　保存布局

图1-41　【打开布局】对话框

在其列表框中显示了已存在的所有布局名称。此时，选择所需布局的名称，并单击【应用】按钮，绘图区中的视图即可按该布局设置进行显示。

4. 编辑布局

无论是新建的布局还是打开之前创建的布局，都可以根据设计需要对其进行必要编辑和调整，使其符合设计者的设计意图。常见的编辑布局的几种方式如下所述。

❏ **更新显示**

当用户对相应视图进行旋转和比例更改等操作后，由于系统内部等原因，视图内容的显示将发生一定变化，造成显示效果的不精确，甚至以原始的模式显示。此时，选择【布局】子菜单下的【更新显示】选项，系统即可自动对进行实体修改的视图进行更新操作，使每一幅视图完全实时显示。

❏ **重新生成**

选择【布局】子菜单下的【重新生成】选项，系统将重新生成视图布局中的每个视图，从而擦除临时显示的对象并更新已修改几何体的显示。

❏ **删除**

用户可以根据设计的需要删除多余的布局。选择【布局】子菜单下的【删除】选项，系统将打开【删除布局】对话框，如图1-42所示。

图1-42　【删除布局】对话框

此时，在当前文件布局列表框中选择相应的视图布局名称，并单击【确定】按钮，即可删除该视图布局。

❏ **替换视图**

根据设计需要，用户还可以替换布局中的任意视图。选择【视图】|【布局】|【替换视图】选项，系统将打开【要替换的视图】对话框。此时，依次选择要替换的视图和最终的替换视图，并单击【确定】按钮，即可完成视图的替换操作，效果如图1-43所示。

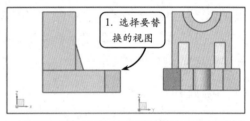
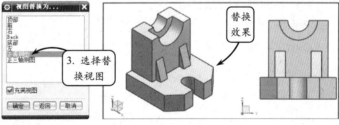

图1-43　替换视图

技 巧

此外，在视图布局的环境中，还可以在需要更换的窗口内单击鼠标右键，通过在打开的【定向视图】子菜单中选择替换视图的名称来完成视图的替换操作。

1.3.5 工作图层管理

在产品的设计过程中，为了方便对模型的管理，可以在空间中使用不同的层次来放置几何体，这种对象分类的设置方法即称为图层，且在整个建模过程中最多可以设置256个图层。用户可以把图层理解为由一个个的透明层叠加而成，在不同的图层上可以构建不同的对象。

使用图层管理功能可以将不同的特征或图素放置到不同的图层中。用户还可以根据自己的需要，通过设置图层来显示或隐藏对象。熟悉运用该功能不仅能提高设计速度，而且还提高了模型零件的质量，减小了出错几率。

1. 图层设置

在一个部件的所有图层中，只有一个图层是当前工作层。要对指定层进行设置和编辑操作，首先要将其设置为工作图层，因而图层的设置即是对工作图层的设置。

要执行图层设置操作，可以在【视图】工具栏中单击【图层设置】按钮，系统将打开【图层设置】对话框，如图1-44所示。

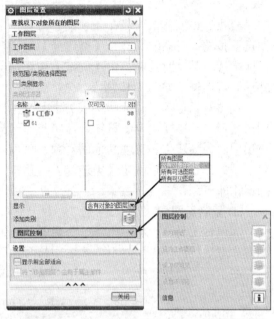

图1-44　【图层设置】对话框

该对话框中包含多个选项，各主要选项的含义及设置方法如表1-5所示。

表1-5　【图层设置】对话框中各选项的含义及设置方法

选　　项	含义及设置方法
工作图层	用于输入需要设置为当前工作图层的层号。在该文本框中输入所需的工作层号后，系统将会把该图层设置为当前的工作层
按范围/类别选择图层	主要用来输入范围或图层种类的名称以便进行筛选操作。当输入种类的名称并按下回车键后，系统自动将所有属于该种类的图层选中，并改变其状态
类别过滤器	该选项右侧的文本框中默认的"*"符号表示接受所有的图层的种类；下部的列表框用于显示各种类的名称及相关描述
显示	用于控制图层的显示类别。其下拉列表中包括4个选项：【所有图层】是指图层状态列表中显示所有的层；【含有对象的图层】是指图层列表中仅显示含有对象的图层；【所有可选图层】是指仅显示可选择的图层；【所有可见图层】是指显示所有可见的图层
信息	用于查看零件文件所有图层和所属种类的相关信息。在【图层控制】选项组中单击该按钮，系统将打开相应的【信息】窗口
显示前全部适合	用于在更新显示前符合所有过滤类型。启用该复选框，使对象充满显示区域

2. 编辑图层

在创建实体模型时，如果在创建对象前没有设置图层，或者由于设计者的误操作，把一些不相关的元素放在了一个图层，此时就需要对指定图层进行移动和复制等操作，以达到便于观察和创建模型的效果。

□ 移动至图层

该操作用于改变图素或特征所在图层的位置。在创建实体时，利用该工具可以将对象从一个图层移动至另一个图层。

要执行该操作，可以在【视图】工具栏中单击【移动至图层】按钮 ，系统将打开【类选择】对话框。此时，在绘图区中选取某个对象并单击【确定】按钮，即可打开【图层移动】对话框，如图 1-45 所示。

在该对话框的【目标图层或类别】文本框中输入指定的图层名后，单击【确定】按钮，即可将所选择的对象移动至该层中。如果还需要移动其他的对象，可以单击【选择新对象】按钮，系统将返回至【类选择】对话框，然后进行相同的操作即可。

图 1-45　【图层移动】对话框

□ 复制至图层

利用该工具可以将对象从一个图层复制到另一个图层，其操作方法和【移动至图层】的操作方法相同，这里就不再赘述。其两者的不同点在于：利用该工具复制的对象将同时存在于原图层和目标图层中。

1.4　基本操作工具

基本工具的使用是利用 UG NX 软件建模时最为重要的操作基础，这些工具无论在任何模块中都将大量使用。熟练掌握这些常用基本工具的操作，可以极大地提高工作效率，为后续的复杂建模打下良好的基础。这些基本操作工具主要包括点构造器、矢量构造器和坐标系构造器。

1.4.1　点构造器

在三维建模过程中，一项必不可少的任务是确定模型的尺寸与位置，而点构造器就是用来确定三维空间位置的一个基础和通用的工具。其实际上是一个对话框，常根据建模的需要自动弹出。当然用户也可以利用该工具捕捉已有的点，或者直接创建一些独立的点对象。

一般情况下，使用【捕捉点】工具栏可以满足捕捉要求。如果需要的点不是对象的捕捉点而是空间的点，则可以利用【点】对话框来定义。选择【信息】|【点】选项，系统将打开【点】对话框，如图 1-46 所示。

图 1-46　【点】对话框

该对话框包含两种指定点位置的方式，现分别介绍如下。

1. 捕捉定义点

在【类型】下拉列表框中可以选择相应的选项创建点，例如利用点的智能捕捉功能自动捕捉对象上的现有点（如终点、交点和象限点等），或者根据需要创建新的点（如光标位置和现有点等）。选择相应选项创建点的方法如表1-6所示。

表1-6　点的类型和作用

点 类 型	创建点的方法
自动判断的点	根据光标所在位置，系统自动捕捉对象上现有的关键点（如终点、交点和控制点等），其包含了所有点的选择方式
光标位置	通过定位光标的当前位置来构造一个点
现有点	在某个已存在的点上创建新的点，或通过某个已存在点来规定新点的位置
终点	在选择特征上的端点处创建点。如果选择的特征为圆，那么终点为零象限点
控制点	以所有存在直线的中点和终点、二次曲线的端点、圆弧的中点、终点和圆心或者样条曲线的终点、极点为基点，创建新的点或指定新点的位置
交点	以曲线与曲线或者线与面的交点为基点，创建一个或者指定新点的位置
圆弧中心/椭圆中心/球心	在选取的圆弧、椭圆或球的中心处创建一个点或指定新点的位置
圆弧/椭圆上的角度	在与坐标轴XC正向成一定角度的圆弧或椭圆弧上，构造一个点或指定新点的位置
象限点	在圆或椭圆的四分点处创建点或指定新点的位置
点在曲线/边上	通过在特征曲线或边缘线上设置U参数来创建点
点在面上	通过在特征面上设置U向参数和V向参数来创建点
两点之间	通过在选择的两点之间设定位置百分比参数来创建点
按表达式 =	使用该类型，将通过表达式创建点

2. 输入参数值定义点

在使用点构造器定义点时，选择不同的类型，对应点的定义方式各不相同。例如使用【现有点】方式指定点位置时，可以在【输出坐标】面板中输入坐标值确定点位置；使用【点在曲线/边上】方式指定点位置时，可以在指定的文本框中设置相应的参数值来确定点位置，如图1-47所示。

1.4.2 矢量构造器

矢量用于确定特征或对象的方位。在UG建模过程中，经常用到矢量构造器来构造矢量方向，例如创建实体时的生成方向、投影方向和相关特征的生成方向等。

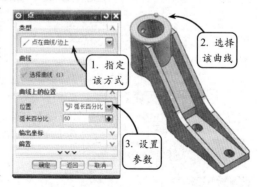

图1-47　输入参数值定义点

矢量构造器与点构造器一样，并非是一个单独的命令，而是其他功能中的一个子功能。在建模的过程中，当需要指定特征的构造方向时，单击相应对话框中的【矢量构造器】按钮，系统将打开【矢量】对话框，如图 1-48 所示。

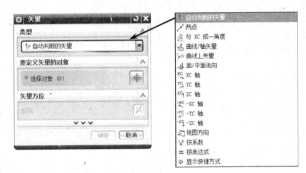

在【类型】下拉列表框中选择各选项指定矢量的方法如表 1-7 所示。

图 1-48　【矢量】对话框

表 1-7　【矢量】对话框指定矢量方法

矢量类型	指定矢量的方法
自动判断的矢量	根据所选几何对象的不同，自动推测一种方法定义一个矢量。推测出的方法可能是曲线切线、表面法线、平面法线或基准轴
两点	通过指定两个点构成一个矢量，且矢量的方向是从第一点指向第二点。这两个点可以通过被激活的【通过点】面板中的【点对话框】或【自动判断的点】工具进行确定
与 XC 成一角度	用以创建在 XC-YC 平面内与 XC 轴成指定角度的矢量，该角度可在激活的【角度】文本框中设置
曲线/轴矢量	根据现有的对象确定矢量的方向。如果对象为直线或曲线，矢量方向将从一个端点指向另一个端点；如果对象为圆或圆弧，则矢量方向为通过圆心的圆或圆弧所在平面的法向方向
曲线上矢量	用以确定曲线上任意指定点的切向矢量、法向矢量和面法向矢量的方向
面/平面法向	以平面的法向或者圆柱面的轴向构成矢量
正向矢量 XC、YC、ZC	分别指定 XC、YC 和 ZC 轴正方向矢量方向
负向矢量 -XC、-YC、-ZC	分别指定 XC、YC 和 ZC 轴反方向矢量方向
视图方向	当选择该矢量类型时，系统将指新的实体方向来创建从视图平面派生的矢量
按系数	选择该选项，可以通过【笛卡尔坐标系】和【球坐标系】两种类型设置矢量的分量确定矢量方向
按表达式 =	选择该矢量类型，系统将通过表达式创建矢量

此外，在该对话框的【矢量方位】面板中可以改变矢量的方向。单击【备选解】按钮，系统将在当前约束下可能的矢量方向中循环显示矢量方向，以便用户从中选择一个合适的矢量方向。例如选择【曲线上矢量】矢量类型，然后选取边界曲线并设置相应的参数值。此时单击【备选解】按钮，系统将切换显示三种矢量方向，如图 1-49 所示。

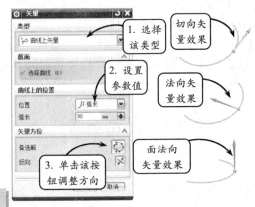

提　示

矢量构造器用来构造一个单位矢量，其上的各坐标分量只用于确定矢量的方向，不保留其幅值大小和矢量的原点。

图 1-49　改变矢量方向

1.4.3　坐标系构造器

在 UG 中，坐标系是用于确定实体模型在空间中的位置和方向的参照物，是三维建模过程中不可缺少的元素。视图变换和几何变换的本质都是坐标系的变换。UG NX 系统包括绝对坐标系（ACS）、工作坐标系（WCS）和机械坐标系（MCS）3 种，这 3 种坐标系都符合右手法则。

其中，ACS 为系统默认的坐标系，其原点位置和各坐标轴线的方向永远保持不变，是固定坐标系，可以作为零件和装配的基准；WCS 是系统提供给用户的坐标系，用户可以根据需要任意移动其位置；MCS 一般用于模具设计、加工和配线等向导操作中。

1．创建工作坐标系

在一个图形文件中，可以存在多个坐标系，但只有一个是工作坐标系。坐标系与点和矢量一样，都允许构造。在创建图纸的过程中，用户可以利用【WCS 定向】工具创建新的坐标系，并基于新建的坐标系在原有的实体模型上创建相应的实体特征。

要构造坐标系，单击【实用程序】工具栏中的【WCS 定向】按钮，系统将打开 CSYS 对话框，如图 1-50 所示。

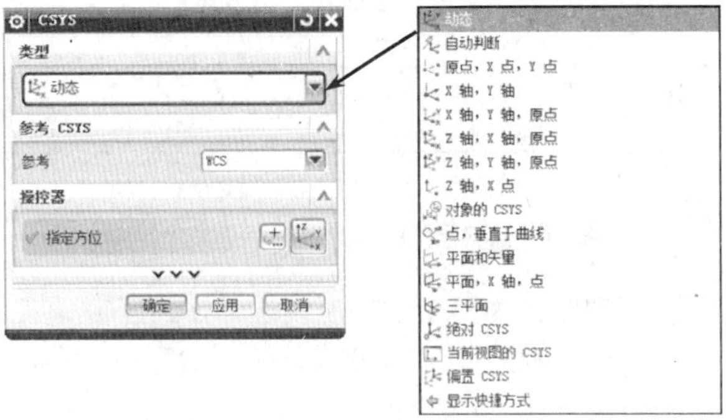

图 1-50　【CSYS】对话框

在该对话框中，用户可以通过选择【类型】下拉列表中的任一选项来指定构造新坐标系的方法，各主要构造坐标系的方法如表 1-8 所示。

表 1-8　构造坐标系的方法

坐标系类型	构 造 方 法
动态	用于对现有坐标系进行移动或旋转调整。选择该类型，坐标系将处于激活状态。此时拖动方块形手柄可移动当前坐标系至任意位置，拖动极轴圆锥手柄可沿轴移动当前坐标系，拖动球形手柄可旋转当前坐标系
自动判断	根据选择对象的构造属性，系统将智能地筛选可能的构造方式。当达到坐标系构造的唯一性要求时，系统将自动生成一个新的坐标系
原点，X 点，Y 点	用于在视图区中指定 3 个点来定义一个坐标系。其中，第一点为原点，第一点指向第二点的方向为 X 轴的正向，第一点指向第三点的方向为 Y 轴正方向
X 轴，Y 轴，原点	在视图区中指定一点作为原点，并依次选择两条矢量边线作为 X 轴和 Y 轴的正向轴线
Z 轴，X 轴，原点	在视图区中指定一点作为原点，并依次选择两条矢量边线作为 Z 轴和 X 轴的正向轴线
Z 轴，Y 轴，原点	在视图区中指定一点作为原点，并依次选择两条矢量边线作为 Z 轴和 Y 轴的正向轴线
Z 轴，X 点	通过指定 Z 轴正方向和 X 轴的一个点来定义坐标系位置，Y 轴正向按右手定则确定

坐标系类型	构 造 方 法
对象的 CSYS	该类型通过在视图中选取一个对象，将该对象自身的坐标系定义为当前的工作坐标系。该方法在进行复杂形体建模时很实用，可以保证快速准确地定义坐标系
点，垂直于曲线	直接在绘图区中选取现有曲线，并选择或新建点，进行坐标系定义。其中，所选取的曲线方向为 Z 轴方向，点所在的轴为 X 轴，根据右手定则得到 Y 轴方向
平面和矢量	选择一个平面和构造一个通过该平面的矢量来定义一个坐标系
平面，X 轴，点	指定 Z 轴的平面和该平面上的 X 轴方向，并指定该平面上的原点来定义一个坐标系
三平面	通过指定 3 个平面来定义一个坐标系。其中，第一个面的法向为 X 轴，第一个面与第二个面的交线方向为 Z 轴，三个平面的交点为坐标系的原点
绝对 CSYS	利用该类型可以在绝对坐标(0，0，0)处定义一个新的工作坐标系
当前视图的 CSYS	利用当前视图的方位定义一个新的工作坐标系。其中，XOY 平面为当前视图的所在平面，X 轴为水平方向向右，Y 轴为竖直方向向上，Z 轴为视图的法向向外的方向
偏置 CSYS	通过输入 X、Y、Z 坐标轴方向上相对于原坐标系的偏置距离和旋转角度来定义坐标系

2．编辑工作坐标系

在创建较为复杂的模型过程中，为了方便各部位的创建，经常需要对新建的或原有的坐标系进行原点位置的平移、旋转和各极轴的变换，以及隐藏、显示或者保存每次建模的工作坐标系等一系列操作。

要执行这些操作，可以选择【格式】|【WCS】选项，在打开的子菜单中选择各指定选项，即可执行相应的操作，如图 1-51 所示。

各选项的使用方法现分别介绍如下。

❑ **动态**

该命令选项是改变坐标系最常用、最灵活的工具。用户可以直接在绘图区中通过拖拉调整坐标系，也可以在相应的文本框中输入数值来精确调整坐标系位置。

图 1-51　WCS 子菜单

➤ **移动坐标**　通过拖拉 X、Y、Z 这 3 个方向上的平移柄，或者通过在系统打开的【距离】文本框中输入相应的参数来精确地定位 XC、YC、ZC 3 个方向上的增量，效果如图 1-52 所示。

➤ **旋转坐标**　与之前介绍的【动态】创建工具的不同之处在于：在使用拖动球形手柄的方法旋转坐标系时，角度将以 45°为步阶转动，而【动态】工具则是以 5°为步阶转动。此外在确定了旋转方向后，用户同样可以在打开

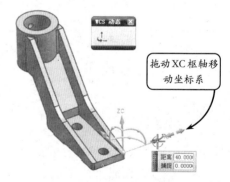

拖动XC框轴移动坐标系

图 1-52　动态移动坐标系

UG NX 9中文版标准教程

的【角度】文本框中输入相应参数值来精确地旋转坐标系，效果如图 1-53 所示。

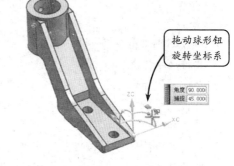

❑ **原点**

该命令选项通过定义当前工作坐标系的原点来移动坐标系的位置，且移动后的坐标系不改变各坐标轴的方向。选择该选项，系统将打开【点】对话框。此时，在绘图区中指定新的原点，或者在【输出坐标】面板的各文本框中设置新原点的坐标参数，即可移动坐标系至新原点处，效果如图 1-54 所示。

❑ **旋转**

图 1-53　动态旋转坐标系

该命令选项通过定义当前的 WCS 绕其某一旋转轴旋转一定的角度来调整 WCS。选择该选项，系统将打开【旋转 WCS 绕】对话框。此时，指定相应的旋转方式并输入角度参数即可，效果如图 1-55 所示。

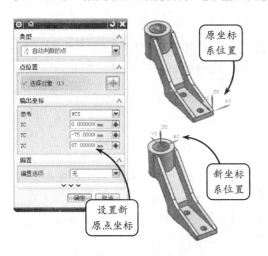

图 1-54　移动坐标系原点位置

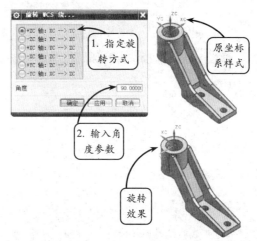

图 1-55　旋转坐标系

❑ **定向**

该命令选项通过指定 3 点位置的方式将视图中的 WCS 定位到新的坐标系。具体操作同之前介绍的【原点，X 点，Y 点】创建工具的方法相同，这里不再赘述。

❑ **改变方向**

【更改 XC 方向】和【更改 YC 方向】这两个命令选项的作用是通过改变坐标系中 X 轴或 Y 轴的位置，重新定位 WCS 的方位。

选择任一选项，系统将打开【点】对话框。此时，选取一个对象特征点，系统将以原坐标点和该点在 XC-YC 平面内的投影点的连线作为新坐标系的 XC 方向或 YC 方向，而原坐标系的 ZC 轴的方向保持不变。例如改变 XC 轴的方向效果图如图 1-56 所示。

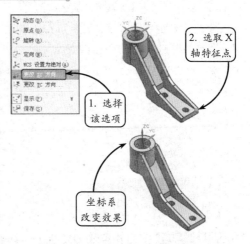

图 1-56　更改 XC 方向效果

□ 显示

【显示】命令选项用于显示或隐藏当前的工作坐标系。如果当前坐标系处于显示状态，执行该操作后，则转换为隐藏状态；如果当前坐标系已处于隐藏状态，执行该操作后，则显示当前的工作坐标系。

□ 保存

一般情况下，对经过平移或旋转等变换后创建的坐标系都需要及时地保存。因为这样，不仅便于区分原有的坐标系，同时便于用户在后续的建模过程中根据需要随时调用。

要存储 WCS，可以选择【保存】选项，系统将保存当前的工作坐标系。且保存后的坐标系将由原来的 XC 轴、YC 轴和 ZC 轴，变成对应的 X 轴、Y 轴和 Z 轴，效果如图 1-57 所示。

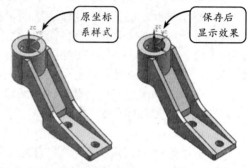

原坐标系样式

保存后显示效果

图 1–57　保存坐标系

1.5　思考与练习

一、填空题

1. UG NX 软件直接采用了统一数据库、_____，以及三维建模同二维工程图相关联等技术，大大节省了用户的实际时间，提高了工作效率。

2. 提示栏位于绘图区的下方，用于提示使用者操作的步骤；状态栏固定于提示栏的右方，其主要用途是_____。

3. 在文件菜单中，常用的命令是_____，即用于建立新的零件文件、开启原有的零件文件、保存或者重命名现行零件文件。

4. 在创建较复杂的实体模型时，由于模型包含多个对象特征，容易造成用户在大多数的观察角度上无法看到被遮挡的特征对象。此时，可以利用_____工具使用户更清晰明了地完成相应的特征操作。

二、选择题

1. _____模块作为新一代产品造型模块，提供实体建模、特征建模、自由曲面建模等先进的造型和辅助功能。

A. 建模

B. 装配

C. 制图

D. 注塑模

2. 在进行视图布局时，系统提供了_____种格式用来新建布局，最多可以布置_____个视图来观察模型。

A. 4　7

B. 5　8

C. 6　9

D. 7　10

3. 利用鼠标观察对象，将鼠标置与绘图界面中，滚动鼠标滚轮就可以对视图进行缩放或者按住鼠标的滚轮的同时按住_____键，然后上下拖动鼠标可以对视图进行缩放。

A. Ctrl

B. Shift

C. Tab

D. Alt

4. 选择【文件】|【新建】选项，将打开【文件新建】对话框，该对话框包含多个选项卡，下列_____选项卡不属于该对话框。

A．模型

B．图纸

C．装配

D．仿真

三、问答题

1．简述 UG 的技术特点及 UG NX 9 软件的新特点。

2．简述 UG NX 9 软件的工作界面的组成。

3．常用的文件管理命令有哪些？

四、上机练习

1．定位支座视图布局

本练习设置定位支座实体的布局，效果如图 1-58 所示。利用视图布局操作新建一个名为 L4

的布局，并按照图示样式设置其三个基本视图和轴测图的方位。

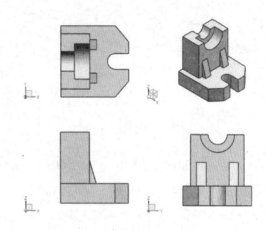

图 1-58　设置视图布局

第 2 章

草绘建模

草图是指在某个指定平面上的点、线（直线或曲线）等二维几何元素的总称。几乎所有的零件设计都是从草图开始的，即先利用草图功能创建出特征的形状曲线，再通过拉伸、旋转或扫描等操作，创建相应的参数化实体模型。绘制二维草图是创建三维实体模型的基础和关键。

本章主要介绍 UG NX 中的草绘基本环境、常用草绘工具的使用方法，以及相关的约束管理等内容。

本章学习目的：

➤ 熟练掌握草图平面的创建
➤ 掌握常用草绘工具的使用方法
➤ 掌握常用的草图编辑工具的使用方法
➤ 掌握草图的约束管理功能

2.1 草图概述

绘制草图是三维实体建模的基础，也是实现 UG 软件参数化特征建模的基础。该方式能够较好地表达用户的设计意图，通过草绘不仅可以快速完成轮廓的设计，且绘制的草图和其生成的实体是相关联的。当需要优化修改时，仅修改草图上的尺寸和替换线条就可以很方便地更新最终的设计，特别适用于创建截面复杂的实体模型。

2.1.1 草绘环境

绘制草图的基础是草绘环境，该环境提供了绘制、编辑以及添加相关约束等与草图操作有关的工具，用户可以在该环境中进行二维图形的绘制。

在【直接草图】工具栏中单击【草图】按钮，系统将打开【创建草图】对话框。用户可以通过该对话框指定相应的草图工作平面，进入草绘环境，如图 2-1 所示。

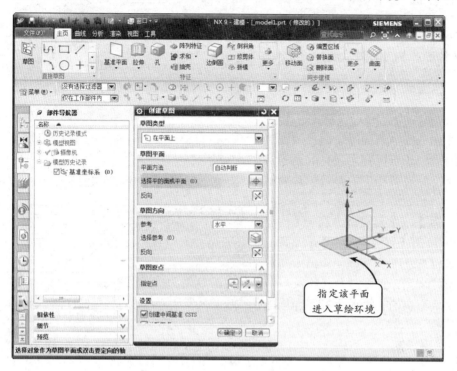

指定该平面
进入草绘环境

图 2-1 进入草绘环境

当完成草图绘制后，单击【直接草图】工具栏中的【完成草图】按钮，或者在绘图区的空白处单击鼠标右键，并在打开的快捷菜单中选择【完成草图】选项，即可退出草绘环境，如图 2-2 所示。

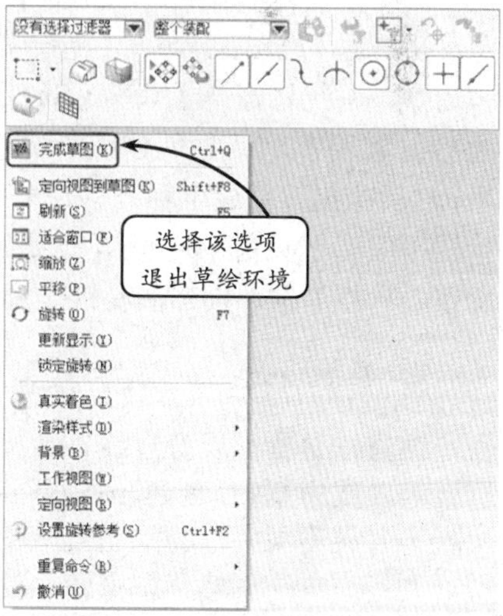

2.1.2 指定草图平面

绘制草图的前提是指定草图的工作平面，草图中要绘制的所有几何元素都将在这个平面内完成。草图平面的使用频率较高，是草绘建模中最重要的特征之一。

在【直接草图】工具栏中单击【草图】按钮，系统将打开【创建草图】对话框。该对话框提供了【在平面上】和【基于路径】两种指定草图平面的方法，现分别介绍如下。

选择该选项
退出草绘环境

图 2-2 退出草绘环境

1. 在平面上

该方法是指以平面为参考面指定所需的草图平面。在【平面方法】下拉列表框中，

UG 提供了以下 3 种指定草图平面的方式。

□ **现有平面**

选择该方式可以指定任一基准平面或三维实体上的平面作为草图平面。如图 2-3 所示就是指定一实体面作为草图平面进入草绘环境的效果。

□ **创建平面**

选择该方式不仅可以利用现有的工作坐标平面、基准平面或实体表面等平面作为参照创建新的草图平面，还可以利用现有的点和实体边线作为参照，并设置相应的参数创建新的草图平面。

在【平面方法】下拉列表框中选择【创建平面】选项，并单击【平面对话框】按钮 ，即可利用打开的【平面】对话框创建出所需的草图平面。如图 2-4 所示即是选择【按某一距离】方式，并选取钳口的实体面为参照面创建的草图平面。

□ **创建基准坐标系**

利用该方式绘制草图需要创建一个新坐标系，然后指定新坐标系中的任一基准面作为草图平面。

在【平面方法】下拉列表框中选择【创建基准坐标系】选项，并单击【创建基准坐标系】按钮 ，系统将打开【基准 CSYS】对话框。此时，利用该对话框创建出所需的基准坐标系，然后指定该新建坐标系的任一基准面作为草图平面即可。如图 2-5 所示就是选择【原点，X 点，Y 点】选项创建的基准坐标系。

2．基于路径

该方法是指以现有直线、圆、实体边线和圆弧等曲线为基础，创建与曲线轨迹成垂直或平行等各种不同关系的平面为草图平面。

利用该方法创建草图平面，首先选择【类型】面板中的【基于路径】选项，然后在绘图区中指定一路径，并设置新建平面的位置与方位，即可获得草图平面。如图 2-6 所示就是指定实体的一条轮廓边作为路径创建的草图平面。

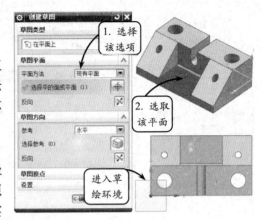

图 2-3 指定实体面为草图平面

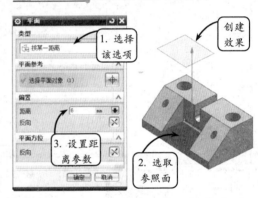

图 2-4 创建草图平面

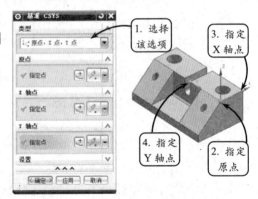

图 2-5 创建基准坐标系

提 示

当选择【基于路径】类型创建草图平面时，绘图区内必须存在可供选取的线段、圆或实体边等曲面轨迹。

UG NX 9 中文版标准教程

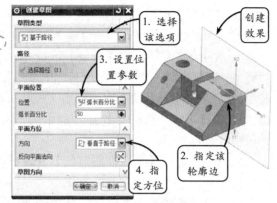

2.1.3 绘制草图前的准备

在草图的工作环境中，为了更准确、有效地绘制草图，在进入草绘环境之前，需要对一些常规参数进行相应的设置，以满足不同用户的使用习惯。

在建模环境中，用户可以通过对【草图首选项】对话框中各个参数选项的设置，为以后更为准确地绘制草图打下坚实的基础。选择【首选项】|【草图】选项，系统将打开【草图首选项】对话框，如图2-7所示。该对话框包含【草图设置】、【会话设置】和【部件设置】3个选项卡，现分别介绍如下。

图 2-6 指定路径创建草图平面

1. 草图设置

用户可以在该选项卡中对草图尺寸的标注样式和文本高度等基本参数进行相应的设置。其中，通过指定【尺寸标签】下拉列表框中的3个选项，可以对草图尺寸的标注样式进行选择，效果如图2-8所示。

图 2-7 【草图首选项】对话框

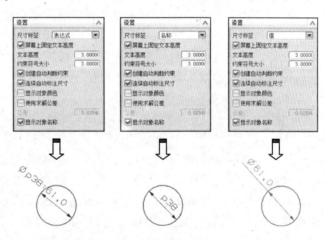

图 2-8 指定尺寸的标注样式

此外，在该选项卡中启用【屏幕上固定文本高度】复选框，可以在下面的【文本高度】文本框中输入高度参数值；启用【创建自动判断约束】复选框，系统将在绘制草图时自动判断并添加约束；启用【显示对象颜色】复选框，系统在绘制草图时将显示对象颜色。

2. 会话设置

用户可以在该选项卡中对草绘时的捕捉精度、草图显示状态以及名称前缀样式等基本参数进行相应的设置。其主要包括【设置】和【名称前缀】两个面板，如图2-9所示。各面板中的参数选项含义如下所述。

❑ 【设置】面板

在该面板中，除了可以在【捕捉角】文本框中设置捕捉误差允许的角度范围，在【背景】下拉列表框中指定背景色的类型，还可以通过启用或禁用相应的复选框进行草绘设置。其中，【显示自由度箭头】复选框用于控制是否显示草图的自由度箭头；【显示约束符号】复选框用于控制当几何元素的尺寸较小时是否显示约束标志。

此外，若启用【更改视图方位】复选框，当完成草图切换到建模界面时，视图方向将发生改变；若禁用该复选框，当完成草图切换到建模界面时，建模界面的视图方向将与草图方向保持一致。

❑ 【名称前缀】面板

在该面板中，用户可以根据需要在各文本框中设置所列出的各草图元素名称的前缀。

图 2-9 【会话设置】
选项卡

3．部件设置

用户可以在该选项卡中对草图的各几何元素以及尺寸的颜色进行相关的设置，如图 2-10 所示。

在该选项卡中，单击各类曲线名称后面的颜色块按钮，系统将打开相应的【颜色】对话框，从中选择所需的颜色即可。此外，单击【继承自用户默认设置】按钮，各曲线的颜色将恢复为系统的默认颜色，以便于重新设置。

图 2-10 【部件设置】
选项卡

2.2 绘制草图

用户可以通过绘制二维轮廓，并添加相关的约束，构建出实体或截面的轮廓，然后利用拉伸、旋转或扫掠等操作，生成与草图对象相关联的实体模型。在参数化建模的过程中，灵活地应用绘制草图功能，会使用户方便快捷地完成设计任务。

2.2.1 绘制线性草图

在 UG NX 中，直线和矩形是最基本的线性对象。绘制这些线性对象与指定点位置一样，都可以通过指定起始点和终止点来获得，也可以通过在打开的相应文本框中输入坐标值或参数值来获得。各线性图形的绘制方法现分别介绍如下。

1．绘制点

点是组成图形的最基本元素，通常用来作为对象捕捉的参考点。绘制的草图对象都是由控制点控制的，如直线由两个端点控制，圆弧由圆心和起始点控制。控制草图对象的点称为草图点，用户可以通过控制草图点来控制草图对象。

进入草绘环境后，在【直接草图】工具栏中单击【点】按钮 +，系统将打开【草图点】对话框。此时，单击该对话框中的【点对话框】按钮 ⊞，即可打开如图 2-11 所示的【点】对话框。该对话框包含三种创建点的方式，现分别介绍如下。

图 2-11　【点】对话框

❑ **自动捕捉点**

用户可以通过在【类型】面板中选择点的捕捉方式来创建新的点。系统提供了终点、交点和象限点等 12 种捕捉点的方式，这里仅介绍几种常用点的捕捉方式。

➢ **自动判断的点**　选择该选项，可以利用鼠标在绘图区中任意点取位置，此时系统将自动推断创建所选直线的端点、中点，以及圆弧或圆的圆心等特征点。

➢ **光标位置**　选择该选项，可以使用光标在屏幕上的任意位置创建一个点。

➢ **现有点**　选择该选项，可以利用鼠标捕捉或选定已经存在的点，从而在现有的点上创建一个点。它是将某个图层的点复制到另一图层最快捷的方式。

➢ **终点**　选择该选项，可以在直线、圆弧、二次曲线及其他曲线的端点上创建一个点。终点不是独立的，必须依赖直线或曲线而存在。

➢ **控制点**　选择该选项，可以在几何对象的特征点上创建一个点。控制点与几何对象类型有关，它可以是直线的中点或端点，不封闭圆弧的端点或中点、圆心，二次曲线的端点或其他曲线的端点等特征点。

➢ **象限点**　选择该选项，可以在一个圆弧或椭圆弧的四分点处创建一个点。需要注意的是：四分点位置是指处于绝对坐标系下的圆弧或椭圆弧上的象限点位置，它不随坐标系的转换而改变。

➢ **点在曲线/边上**　选择该选项，可以在指定的曲线或者实体边缘上根据给出的参数创建点。

❑ **设置点坐标**

用户可以通过在【输出坐标】面板中设置点在 X、Y、Z 方向（或 XC、YC、ZC 方向）上相对于坐标原点的位置来创建新的点。此外，还可以在【参考】下拉列表框中切换 WCS 或绝对坐标方式。

❑ **指定偏置方式**

用户可以通过在【偏置】面板中指定偏移参数的方式来确定点的位置。在操作过程中，可以先利用点的捕捉方式确定偏移的参考点，再输入相对于参考点的偏移参数（其参数类型取决于选择的偏移方式）来创建点。该面板中包括 5 种偏置方式，具体含义如下所述。

➢ **直角坐标系**　该方式是利用直角坐标系进行偏移的，偏移点的位置相对于所选参考点的偏移量由直角坐标值确定。在捕捉到点后，输入偏移点在 X 轴、Y 轴和 Z 轴方向上的增量值即可。

> **圆柱坐标系** 该方式是利用圆柱坐标系进行偏移的，偏移点的位置相对于所选参考点的偏移量是由柱面坐标值确定。在捕捉到点后，输入偏移点的半径、角度和 Z 轴方向上的增量值就确定了偏移点的位置。

> **球坐标系** 该方式是利用球坐标系进行偏移的，偏移点的位置相对于所选参考点的偏移值由球坐标值确定。在捕捉到点后，输入偏移点的半径、角度 1 和角度 2 的增量值就确定了偏移点的位置。

> **沿矢量** 该方式是利用矢量进行偏移的，偏移点相对于所选参考点的偏移值由向量方向和偏移距离确定。

> **沿曲线** 该方式是沿所选的曲线进行偏移的，偏移点相对于所选参考点的偏移值由偏移弧长或曲线总长的百分比确定。

2. 绘制直线

直线是组成草图轮廓的基本图元，是草绘过程中使用频率最高的应用工具之一。在 UG NX 中，直线是指两点确定的一条直线段，而不是无限长的直线。用户可以利用【直线】或【轮廓】工具完成直线的绘制。

❑ **直线**

进入草绘环境后，单击【直接草图】工具栏中的【直线】按钮，系统将打开【直线】对话框。该对话框包含【坐标】和【参数】两种绘制直线的模式，此时指定一种模式，并在打开的文本框中设置相应的数值，即可完成直线的绘制，效果如图 2-12 所示。

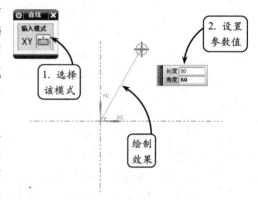

图 2-12 利用【直线】工具绘制直线

❑ **轮廓**

在绘制草图的过程中，用户可以利用该工具连续绘制直线和圆弧轮廓线，特别适用于绘制的草图对象中包含直线与圆弧首尾相接的情况。

在【直接草图】工具栏中单击【轮廓】按钮，系统将打开相应的对话框，且在绘图区中将显示光标处的位置信息。此时，单击该对话框中的【直线】按钮，并指定一绘制模式，即可在绘图区中连续绘制相应的直线，效果如图 2-13 所示。

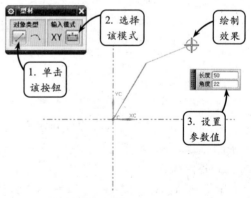

图 2-13 利用【轮廓】工具连续绘制直线

提示

利用【轮廓】工具绘制的各直线是首尾相接的，不需要再次设置首尾相接的约束，这样有利于提高绘图的效率以及绘图质量。

3．绘制矩形

矩形可以用来作为特征创建的辅助平面，也可以直接作为特征生成的草绘截面。在 UG NX 中，利用【矩形】工具既可以绘制与草图方向垂直的矩形，也可以绘制与草图方向成一定角度的矩形。

在【直接草图】工具栏中单击【矩形】按钮□，系统将打开【矩形】对话框。该对话框提供了以下 3 种绘制矩形的方式。

❑ **利用两点绘制矩形**

该方式通过在绘图区中依次指定两点作为矩形的对角点，或者指定第一角点后在文本框中输入宽度和高度值来绘制矩形。选择该方式绘制的矩形只能与草图的水平方向垂直。

单击【按 2 点】按钮□，并指定【参数】绘制模式。然后在绘图区中选取一点作为矩形的第一个角点，并输入相应的参数值以确定矩形的另一对角点，即可完成矩形的绘制，效果如图 2-14 所示。

❑ **利用 3 点绘制矩形**

该方式与【按 2 点】方式的区别是：利用该工具可以绘制与草图的水平方向成一定倾斜角度的矩形。其具体的方法是：先指定矩形的一个角点，然后依次设置要绘制矩形的宽度、高度和倾斜角度参数值即可。

单击【按 3 点】按钮□，并指定【参数】绘制模式。然后在绘图区中指定一点作为矩形的一个角点，并依次输入要绘制矩形的宽度、高度和角度数值，即可完成该矩形的绘制，效果如图 2-15 所示。

❑ **从中心绘制矩形**

利用该方式可以通过选取一个点作为矩形的中心点，然后以该中心点为基点，依次输入矩形的宽度、高度和角度数值，即可完成指定矩形的绘制，效果如图 2-16 所示。

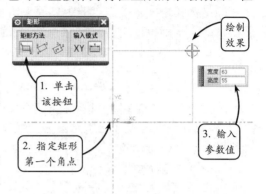

图 2-14　利用两点绘制矩形

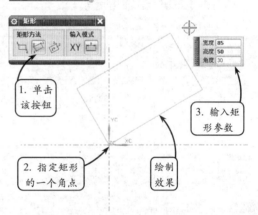

图 2-15　利用 3 点绘制矩形

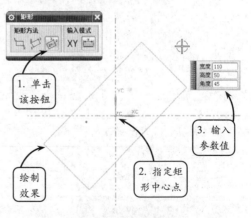

图 2-16　从中心绘制矩形

2.2.2　绘制曲线草图

在实际的绘图过程中，图形中不仅包含直线和矩形等线性对象，还包含圆和圆弧、椭圆和椭圆弧，以及艺术样条等曲线对象，这些曲线对象同样是 UG NX 草绘图形中的重要组成部分。各曲线图形的绘制方法现分别介绍如下。

1. 绘制圆

圆是指在平面上到定点的距离等于定长的所有点的集合。在 UG NX 中，该工具通常用于创建基础特征的剖截面，由它生成的实体特征包括多种类型，如：球体、圆柱体、圆台和球面等。

在【直接草图】工具栏中单击【圆】按钮 ○，系统将打开【圆】对话框。此时即可选择【圆心和直径定圆】或【三点定圆】方式来绘制圆轮廓。

❑ **圆心和直径定圆**

利用该方式可以通过指定圆的圆心和直径来绘制圆。单击【圆】对话框中的【圆心和直径定圆】按钮 ◎，并指定【参数】绘制模式。然后在绘图区中指定圆心，并输入直径参数，即可完成绘制圆的操作，效果如图 2-17 所示。

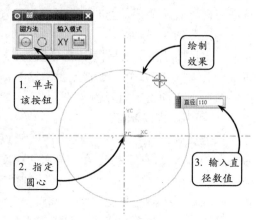

图 2-17　指定圆心和直径绘制圆

❑ **三点定圆**

利用该方式可以通过在绘图区中依次选取三个点来绘制圆，或者通过选取圆上的两个点，并输入直径参数来完成圆的绘制。

单击【三点定圆】按钮 ◎，然后在绘图区中依次指定矩形的三个角点作为圆的通过点，即可完成圆轮廓的绘制，效果如图 2-18 所示。

2. 绘制圆弧

圆上任意两点间的部分称作圆弧。由于圆弧是圆的一部分，会涉及起点和终点的问题。因此，在绘制过程中既要指定其半径和起点，又要指出圆弧所跨的弧度大小。

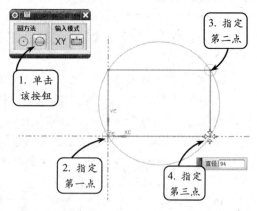

图 2-18　指定三点绘制圆

在【直接草图】工具栏中单击【圆弧】按钮 ，系统打开【圆弧】对话框。此时即可选择【三点定圆弧】或【中心和端点定圆弧】方式来绘制圆弧轮廓。

❑ **三点定圆弧**

选择该方式可以通过依次指定圆弧的起点、终点和圆弧上一点来绘制圆弧。另外，也可以通过依次选取两个点，并输入半径参数来完成圆弧的绘制。

单击【圆弧】对话框中的【三点定圆弧】

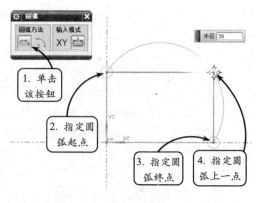

图 2-19　指定三点绘制圆弧

按钮 ，然后在绘图区中依次选取三个点作为圆弧的起点、终点和圆弧上一点，即可完成圆弧的绘制，效果如图 2-19 所示。

❏ 中心和端点定圆弧

选择该方式可以通过依次选取两个点作为圆弧的圆心和端点，并输入扫掠角度来绘制圆弧。另外，还可以在指定圆弧的圆心后，通过在文本框中输入半径参数来确定圆弧的大小。

单击【中心和端点定圆弧】按钮，然后在绘图区中依次指定圆弧的圆心和端点，并在打开的文本框中设置扫掠角度，即可完成圆弧的绘制，效果如图 2-20 所示。

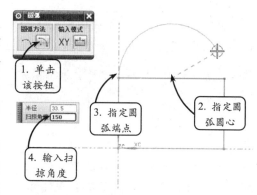

图 2-20　指定中心和端点绘制圆弧

3. 绘制椭圆和椭圆弧

椭圆是指与两定点的距离之和为一定值的点的集合。其与圆的不同之处就在于，该类曲线在 X、Y 轴方向对应的圆弧直径有差异。在 UG NX 中，利用【椭圆】工具可以绘制椭圆和椭圆弧两种曲线，现分别介绍如下。

❏ 椭圆

利用【椭圆】工具可以通过在绘图区中指定椭圆的中心点，并设置椭圆的长半轴和短半轴参数来完成椭圆的绘制。

在【直接草图】工具栏中单击【椭圆】按钮，系统将打开【椭圆】对话框。此时，指定椭圆的中心点位置，并在【椭圆】对话框中设置相应参数。然后启用【限制】面板中的【封闭】复选框，即可绘制指定尺寸的椭圆轮廓，效果如图 2-21 所示。

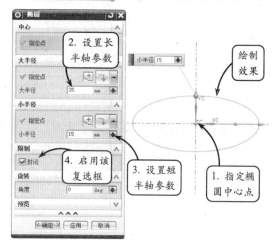

图 2-21　绘制椭圆

提 示

此外，用户还可以在【旋转】面板中设置相应的参数将绘制的椭圆轮廓进行旋转操作。

❏ 椭圆弧

椭圆上任意两点间的部分称为椭圆弧，即椭圆弧是椭圆的一部分。用户可以利用【椭圆】工具通过设置起始角度与终止角度来绘制相应的椭圆弧。

单击【椭圆】按钮，系统将打开【椭圆】对话框。然后指定椭圆的中心点位置，并设置椭圆的相关参数。接着禁用【封闭】复选框，并在【限制】面板中设置椭圆弧的起始角度和终止角度，即可完成椭圆弧轮廓的绘制，效果如图 2-22 所示。

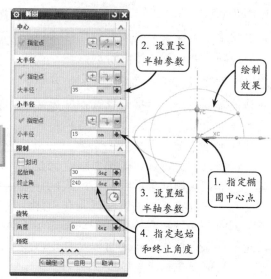

图 2-22　绘制椭圆弧

此外，单击【限制】面板中的【补充】按钮，系统将自动生成与当前所绘椭圆弧互补的另一段椭圆弧，效果如图 2-23 所示。

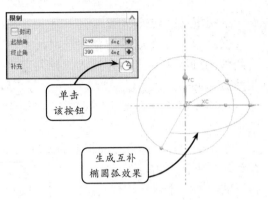

图 2-23 生成互补椭圆弧

4．绘制艺术样条

艺术样条曲线是指通过拖放定义点或极点，并在定义点处指派斜率或曲率约束来绘制的关联或者非关联曲线。相比较一般样条曲线而言，艺术样条曲线由更多的定义点生成，且在实际设计过程中多用于数字化绘图或动画设计。

在【直接草图】工具栏中单击【艺术样条】按钮，系统将打开【艺术样条】对话框，如图 2-24 所示。该对话框包含了以下两种绘制艺术样条曲线的方式。

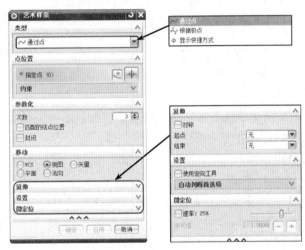

图 2-24 【艺术样条】对话框

❑ 通过点

选择该方式可以通过选取定义点来绘制相关或非相关的，且可自由控制其形状的任意曲线。

在【艺术样条】对话框中选择【通过点】选项，并设置曲线的阶次。然后在绘图区中依次指定要通过的定义点，并默认对话框中其他参数选项的设置，即可完成艺术样条的绘制，效果如图 2-25 所示。

❑ 根据极点

选择该方式可以通过选取极点来建立相关或非相关的样条曲线。该方式同样采用交互式和动态反馈的方法，且在曲线定义的同时，系统将在绘图区中动态显示不确定的样条曲线，用户还可以交互地改变定义点处的斜率和曲率等参数。

由于利用该方式绘制样条曲线与通过点方式的操作步骤类似，这里不再赘述，其绘制效果如图 2-26 所示。

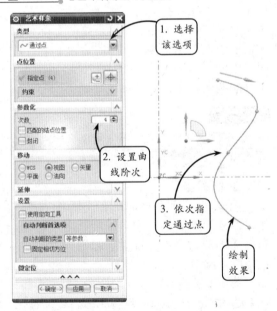

图 2-25 指定通过点绘制艺术样条曲线

在选择【根据极点】方式绘制艺术样条的过程中，指定的极点数目应大于所设置的曲线阶次。

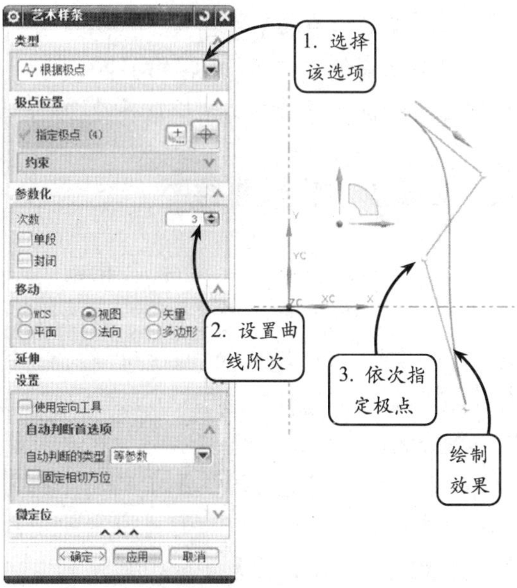

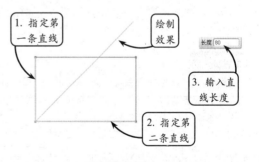

图 2-26 指定极点绘制样条曲线

2.3 编辑草图

在完成基本草图对象的绘制后，往往需要对图形进行编辑修改操作，使之达到预期的设计要求。用户可以通过快速修剪、延伸，以及倒角等常规操作来完成草图结构特征的创建。

2.3.1 派生直线

利用【派生直线】工具，可以根据现有的参考直线，在两条平行直线中间绘制一条与两条直线平行的直线，或者在两条不平行的直线之间绘制一条角平分线。此外，还可以对某一条直线进行相应的偏置操作，现分别介绍如下。

❑ 绘制平行线的中间直线

利用该工具可以在两条平行线中间绘制直线，且该直线与这两条平行直线均平行。在创建派生直线的过程中，需要通过输入相应的长度参数来确定直线的长度。

在【直接草图】工具栏中单击【派生直线】按钮，然后在绘图区中依次选取第一条直线和第二条直线，并在打开的文本框中设置长度参数即可，效果如图2-27所示。

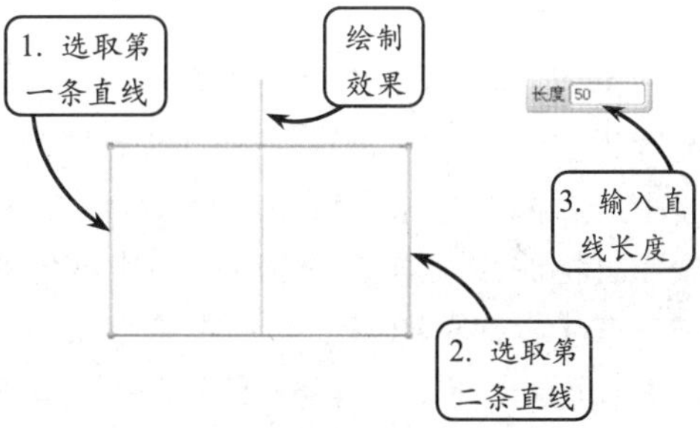

图 2-27 绘制平行线之间的直线

❑ 绘制平分线

利用该工具可以绘制与两条不平行直线所形成的角度平分线，并通过输入相应的长度数值确定该平分线的长度。

单击【派生直线】按钮，并在绘图区中依次选取第一条直线和第二条直线，然后在打开的文本框中设置所绘角度平分线的长度参数即可，效果如图2-28所示。

❑ 偏置直线

图 2-28 绘制角度平分线

此外，利用该工具还可以绘制现有直线的偏置直线，并通过输入相应的偏置值来确定偏置直线与原直线的距离。且偏置直线生成后，原参照直线依然存在。

单击【派生直线】按钮 ，并在绘图区中选取需要偏置的直线，然后在打开的文本框中设置偏置距离参数即可，效果如图2-29所示。

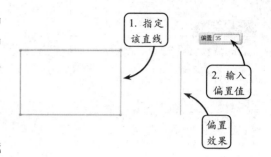

图 2-29　偏置直线

2.3.2　投影曲线

利用【投影曲线】工具可以将指定的曲线按草图平面的法线方向进行投影，从而成为草图曲线。其中，可以投影的曲线包括所有的二维曲线、实体或片体的边缘。

在绘图区中指定一草图平面，并进入草绘状态。然后单击【直接草图】工具栏中的【投影曲线】按钮 ，系统将打开【投影曲线】对话框。此时，在【设置】面板中指定输出曲线的类型，并在绘图区中指定需要投影的曲线，即可将其投影到草图平面中，效果如图 2-30 所示。

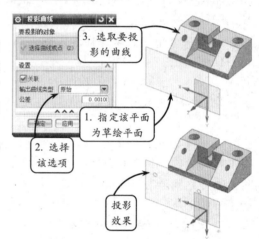

图 2-30　投影曲线

2.3.3　偏置曲线

偏置曲线是指将草图曲线按照指定方向偏置指定距离，从而复制出一条新的曲线。其中，若偏置对象为封闭的草图元素，则该操作可将曲线元素进行相应的放大或缩小。

在【直接草图】工具栏中单击【偏置曲线】按钮 ，系统将打开【偏置曲线】对话框。此时，在绘图区中指定要偏置的曲线，并在【偏置】面板中设置距离、副本数等参数，即可完成偏置曲线的操作，效果如图2-31所示。

提　示

创建的偏置曲线与原曲线具有关联性，且系统将自动添加偏置约束。当对原草图曲线进行修改变化时，所偏置的曲线也将发生相应的变化。

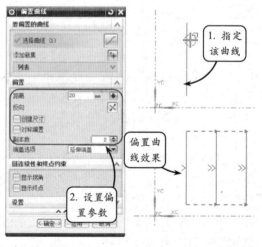

图 2-31　偏置曲线

2.3.4　镜像曲线

当绘制具有对称性特点的零件，如轴、轴承座和槽轮等图形时，只需绘制对象的一半或几分之一，然后利用【镜像曲线】工具将图形对象的其他部分对称复制即可。创建

UG NX 9中文版标准教程

的镜像副本与原对象形成一个整体，且保持关联性。

在【直接草图】工具栏中单击【镜像曲线】按钮，系统将打开【镜像曲线】对话框。此时，在绘图区中依次选取镜像对象和镜像中心线，即可完成镜像操作，效果如图 2-32 所示。

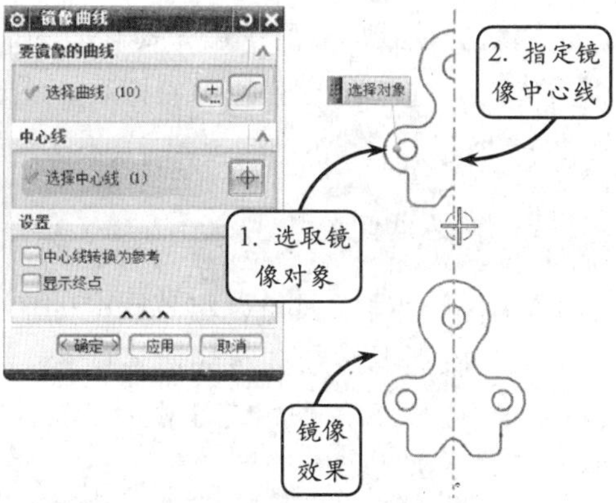

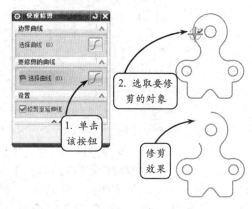

2.3.5　快速修剪和延伸

修剪和延伸工具的共同点都是以图形中现有的图形对象为参照，以两图形对象间的交点为切割点或延伸终点，对与其相交或成一定角度的对象进行去除或延长操作。

图 2-32　镜像曲线

1. 快速修剪

在 UG NX 中，可以利用【快速修剪】工具以任一方向将曲线修剪至最近的交点或选定的边界。该工具包含单独修剪、统一修剪和边界修剪三种修剪草图元素的方式，现分别介绍如下。

❑ 单独修剪

该方式是指系统将根据选定的要修剪的曲线与其他曲线的分段关系自动完成修剪操作。

在【直接草图】工具栏中单击【快速修剪】按钮，系统将打开【快速修剪】对话框。此时，在绘图区中直接选取要修剪的曲线即可，效果如图 2-33 所示。

图 2-33　单独修剪方式

❑ 统一修剪

选择该方式可以通过绘制一条曲线链，将与该曲线链相交的曲线部分全部修剪。利用该方式可以快速地一次修剪多条曲线。

单击【快速修剪】按钮，系统将打开【快速修剪】对话框。此时，按住鼠标左键不放，划过需要修剪的曲线，系统自动将被划过的曲线修剪至最近的交点，效果如图 2-34 所示。

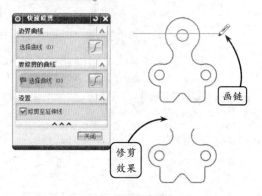

图 2-34　统一修剪方式

❑ 边界修剪

选择该方式需要选取边界曲线，然后在绘图区中指定要修剪的对象。此时，在边界内的被修剪对象将被修剪，而边界以外的部分不会受到修剪。

单击【快速修剪】按钮，系统将打开【快速修剪】对话框。此时，在绘图区中依

次选取边界曲线，然后单击【要修剪的曲线】
按钮![button]，并选取要修剪的对象即可，效果如
图 2-35 所示。

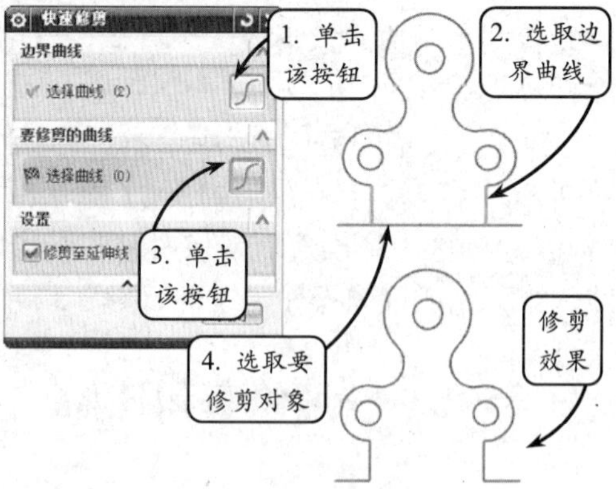

2. 快速延伸

【快速延伸】工具可以将草图中的曲线延
伸至另一临近曲线或选定的边界线处。其与
【快速修剪】工具的使用方法相似，具体的操
作方法如下所述。

❑ 单独延伸

该方式是指系统将根据选定的要延伸的
曲线与其他曲线的距离关系，自动判断延伸方
向并完成延伸操作。

在【直接草图】工具栏中单击【快速延伸】
按钮![button]，系统将打开【快速延伸】对话框。此
时，在绘图区中选取要延伸的曲线即可，效果
如图 2-36 所示。

❑ 统一延伸

该方式与【统一修剪】方式类似，是指通
过画链的方法同时延伸多条曲线。单击【快速
延伸】按钮![button]，系统将打开【快速延伸】对话
框。此时，按住鼠标左键划过需要延伸的曲线，
即可完成延伸操作，效果如图 2-37 所示。

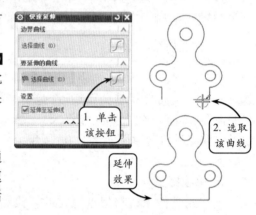

图 2-35　边界修剪方式

图 2-36　单独延伸方式

❑ 边界延伸

选择该方式需要指定延伸边界，然后选取需要延伸的曲线，即可将其延伸至该边界
处。单击【快速延伸】按钮![button]，系统将打开【快速延伸】对话框。此时，单击【边界曲
线】按钮![button]，并选取相应的延伸边界。然后单击【要延伸的曲线】按钮![button]，指定要延伸
的对象即可，效果如图 2-38 所示。

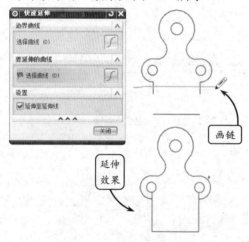

图 2-37　统一延伸方式

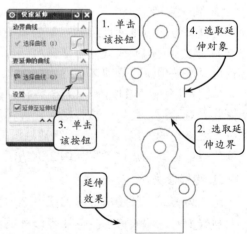

图 2-38　边界延伸方式

2.3.6 倒角

在加工零件的过程中，为了方便以后进行产品装配时的安装和定位，同时防止尖角造成擦伤，可以在指定的实体边上加工圆角和倒斜角特征。在草绘过程中，用户可以利用【圆角】和【倒斜角】工具创建这些特征，修改草图对象使其以平角或圆角相接。

1. 圆角

为了便于铸件造型时拔模、防止铁水冲坏转角处，并防止冷却时产生缩孔和裂缝，一般情况下将铸件或锻件的转角处制成圆角。在 UG NX 中，圆角是指通过一个指定半径的圆弧来光滑地连接两个对象的特征。用户可以利用【圆角】工具在两条或三条曲线之间创建圆角，各创建方式的具体操作方法如下所述。

❑ 精确法

选择该方法创建圆角，可以精确地指定圆角的半径。在【直接草图】工具栏中单击【圆角】按钮，系统将打开【圆角】对话框。此时，单击该对话框中的【修剪】按钮，并在绘图区中依次选取要倒圆角的两条边线。然后在文本框中设置半径参数即可，效果如图 2-39 所示。

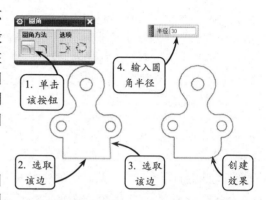

图 2-39 精确法创建圆角

❑ 粗略法

选择该方法可以通过画链快速地进行倒圆角操作，但创建的圆角半径的大小由系统根据所画的链与第一元素的交点自动判断。

单击【圆角】对话框中的【修剪】按钮，然后按住鼠标左键从需要倒圆角的曲线上划过，即可完成创建圆角的操作，效果如图 2-40 所示。

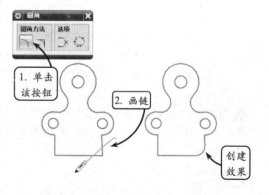

图 2-40 粗略法创建圆角

❑ 删除第三条曲线

在【圆角】对话框中，用户还可以通过是否启用【删除第三条曲线】功能按钮来决定进行倒圆角操作后图形的显示样式。该功能按钮在系统默认状态下为关闭，单击该按钮将打开此功能，对比效果如图 2-41 所示。

提 示

此外，若在【圆角】对话框中单击【取消修剪】按钮，则创建的圆角特征将不再修剪选定的原有边线。

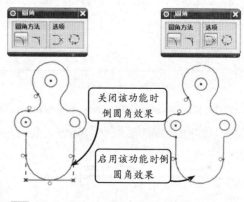

图 2-41 未删除和删除对比效果

2．倒斜角

为了便于装配，且保护零件表面不受损伤，一般在轴端、孔口、抬肩和拐角处加工出倒角（即圆台面），这样可以去除零件的尖锐刺边，避免刮伤。在 UG NX 中，可以利用【倒斜角】工具将倒角特征应用到相应的草图实体中。

在【直接草图】工具栏中单击【倒斜角】按钮，系统将打开【倒斜角】对话框。该对话框中包含了【对称】、【非对称】和【偏置和角度】3 种创建方式。各方式的创建方法类似，现以【对称】方式为例，介绍其具体操作方法。

❏ 精确法

选择该方法创建倒角特征，可以精确地设定倒斜角的尺寸。在【倒斜角】列表框中选择【对称】选项，然后启用【距离】复选框，并设置倒斜角的距离参数。此时，在绘图区中依次选取要倒斜角的两条边线即可，效果如图 2-42 所示。

❏ 粗略法

选择该方法可以通过画链快速地进行倒斜角操作，但创建的倒角尺寸由系统根据所画的链与划过边线的交点自动判断。

在【倒斜角】对话框中指定创建倒角的方式，然后按住鼠标左键从需要倒斜角的边线上划过，即可完成倒角特征的创建，效果如图 2-43 所示。

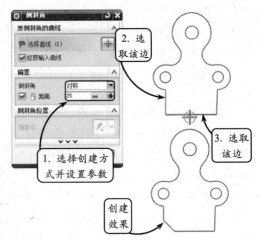

图 2-42　精确法倒斜角

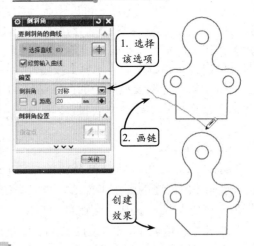

图 2-43　粗略法倒斜角

2.4　草图的约束管理

草图的约束管理就是通过设置约束方式来确定草绘曲线在工作平面的准确位置，从而保证草绘曲线的准确性。其中，几何约束能够在对象或关键点之间建立关联。

2.4.1　几何约束

此类型的几何约束随选取草图元素的不同而不同。在绘制草图的过程中，用户可以根据具体情况添加不同的几何约束类型。

在【直接草图】工具栏中单击【几何约束】按钮，草图中的各元素将显示自由度符号（箭头表示自由度的方向，箭头个数表示自由度的个数），且系统将打开相应的【几何约束】对话框。此时，在该对话框中单击对应的按钮，并在绘图区中分别选取需要添加约束的曲线，即可添加指定的约束方式，如图 2-44 所示。

在 UG NX 9 的草绘环境中，根据草图元素之间不同的关系，可以分为多种几何约束，各几何约束的含义如表 2-1 所示。

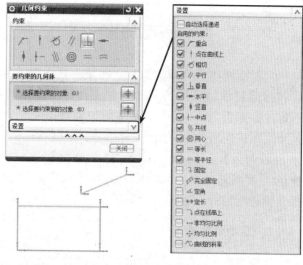

图 2-44　【几何约束】对话框

表 2-1　草图几何约束的种类和含义

约束类型	约束含义
固定	将草图对象固定到当前所在的位置。一般在几何约束的开始，需要利用该约束固定一个元素作为整个草图的参考点
完全固定	添加该约束后，所选取的草图对象将不再需要任何约束
重合	定义两个或两个以上的点互相重合。这里的点可以是草图中的点对象，也可以是其他草图对象的关键点（端点、控制点、圆心等）
同心	定义两个或两个以上的圆弧或椭圆弧的圆心相互重合
共线	定义两条或多条直线共线
中点	定义点在直线或圆弧的中点上
水平	定义直线为水平直线，即与草图坐标系 XC 轴平行
竖直	定义直线为竖直直线，即与草图坐标系 YC 轴平行
平行	定义两条直线相互平行
垂直	定义两条直线相互垂直
相切	定义两个草图元素相切
等长	定义两条或多条曲线等长
等半径	定义两个或两个以上的圆弧或圆半径相等
定长	定义选取的曲线元素的长度是固定的
定角	定义一条或多条直线与坐标系的角度是固定的
曲线的斜率	定义样条曲线过一点与一条曲线相切
均匀比例	定义样条曲线的两个端点在移动时，保持样条曲线的形状不变
非均匀比例	定义样条曲线的两个端点在移动时，样条曲线形状改变
点在线串上	定义选取的点在某条曲线上，且该点可以是草图的点对象，或其他草图元素的关键点（如端点、圆心）

提　示

当草图平面上的点没有被完全约束时，这些点上会出现自由度符号。自由度符号为红色，指向水平和垂直两个方向。随着几何约束和尺寸约束的添加，自由度符号会逐步减少。当草图对象被全部约束之后，自由度符号会全部消失。

2.4.2 编辑草图约束

当对草图进行几何约束后,如果需要查看或者修改草图对象所应用的约束类型,可以直接通过编辑草图约束的各种工具对其进行修改并完善。如利用【显示草图约束】工具显示草图的所有约束,以便进行查看;利用【显示/移除约束】工具移除指定的约束;利用【转换至/自参考对象】工具将指定的几何对象转换为参考对象等,现分别介绍如下。

1. 显示草图约束

通常情况下,有一些对曲线添加的约束是不显示的(如"固定约束"),即从曲线上无法看出是否有添加约束,很容易出现重复添加约束的情况。此时,便可以利用【显示草图约束】工具显示草图对象中的所有约束类型,以便对约束的正误进行判断。

在【直接草图】工具栏中单击【显示草图约束】按钮,当前草图对象中的所有约束类型即可显示,效果如图 2-45 所示。

2. 显示/移除约束

利用该工具可以查看草图对象上所应用的几何约束类型和信息,也可以对不必要的几何约束进行删除操作。

在【直接草图】工具栏中单击【显示/移除约束】按钮,系统将打开【显示/移除约束】对话框,如图 2-46 所示。其中,在该对话框的【列出以下对象的约束】面板中可以选择控制显示约束的对象类型;在【约束类型】列表框中可以选择显示的具体约束类型。

此外,在【显示约束】列表框中列出了当前草图中所有添加的约束,用户可以从中选择一个约束类型,并单击【移除高亮显示的】按钮将其删除。若单击【移除所列的】按钮,即可删除列表框中所有的约束。如图 2-47 所示就是移除直线与矩形之间垂直约束的效果。

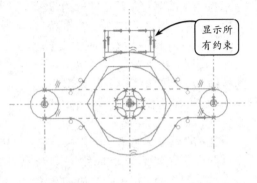

图 2-45 显示草图中的所有约束

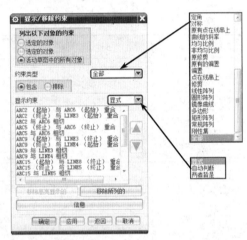

图 2-46 【显示/移除约束】对话框

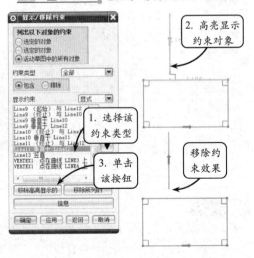

图 2-47 移除垂直约束

3．转换至/自参考约束

利用该工具可以将草图中的曲线或尺寸转化为参考对象，或者将参考对象再次激活。在草绘过程中，该工具经常用来将直线转化为参考中心线。

在【直接草图】工具栏中单击【转换至/自参考对象】按钮，系统将打开【转换至/自参考对象】对话框。此时，在绘图区中选取要转换的草图对象，并指定转换类型即可，效果如图 2-48 所示。

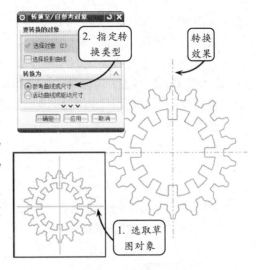

图 2-48　转换参考曲线

4．自动判断约束

在构造草图曲线的过程中，用户可以通过设置自动判断约束类型来控制哪些约束被系统自动判断并添加，从而减少在绘制草图后添加约束的工作量，并提高绘图效率。

在【直接草图】工具栏中单击【自动判断约束和尺寸】按钮，系统将打开【自动判断约束和尺寸】对话框。此时，通过启用和禁用该对话框中各约束类型的复选框，即可控制绘制草图过程中自动添加的约束类型，如图 2-49 所示。

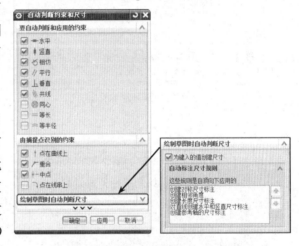

图 2-49　【自动判断约束和尺寸】对话框

提　示

在完成【自动判断约束和尺寸】对话框的设置后，还需要启用【创建自动判断约束】按钮，才能在绘制草图过程中自动添加所需的约束类型。

2.5　课堂实例 2-1：绘制安全阀草图

本实例绘制安全阀零件，效果如图 2-50 所示。安全阀又称溢流阀，在系统中起安全保护作用，被称为压力容器的最终保护装置。阀体零件

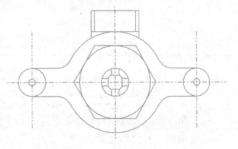

图 2-50　安全阀平面效果

在机械设备中应用广泛。该安全阀主要由阀座、阀瓣（阀芯）和加载结构三部分组成。

该安全阀图形主要由正方形、圆和正多边形组成。

由于该安全阀平面图形状规则，因此在绘制该零件图时，可以采用从外向里的绘图方法。首先利用【直线】工具绘制中心线。然后利用【圆】工具绘制定位圆。接着利用【多边形】、【圆】和【快速修剪】工具绘制其内部结构，注意要多次利用【快速修剪】工具修剪图形。最后利用【直线】工具绘制阀体上部结构，即可完成安全阀的绘制。

操作步骤：

1　新建一个名称为 AnQuanfa.prt 的文件。然后单击【草图】按钮，将打开【草图】对话框。此时选取 XC-YC 平面为草图平面，进入草绘环境后，单击【直线】按钮，按照如图 2-51 所示绘制辅助中心线。

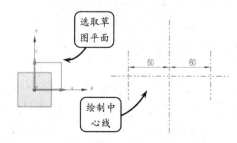

◢ **图 2-51**　绘制中心线

2　单击【圆】按钮，选取如图 2-52 所示中心线的交点为圆心，绘制直径分别为 $\phi20$、$\phi52$ 和 $\phi70$ 的三个圆。

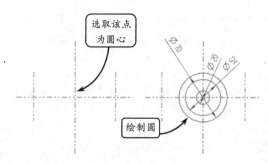

◢ **图 2-52**　绘制圆

3　利用【圆】工具选取如图 2-53 所示中心线的交点为圆心，绘制直径分别为 $\phi5$ 和 $\phi20$ 的两个圆。继续利用【圆】工具在另一侧绘制相同尺寸的两个圆。

4　利用【直线】工具选取左侧直径为 $\phi20$ 的圆与竖直中心线的交点为起点，向右侧直径为 $\phi20$ 的圆绘制一条切线。然后利用相同的方

法绘制另一条切线，效果如图 2-54 所示。

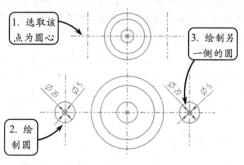

◢ **图 2-53**　绘制圆

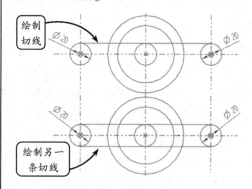

◢ **图 2-54**　绘制切线

5　单击【快速修剪】按钮，选取直径为 $\phi70$ 的圆为边界曲线，并选取上步绘制的两条切线为要修剪的曲线，修剪这两条切线，效果如图 2-55 所示。

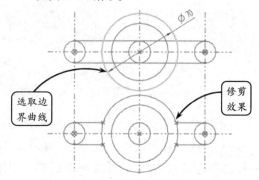

◢ **图 2-55**　修剪切线

6 继续利用【快速修剪】工具选取修剪后的切线为边界曲线，并选取直径为ϕ70的圆为要修剪的曲线，修剪该圆，效果如图 2-56所示。

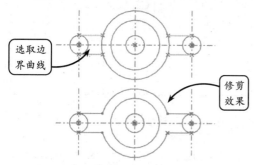

选取边界曲线

修剪效果

图 2-56　修剪圆

7 单击【圆角】按钮，输入圆角半径为R10，并选取如图 2-57 所示的直线和曲线为倒圆角对象，绘制圆角。继续利用【圆角】工具绘制其他三个相同尺寸的圆角。

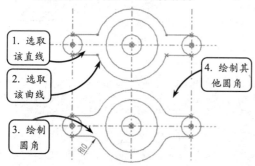

1. 选取该直线

2. 选取该曲线

3. 绘制圆角

4. 绘制其他圆角

R10

图 2-57　绘制圆角

8 单击【多边形】按钮，指定阀体中心为中心点，并设置多边形边数为6。然后按照如图 2-58 所示设置多边形的参数，绘制正六边形。

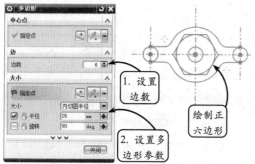

1. 设置边数

2. 设置多边形参数

绘制正六边形

图 2-58　绘制正六边形

9 利用【多边形】工具指定阀体中心为中心点，并设置多边形边数为4。然后按照如图 2-59所示设置多边形的参数，绘制正方形。

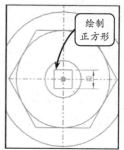

1. 设置边数

2. 设置多边形参数

绘制正方形

图 2-59　绘制正方形

10 继续利用【多边形】工具指定阀体中心为中心点，并设置多边形边数为4。然后按照如图 2-60 所示设置多边形的参数，绘制正方形。

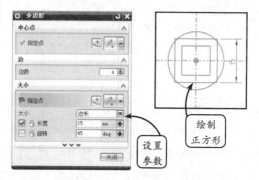

设置参数

绘制正方形

图 2-60　绘制正方形

11 利用【圆】工具分别选取边长为 15 的正方形四个端点为圆心，绘制四个直径均为ϕ10的圆。然后删除边长为 15 的正方形，效果如图 2-61 所示。

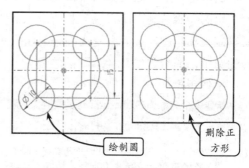

Φ 10

绘制圆

删除正方形

图 2-61　绘制圆并删除正方形

12 利用【快速修剪】工具选取四个直径均为∅10的圆为边界曲线，并选取边长为10的正方形为要修剪的曲线，修剪该正方形，效果如图2-62所示。

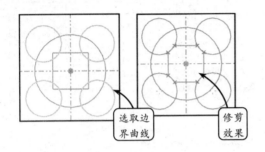

图 2-62　修剪正方形

13 继续利用【快速修剪】工具选取直径为∅20的圆为边界曲线，并选取四个直径均为∅10的圆为要修剪的曲线，修剪这四个圆，效果如图2-63所示。

14 利用【直线】工具按照如图2-64所示的尺寸要求绘制草图。然后单击【完成草图】按钮，退出草绘环境，完成该安全阀零件的

绘制。

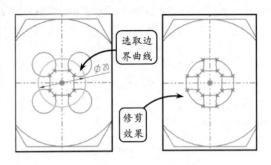

图 2-63　修剪圆

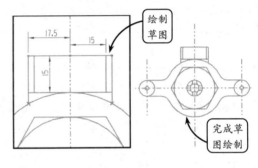

图 2-64　绘制草图

2.6　课堂实例2-2：绘制垫片草图

本实例绘制垫片草图，效果如图2-65所示。在机械部件中，垫片主要起到密封、缓冲以及绝缘的作用。该垫片零件由外部的圆弧轮廓和内部的3个圆孔组成。其中圆孔可以用于穿过轴类零件或螺栓。

在绘制该垫片草图时，可以利用【圆】工具绘制出基本轮廓，然后利用【快速修剪】工具修剪该轮廓。接着利用【直线】和【镜像曲线】工具绘制底部轮廓，最后利用【圆角】工具绘制相应的圆角，即可完成垫片草图的绘制。

操作步骤：

1 新建一个名称为Dianpian.prt的文件。然后单击【草图】按钮，将打开【草图】对话框。此时选取XC-YC平面作为草图平面，进入草绘环境后，单击【直线】按钮，按照如图2-66所示尺寸绘制辅助中心线。

图 2-65　垫片效果图

2 单击【圆】对话框中的【圆心和直径定圆】按钮，依次选取如图2-67所示的中心线交点A和交点B为圆心，绘制直径分别为∅25和∅56的圆轮廓。

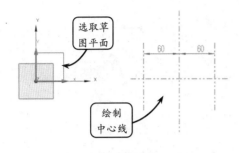

制的两个相切圆为要修剪的曲线，修剪两个相切圆。

图 2-66　绘制中心线

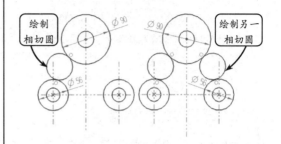

图 2-69　绘制相切圆

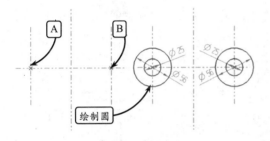

图 2-67　绘制圆

[3] 利用【直线】和【点】工具绘制如图 2-68 所示尺寸的点，并删除绘制的线段。然后利用【圆】工具选取该点为圆心，绘制直径分别为 ⌀30 和 ⌀90 的圆轮廓。

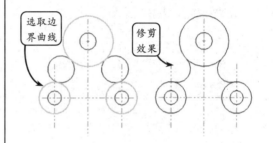

图 2-70　修剪相切圆

[6] 继续利用【快速修剪】工具，选取修剪后相切圆的圆弧为边界曲线，并选取直径为 ⌀90 的圆为要修剪的曲线，修剪该圆轮廓，效果如图 2-71 所示。

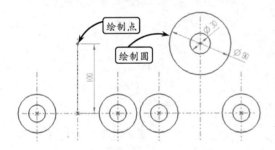

图 2-68　绘制点和圆

[4] 单击【圆】对话框中的【三点定圆】按钮 ◉，依次选取直径分别为 ⌀56 和 ⌀90 的圆轮廓上各一点，并输入直径数值为 ⌀48，绘制相切圆。使用同样方法，绘制另一相同尺寸的相切圆，效果如图 2-69 所示。

[5] 单击【快速修剪】按钮 ⋎，选取如图 2-70 所示的圆轮廓为边界曲线，并选取上步所绘

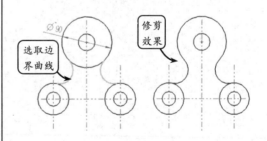

图 2-71　修剪圆

[7] 单击【偏置曲线】按钮 ▢，选取水平中心线为要偏置的曲线，并输入偏置距离为 68。然后单击【确定】按钮，即可完成偏置操作，效果如图 2-72 所示。

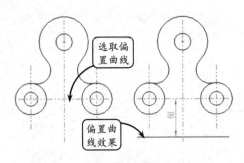

图 2-72　绘制偏置曲线

8　继续利用【偏置曲线】工具，选取竖直中心
线为要偏置的对象，并输入偏置距离为 58。
然后单击【确定】按钮，即可完成偏置操作，
效果如图 2-73 所示。

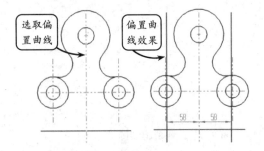

图 2-73　偏置中心线

9　利用【快速修剪】工具选取如图 2-74 所示
的曲线为边界曲线，并选取直径为 ∅56 的两
个圆为要修剪的曲线，进行圆轮廓的修剪
操作。

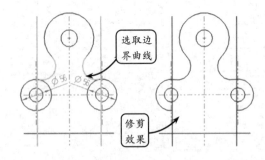

图 2-74　修剪圆轮廓

10　继续利用【快速修剪】工具选取相应的边界
曲线，并选取偏置的中心线为要修剪的曲
线，进行修剪操作，效果如图 2-75 所示。

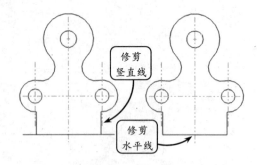

图 2-75　修剪偏置线

11　利用【点】和【直线】工具，分别绘制如图
2-76 所示尺寸的定位点和斜线。

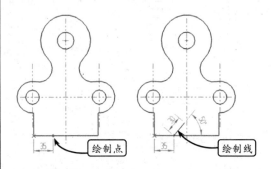

图 2-76　绘制点和直线

12　单击【镜像曲线】按钮，依次选取镜像对
象和镜像中心线，并单击【应用】按钮，即
可完成镜像对象的操作。最后删除多余的底
线，效果如图 2-77 所示。

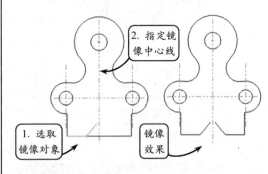

图 2-77　镜像曲线

13　单击【圆角】按钮，输入圆角半径为 R10。
然后选取如图 2-78 所示的线段为倒圆角对
象，创建圆角特征。继续利用【圆角】工具
创建其他两个相同尺寸的圆角特征，即可完
成垫片零件草图的绘制。

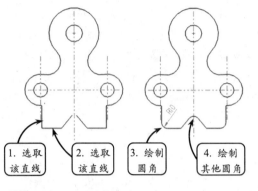

1. 选取
该直线　　2. 选取
该直线　　3. 绘制
圆角　　4. 绘制
其他圆角

图 2-78　绘制圆角

2.7　思考与练习

一、填空题

1. _____是指在某个指定平面上的点、线等二维几何元素的总称。

2. 在绘制草图的过程中，用户可以利用_____工具连续绘制直线和圆弧轮廓线，特别适用于绘制的草图对象中包含直线与圆弧首尾相接的情况。

3. 在 UG NX 中，可以利用_____工具以任一方向将曲线修剪至最近的交点或选定的边界。

4. 完成草图绘制后，为了对草图的形状和大小进行精确地控制，并方便用户修改，需要对草图进行相应的_____。

二、选择题

1. 利用_____工具可以将二维曲线、实体或片体的边沿着某一个方向投影到已有的曲面、平面或参考平面上。

    A. 镜像曲线

    B. 投影曲线

    C. 偏置曲线

    D. 添加现有曲线

2. _____方式可以绘制出一条曲线链然后将与曲线链相交的曲线部分全部修剪。利用该工具可以快速地一次修剪多条曲线。

    A. 单独修剪

    B. 统一修剪

    C. 边界修剪

    D. 删除

3. 使用_____方法需要指定延伸边界，且被延伸曲线将延伸至边界处。

    A. 单独延伸

    B. 统一延伸

    C. 边界延伸

    D. 拖动

三、问答题

1. 指定草图工作平面的方法有哪几种？

2. 绘制直线有哪几种方式？

3. 简述草图的几何约束方式。

四、上机练习

1. 绘制吸盘草图

本练习绘制吸盘零件草图，效果如图 2-79 所示。机器人真空吸盘可以通过与该吸盘连接的真空管将处于吸盘和被搬运件间的空气抽出，从而形成真空将搬运对象吸附，并利用机器人的运动将被搬运件移动到指定位置。

绘制该吸盘零件草图时，可以首先利用【直线】和【角度】工具绘制出吸盘的中心线和辅助线。然后利用【圆】工具绘制主要的圆轮廓线，并利用【快速修剪】工具修剪多余图元，创建出其中一个轮槽。接着利用【镜像】工具依次以斜辅助线和水平中心线为镜像中心线，镜像出其他的轮槽。最后绘制右上方用于调整定位角度的圆弧形限位槽轮廓线即可。

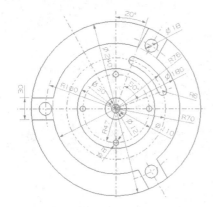

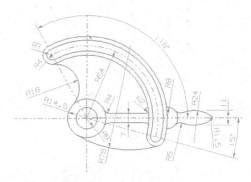

的筋板与轴承座相连。旋转手柄拉动筋板和轴承一起旋转，通过安装板固定在轴承座上的摆臂跟随轴承的旋转一起循环往复的运动。

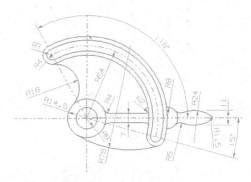

图 2-80 摇臂板零件平面图

绘制该摇臂板零件草图时，可以首先利用【直线】和【角度】工具绘制出零件的中心线和辅助线。然后利用【圆】工具绘制主要的轴承座轮廓线，并利用【快速修剪】工具将多余图元修剪，创建出其中间的筋板轮廓线。接着利用【圆弧】和【圆】工具绘制其弧形摆臂。最后利用相应的工具绘制右端用于握持的手柄即可。

图 2-79 吸盘零件平面图效果

2．绘制摇臂板草图

本练习绘制摇臂板零件平面效果图，如图 2-80 所示。该零件主要由轴承座、筋板、安装板、摆臂和手柄等五部分组成。在此零件中，摆臂通过安装板固定在轴承座上，右端的手柄通过横向

第 3 章

特征建模

UG NX 的建模技术是一种基于特征的建模技术，其模块中提供了各种标准特征，主要包括基准特征、体素特征、扫描特征和设计特征等部分。各标准特征突出关键特征尺寸与定位尺寸，能够很好地传达设计意图，且易于调用和编辑。与其他一些实体造型的 CAD 软件系统相比较，UG NX 软件在三维实体建模的过程中能够获得更大、更自由的设计空间，减少了在建模操作上花费的时间，从而提高了设计效率。

本章主要介绍各种基准特征、体素特征、扫描特征和设计特征的创建方法，并详细介绍了建模模块中相应的特征操作技巧。

本章学习目的：

➢ 掌握各种基准特征的创建方法
➢ 掌握各种体素特征的创建方法
➢ 掌握各种扫描特征的创建方法
➢ 掌握各种设计特征的创建方法

3.1 基准特征

基准特征是构造三维实体模型的基础，是一种不同于实体或其他曲面的特征。在实体建模过程中，其主要用来作为创建模型的参考，起到辅助设计的作用。特别是在创建曲面特征或进行装配时，基准特征起到至关重要的作用。在 UG NX 中，基准特征可以分为基准坐标系、基准轴和基准平面三种类型。

3.1.1 基准坐标系

在实体建模过程中，基准坐标系常被用来定位实体模型在空间上的位置。要创建基准坐标系,可以在【特征】工具栏中单击【基准 CSYS】按钮，系统将打开如图 3-1 所示的【基准 CSYS】对话框。

在该对话框中,用户可以通过选择【类型】列表框中的任一选项来指定构造新坐标系的方法。构造基准坐标系的各种方法如表3-1 所示。

图 3-1   【基准 CSYS】对话框

表 3-1   构造基准坐标系的方法

功 能 选 项	说　明
动态	用于对现有坐标系进行移动或旋转调整。选择该类型,坐标系将处于激活状态。此时拖动方块形手柄可移动当前坐标系至任意位置,拖动极轴圆锥手柄可沿轴移动当前坐标系,拖动球形手柄可旋转当前坐标系
自动判断	根据选择对象的构造属性,系统将智能地筛选可能的构造方式。当达到坐标系构造的唯一性要求时,系统将自动生成一个新的基准坐标系
原点,X 点,Y 点	选择任何一点作为原点,第二点定义 X 轴正方向(第一点指向第二点的连线方向),第三点定义 Y 轴正方向(第一点指向第三点的连线方向)
X 轴,Y 轴,原点	在视图区中指定一点作为原点,并依次选择两条矢量边线作为 X 轴和 Y 轴的正向轴线
Z 轴,X 轴,原点	在视图区中指定一点作为原点,并依次选择两条矢量边线作为 Z 轴和 X 轴的正向轴线
Z 轴,Y 轴,原点	在视图区中指定一点作为原点,并依次选择两条矢量边线作为 Z 轴和 Y 轴的正向轴线
平面,X 轴,点	指定 Z 轴的平面和该平面上的 X 轴方向,并指定该平面上的原点来定义一个坐标系
三平面	在视图区中指定 3 个相交的平面来确定坐标系。其中,3 条交线分别为各坐标轴的方向,相交点为坐标系原点
绝对 CSYS	选择该类型可以在绝对坐标(0、0、0)处定义一个新的工作坐标系
当前视图的 CSYS	原点不动,使 Z 轴垂直于当前视图
偏置 CSYS	通过输入 X、Y、Z 坐标轴方向上相对于原坐标系的偏置距离和旋转角度来创建基准坐标系

3.1.2   基准轴

在 UG NX 中,基准轴是一条用作创建其他特征的参考中心线。其可以作为创建基准平面或装配同轴放置项目,也可以作为径向和轴向阵列操作时的参考。

要创建基准轴,可以单击【特征】工具栏中的【基准轴】按钮，系统

图 3-2   【基准轴】对话框

将打开【基准轴】对话框,如图 3-2 所示。该对话框中提供了 9 种创建基准轴的方式,但总的来说可分为如下 9 种操作方法。

❑ **自动判断**

该方式是系统的默认选择，用户可以通过多种约束完成基准轴的创建。例如，选择三维模型上的面、边或各顶点等参考元素，并根据所选参考元素之间的相互关系来定义基准轴，效果如图3-3所示。

❑ **交点**

选择该方式可以指定三维实体中不平行的两个面为参考面，并以两面的交线定义基准轴的位置，以交线的方向定义基准轴的方向，效果如图3-4所示。

❑ **曲线/面轴**

选择该方式可以指定实体模型的曲线、曲面或工作坐标系的各矢量为参照来创建基准轴。当选择曲线时，该曲线可以是实体的边线或具有圆弧特征曲面的中心线，但必须都是直线，此时所创建的基准轴将与该曲线同线；当选择曲面时，该曲面必须是具有圆弧特征的曲面，此时所创建的基准轴将与该曲面中心轴线同线，效果如图3-5所示。

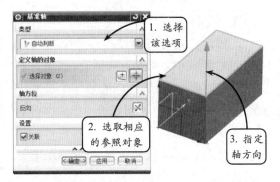

图 3-3 　使用【自动判断】方式创建基准轴

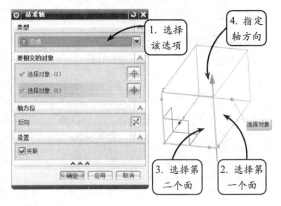

图 3-4 　以两面交点方式创建基准轴

❑ **曲线上矢量**

选择该方式可以通过选取一条参照曲线来创建基准轴，用户可以通过选择【方位】下拉列表框中的相应选项来指定所创建基准轴的矢量方向，效果如图3-6所示。

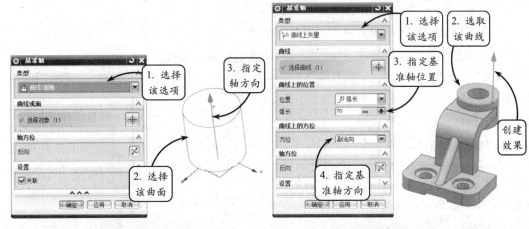

图 3-5 　选择曲面创建基准轴

图 3-6 　利用【曲线上矢量】方式创建基准轴

❑ **XC 轴、YC 轴、ZC 轴**

这三种方式都是以工作坐标系的3个矢量为参照创建新的基准轴。其操作方法比较简单，这里不再详细介绍，效果如图3-7所示。

❏ **点和方向**

选择该方式可以通过指定一个参考点和一个矢量的方法创建基准轴。所创建的基准轴通过该点，并与所选择的参考矢量平行或垂直，效果如图3-8所示。

❏ **两点**

选择该方式可以通过选取两个点来定义基准轴。其中，所选取的点可以是视图中的现有点，也可以是通过【点对话框】创建的点，且所创建基准轴的方向将由第一点指向第二点，效果如图3-9所示。

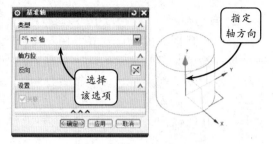

图 3-7 利用【ZC 轴】方式创建基准轴

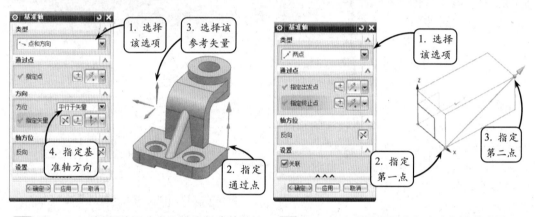

图 3-8 利用【点和方向】方式创建基准轴　　图 3-9 利用【两点】方式创建基准轴

3.1.3 基准平面

基准平面没有任何质量和体积，是一个无限大且实际并不存在的面，在三维建模过程中可以作为其他特征的参考平面。在基准特征中，基准平面是一个非常重要的特征，无论是在零件设计还是在装配过程中，都将使用到基准平面。

要创建基准平面，单击【特征】工具栏中的【基准平面】按钮，系统将打开【基准平面】对话框，如图 3-10 所示。

在该对话框的【类型】面板中，系统提供了 15 种基准平面的创建方式。其中最基本的创建方式有 4 种，其他方式都是在这 4 种方式的基础上演变而来的，现分别介绍如下。

图 3-10 【基准平面】对话框

❑ **自动判断**

该方式是系统的默认选项，用户可以通过多种约束方式来完成该操作。例如，可以选择三维模型上的面，也可以选择三维模型的边，还可以选择其顶点等来约束基准平面。同时，创建的基准平面可以与参照重合、平行、垂直、相切、偏置或者成一个角度，效果如图 3-11 所示。

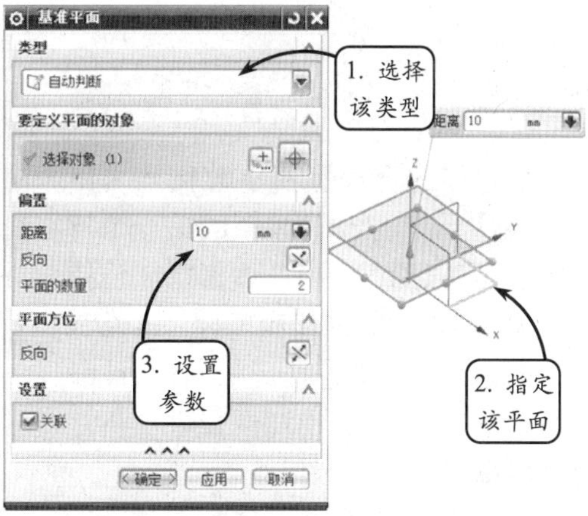

❑ **点和方向**

该方式通过在参照模型中选择一个参考点和一个参考矢量来创建基准平面。要使用该方式，可以在【基准平面】对话框中选择【点和方向】选项，然后依次指定通过点和法向矢量即可，效果如图 3-12 所示。

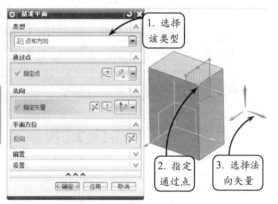

图 3-11　使用【自动判断】方式创建基准平面

技　巧

> 在选择点或者矢量时，用户可以通过在对话框中单击【点对话框】按钮和【矢量对话框】按钮来确定点或者矢量的选择类型。

❑ **曲线上**

启用该方式可以通过选择一条参考曲线来建立基准平面，且所创建的基准平面将垂直于该曲线某点处的切矢量或法向矢量，效果如图 3-13 所示。

图 3-12　使用【点和方向】方式创建基准平面

❑ **YC-ZC 平面、XC-ZC 平面和 XC-YC 平面**

这三种方式都是以系统默认的基准平面（YC-ZC 平面、XC-ZC 平面和 XC-YC 平面）为参照来创建新的基准平面。其操作方法相同且简单，这里不再详细赘述，效果如图 3-14 所示。

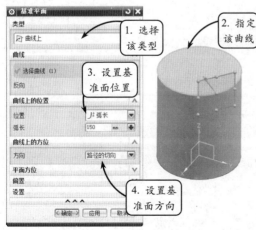

图 3-13　以曲线为参照创建基准平面

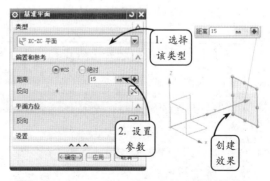

图 3-14　以 XC-ZC 面为参照面创建基准平面

3.2 体素特征

从建模的合理性和参数化要求出发，体素特征一般作为模型的第一个特征出现。在 UG NX 中，体素特征包括长方体、圆柱体、锥体和球体。该类特征具有比较简单的特征形状，且均被参数化定义，可对其大小及位置进行尺寸驱动编辑。

图 3-15　【块】对话框

3.2.1　长方体

长方体是三维实体建模中使用最为广泛，也是最基本的体素特征之一。利用【块】工具可以创建长方体或正方体等一些规则的实体模型，例如机械零件的底座和建筑墙体等。

在【特征】工具栏中单击【块】按钮 🔲，系统将打开【块】对话框，如图 3-15 所示。该对话框提供了 3 种创建长方体的方式，现分别介绍如下。

❏ **原点和边长**

利用该方式创建长方体时，只需先指定一点作为原点，然后分别设置长方体的长、宽和高即可，效果如图 3-16 所示。

❏ **两点和高度**

该方式是指通过指定长方体一个面上的两个对角点，并设定长方体的高度参数来创建相应的长方体特征。

在【类型】面板中选择【两点和高度】选项，然后指定现有基准坐标系的基准点作为长方体的原点，并利用【点对话框】工具指定长方体底面上的另一对角点。接着设置长方体的高度参数即可，效果如图 3-17 所示。

❏ **两个对角点**

利用该方式创建长方体时，只需在绘图区中指定长方体的两个对角点，即处于不同

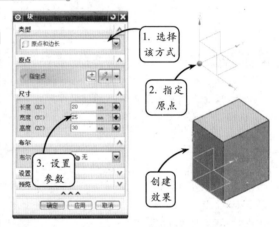

图 3-16　利用【原点和边长】方式创建长方体

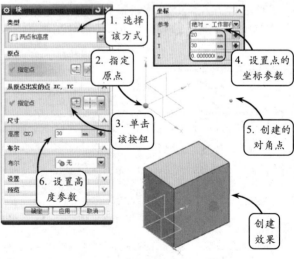

图 3-17　利用【两点和高度】方式创建长方体

的长方体面上的两个角点即可。

选择【类型】面板中的【两个对角点】选项，并指定坐标系的原点作为一个对角点。然后指定另一个长方体边线的中点作为另一对角点，即可完成长方体特征的创建，效果如图 3-18 所示。

提 示

在【布尔】面板中有4种布尔运算方式：【无】、【求和】、【求差】和【求交】。当绘图区中不存在其他实体模型时，只能选择【无】方式；当存在两个或更多实体时，可指定相应的目标实体进行其他布尔运算。

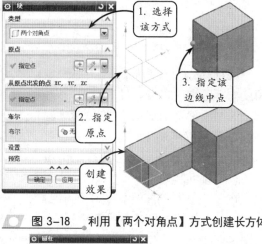

图 3-18　利用【两个对角点】方式创建长方体

3.2.2　圆柱体

圆柱体是以圆为底面和顶面，具有一定高度的实体模型，其在生活中随处可见，例如机械传动中最为常用的轴类、销钉类等零件。

在【特征】工具栏中单击【圆柱】按钮，系统将打开【圆柱】对话框，如图 3-19 所示。该对话框提供了两种创建圆柱体的方式，现分别介绍如下。

图 3-19　【圆柱】对话框

❏ **轴、直径和高度**

利用该方式创建圆柱体时，需要先指定圆柱体的矢量方向和底面的中心点位置，然后设置圆柱体的直径和高度参数即可，效果如图 3-20 所示。

❏ **圆弧和高度**

利用该方式创建圆柱体时，需要先绘制一条圆弧曲线，然后以该圆弧曲线为所创建圆柱体的参照曲线，并设置圆柱体的高度参数即可，效果如图 3-21 所示。

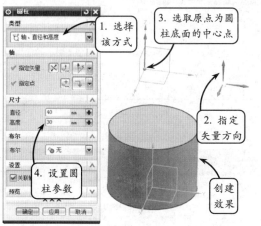

图 3-20　利用【轴、直径和高度】方式创建圆柱体

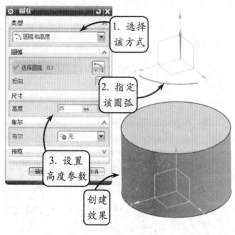

图 3-21　利用【圆弧和高度】方式创建圆柱体

3.2.3 锥体

圆锥体是以圆为底面，按照一定角度向上或向下展开，最后交于一点，或交于圆平面而形成的实体。使用【圆锥】工具不仅能够创建圆锥体，还可以创建锥台实体模型，因此广泛应用于各种三维实体建模中。

在【特征】工具栏中单击【圆锥】按钮 ⚠，系统将打开【圆锥】对话框，如图 3-22 所示。该对话框提供了 5 种创建圆锥体的方式，总体可以分为两种类型，现分别介绍如下。

图 3-22 【圆锥】对话框

1. 设置参数方式

【类型】列表框中的前 4 种选项均属于此类型。利用该方法创建圆锥体时，需要分别设置所创建圆锥体的有关参数，如底部直径、顶部直径、高度和半角参数等。如图 3-23 所示就是利用【直径和高度】方式创建的圆锥体效果。

2. 指定圆弧方式

利用【两个共轴的圆弧】方式创建圆台实体时，只需指定两个同轴的圆弧，即可创建出以这两个圆弧曲线为大端和小端圆面参照的圆台体。

在【类型】面板中选择【两个共轴的圆弧】选项，然后在绘图区中依次指定两个共轴的圆弧，即可完成圆台实体的创建，效果如图 3-24 所示。

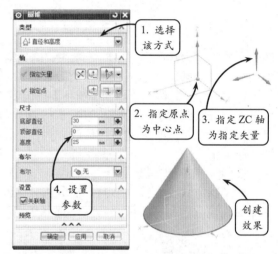

图 3-23 利用【直径和高度】方式创建圆锥体

3.2.4 球体

球体是三维空间中到一个点的距离相等的所有点的集合所形成的实体。其广泛应用于机械、家具等结构设计中，例如创建球轴承的滚子、球头螺栓和家具拉手等。

在【特征】工具栏中单击【球】按钮 ◯，系统将打开【球】对话框，如图 3-25 所示。

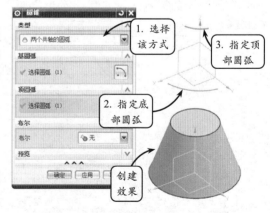

图 3-24 利用【两个共轴的圆弧】方式创建圆台实体

该对话框提供了两种创建球体的方式，现分别介绍如下。

❑ **中心点和直径**

利用该方式创建球体特征时，首先需要指定球心或利用【点对话框】工具创建球心，然后设定球体的直径即可。

在【类型】面板中选择【中心点和直径】选项，然后指定现有坐标系的原点作为球心，并设定球体的直径参数，即可完成球体的创建，效果如图 3-26 所示。

图 3-25　【球】对话框

❑ **圆弧**

利用该方式创建球体时，只需指定现有的圆或圆弧曲线为参考圆弧，即可创建出球体特征，效果如图 3-27 所示。

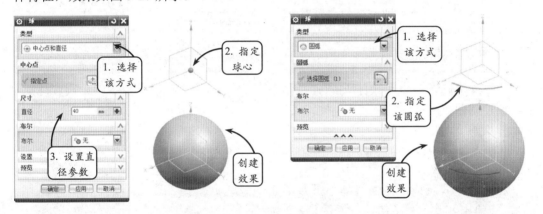

图 3-26　利用【中心点和直径】方式创建球体　　　图 3-27　利用【圆弧】方式创建球体

3.3　扫描特征

扫描是指通过拉伸和旋转操作，将二维图形沿一定的轨迹创建三维实体的过程。此类工具是将草图特征创建实体，或者用建模环境中的曲线特征创建实体的主要工具。其中，拉伸和旋转特征都可以看作扫描特征的特例：拉伸特征的扫描轨迹是垂直于草绘平面的直线，而旋转特征的扫描轨迹则是圆周。

3.3.1　拉伸特征

拉伸特征就是将二维草图轮廓沿指定的矢量方向拉伸到某一位置所形成的三维实体。其中，拉伸对象可以是草图、曲线等二维几何元素，且用户可以同时选取不同类型的对象进行拉伸操作。

在【特征】工具栏中单击【拉伸】按钮，系统将打开【拉伸】对话框，如图 3-28

所示。在【限制】面板中，用户可以在【开始】或【结束】列表框中选择相应的选项来设置拉伸方式，各选项的含义如下所述。

- ❑ **值** 所创建的拉伸特征将从草绘平面开始单侧拉伸，并通过所输入的距离定义拉伸时的高度。
- ❑ **对称值** 所创建的拉伸特征将从草绘平面往两侧均匀拉伸。
- ❑ **直至下一个** 所创建的拉伸特征将从草绘平面拉伸至曲面参照。
- ❑ **直至选定** 所创建的拉伸特征将从草绘平面拉伸至所选的参照。
- ❑ **直到延伸部分** 所创建的拉伸特征将从草绘平面拉伸到所选的参照对象。
- ❑ **贯通** 所创建的拉伸特征将从草绘平面并参照拉伸时的矢量方向，穿过所有曲面参照。

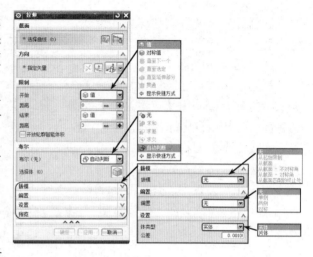

图 3-28 【拉伸】对话框

在【拉伸】对话框中，用户可以通过指定曲线或绘制截面两种方式来创建拉伸特征，现分别介绍如下。

1．指定曲线

利用该方式生成的拉伸实体不是参数化的数字模型，用户只可以修改拉伸参数，而无法修改截面参数。

选择该方式创建拉伸实体时，首先应在绘图区中指定要拉伸的草图曲线，然后指定矢量方向，并设置拉伸参数即可，效果如图3-29 所示。

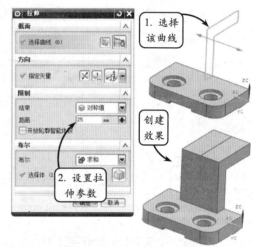

图 3-29 指定曲线创建拉伸实体

2．绘制截面

利用该方式创建的拉伸实体模型是具有参数化的数字模型，不仅可以修改拉伸参数，还可以对截面参数进行修改。

在【拉伸】对话框中单击【绘制截面】按钮🗐，系统将进入草图工作空间，用户可以根据需要绘制相应的草图轮廓。当完成草图绘制后，系统将重新返回至【拉伸】对话框。此时指定拉伸方向，并设置相应的拉伸参数，即可完成拉伸实体的创建，效果如图 3-30 所示。

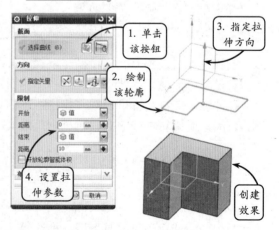

图 3-30 绘制截面创建拉伸实体

3.3.2 旋转特征

旋转特征是将草图截面或曲线等二维对象绕所指定的旋转轴线旋转一定的角度而形成的实体模型，例如带轮、法兰盘和轴类等零件。其操作方法和【拉伸】工具的操作方法类似，不同之处在于：当利用【旋转】工具进行实体操作时，所指定的矢量是该对象的旋转中心，所设置的旋转参数是旋转的起点角度和终点角度。

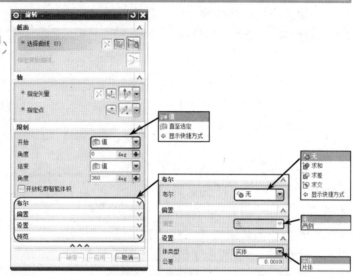

图 3-31　【旋转】对话框

在【特征】工具栏中单击【旋转】按钮，系统将打开【旋转】对话框，如图3-31 所示。在该对话框中，用户同样可以通过指定曲线或者绘制截面两种方式来创建旋转特征。现以绘制截面方式为例，介绍其具体操作方法。

在【旋转】对话框中单击【绘制截面】按钮，系统将进入草图工作空间，用户可以根据需要绘制相应的草图轮廓。当完成草图绘制后，系统将重新返回至【旋转】对话框。此时在绘图区中依次指定基准坐标系的 ZC 轴为旋转中心轴，指定坐标系的原点为旋转基准点，并设置相应的旋转角度参数，即可完成旋转特征的创建，效果如图 3-32 所示。

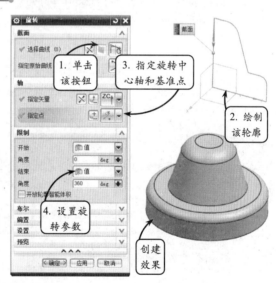

图 3-32　绘制截面创建旋转实体

3.4　设计特征

前面所介绍的体素特征和扫描特征均可以作为创建三维模型的第一个特征出现，但本节所介绍的设计特征则必须以现有模型为基础进行创建。利用该类特征工具可以生成更为细致的实体特征，例如在实体上创建孔、键槽、凸台和加强筋等。

3.4.1　孔

图 3-33　【孔】对话框

孔特征是指在实体模型中去除圆柱、圆锥或同时存在这两种特征的实体而形成的实体特征。在机械设计过程中，孔特征是最常使用的建模特征之一，如创建底板零件上的定位孔、螺纹孔的底孔和箱体类零件的轴孔等。

在【特征】工具栏中单击【孔】按钮，系统将打开【孔】对话框，如图 3-33 所示。该对话框提供了 5 种孔的创建方法，其中以【常规孔】类型最为常用。该类型的孔特征包括【简单】、【沉头】、【埋头】和【锥形】4 种成形方式。

在特征建模过程中，利用这 4 种成形方式创建常规孔特征的方法类似，都需要选取孔表面的中心点，指定孔的生成方向，并设置相应的孔参数。常规孔特征的创建方法简单，这里不再赘述，各种类型孔特征的创建效果如图 3-34 所示。

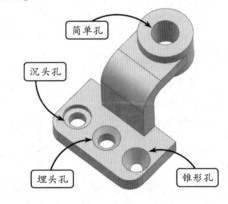

图 3-34　创建常规孔特征

> **提 示**
>
> 在创建过程中，沉头孔直径必须大于它的孔直径，沉头孔深度必须小于孔深度，且顶锥角必须在 0°～180°之间；埋头孔直径必须大于它的孔直径，埋头孔角度必须在 0°～180°之间，且顶锥角必须在 0°～180°之间。

3.4.2　腔体和键槽

本节介绍的这两种特征都是从实体中去除指定形状的材料而形成的。其中，腔体和键槽特征的创建必须在平面上进行。

1. 腔体

利用【腔体】工具可以从指定的实体中移除圆柱形、矩形或者常规的实体特征材料，形成相应的腔体特征。另外，在利用该工具创建相应的特征时，放置面需为实体的平面。

单击【腔体】按钮，系统将打开【腔体】对话框，如图 3-35 所示。该对话框提供了 3 种类型的腔体特征，各类型的操作方法基本相似，这里以【圆柱形】类型为例介绍其具体操作方法。

在【腔体】对话框中单击【圆柱形】按钮，并在绘图区中选取一个参考面，系统将打开【圆柱形腔体】对话框。此时，设置相应的圆柱体参数，并单击【确定】按钮。然后利用打开的【定位】对话框对所创建腔体的位置进行定位操作，即可完成腔体特征的创建，效果如图3-36所示。

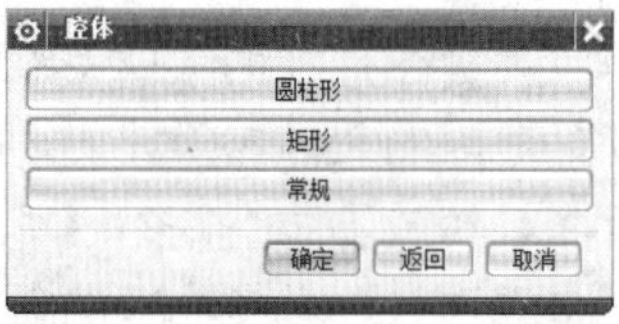

在打开的【圆柱形腔体】对话框中，【腔体直径】文本框用来设置圆柱形型腔的直径；【深度】文本框用来设置圆柱形型腔的深度，且其从放置平面沿圆柱形型腔生成方向进行测量；【底面半径】文本框用来设置圆柱形型腔底面的圆弧半径，它必须大于或等于0，且必须小于【深度】参数值；【锥角】文本框用来设置圆柱形型腔的倾斜角度，它必须大于或等于0。

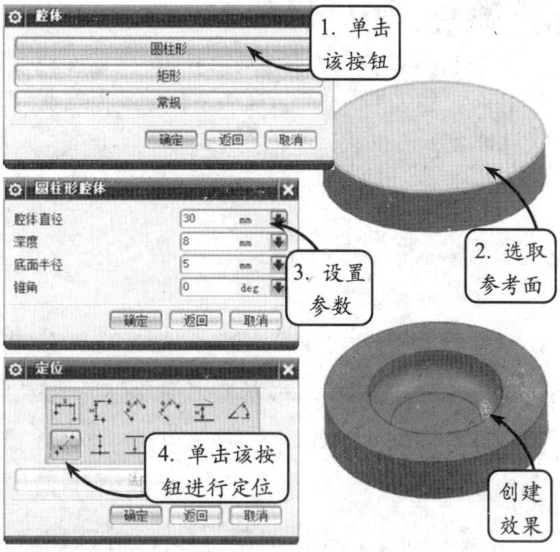

图 3-35　【腔体】对话框

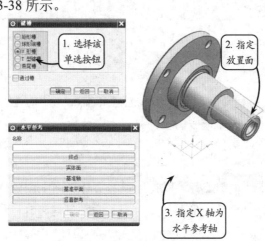

图 3-36　创建圆柱腔体特征

> **提 示**
>
> 在【腔体】对话框中，【常规】类型与前面的两种类型相比，在造型方面有特色，主要表现在：其放置面可以选择自由曲面；顶面和底面可以自由定义；侧面是在底面和顶面之间的规则表面。

2. 键槽

键槽是指创建一个直槽的通道穿透实体或通到实体内，在当前目标实体上自动执行求差操作。该工具可以满足建模过程中各种键槽的创建。在机械设计中，主要用于轴、齿轮或带轮等实体上，起轴向定位及传递扭矩的作用。

在【特征】工具栏中单击【键槽】按钮，系统将打开【键槽】对话框，如图3-37所示。该对话框提供了5种类型的键槽，它们的创建方法大致相同，现以最常用的【U形槽】为例，介绍其具体创建方法。

在打开的【键槽】对话框中选择【U形槽】单选按钮，然后在绘图区中依次指定相应的放置面和水平参考轴，如图3-38所示。

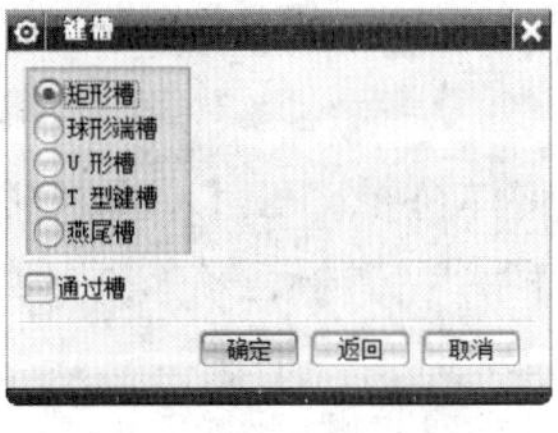

图 3-37　【键槽】对话框

图 3-38　指定放置面和水平参考轴

接着在打开的【U 形键槽】对话框中设置键槽的尺寸参数，并利用【定位】对话框对其放置位置进行【水平】定位，即可完成该 U 形槽特征的创建，效果如图 3-39 所示。

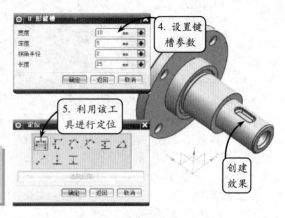

4. 设置键槽参数

5. 利用该工具进行定位

创建效果

提 示

由于【键槽】工具只能在平面上操作，所以在轴、齿轮和联轴器等零件的圆柱面上创建键槽之前，需要先建立用以放置键槽的平面。

图 3-39　创建 U 形槽特征

3.4.3　凸台

凸台是指在平面上通过指定圆柱的直径、高度和锥角值等参数来构造圆柱形或圆锥形的实体特征。其中，放置的平面可以是实体面或基准平面。

在【特征】工具栏中单击【凸台】按钮，系统将打开【凸台】对话框。在该对话框中设置凸台的尺寸参数，并在绘图区中指定参照对象，然后利用【定位】对话框对其进行【点落在点上】的准确定位，即可完成凸台特征的创建，效果如图 3-40 所示。

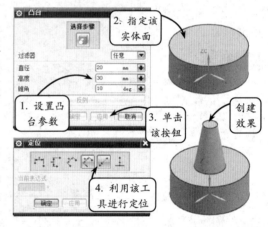

2. 指定该实体面

1. 设置凸台参数

3. 单击该按钮

创建效果

4. 利用该工具进行定位

图 3-40　创建凸台特征

提 示

在创建凸台的过程中，当锥角为 0°时，创建的凸台是一个圆柱体；当为正值时，则为一个圆台体；当为负值时，创建的凸台为一个倒置的圆台体。该锥角角度的最大值是当圆柱体的圆柱面倾斜为圆锥体时的最大倾斜角度。

3.4.4　垫块和凸起

【垫块】和【凸起】的生成原理和前面介绍的【凸台】特征相似，都是向实体表面的外侧增加材料而形成的特征。

1. 垫块

利用【垫块】工具可以在指定的实体表面上创建任意形状的实体特征。在 UG NX 9 中，该工具包含【矩形】和【常规】两种创建方式。现以【常规】方式为例，介绍其具体创建方法。

在【特征】工具栏中单击【垫块】按钮，并在打开的对话框中单击【常规】按钮，系统将打开【常规垫块】对话框。此时，在绘图区中依次选取放置面和轮廓曲线，并设置顶面距放置面的距离和锥角角度等参数，即可完成垫块特征的创建，效果如图 3-41 所示。

2．凸起

利用该工具不仅可以选取实体表面上现有的曲线特征，还可以直接进入草图工作环境绘制所需截面的形状特征。

在【特征】工具栏中单击【凸起】按钮，系统将打开【凸起】对话框。此时，在绘图区中依次选取截面曲线和要凸起的面，并指定凸起方向。然后在相应的文本框中设置尺寸参数，即可完成凸起特征的创建，效果如图 3-42 所示。

提 示

【凸起】工具的操作方法和【拉伸】工具的操作方法基本相同，不同之处在于，使用【拉伸】工具时，可以直接创建出图形的第一特征；而在使用【凸起】工具时，图形中必须存在参考实体。

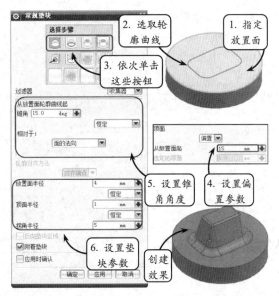

图 3-41 利用【常规】方式创建垫块特征

3.4.5　三角形加强筋

三角形加强筋是指在两个相交的面组上创建带拔模的加强筋特征，该工具主要用于机械设计中支撑肋板的创建。

在【特征】工具栏中单击【三角形加

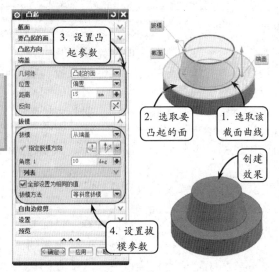

图 3-42 创建凸起特征

强筋】按钮，系统将打开【三角形加强筋】对话框，如图 3-43 所示。该对话框的【方法】列表框中提供了【沿曲线】和【位置】两种创建方式。其中，选择【沿曲线】选项时，可以按圆弧长度或百分比确定加强筋位于平面相交曲线的位置；选择【位置】选项时，可以通过指定加强筋的坐标值确定其放置位置。现以【沿曲线】为例，介绍其具体操作方法。

在打开的【三角形加强筋】对话框中，首先通过依次单击【第一组】按钮和【第二组】按钮来指定加强筋要放置的两个相交面，然后在【方法】列表框中选择【沿曲线】选项，并设置其放置位置，最后设定加强筋的尺寸参数即可，效果如图 3-44 所示。

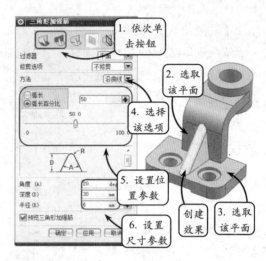

图 3-43 【三角形加强筋】对话框	图 3-44 利用【沿曲线】方式创建三角形加强筋

3.5 课堂实例 3-1：创建定位板模型

本实例创建定位板零件实体模型，效果如图 3-45 所示。该定位板零件主要配合其他零件相对于轴类零件之间的定位，其主要由空心圆柱体、分布在两侧的定位板和定位板上的沉头孔组成。其中，中部的空心圆柱体具有中心通孔特征，主要和定位轴相配合；分布于圆柱体两侧并成一定角度的定位板以及定位板上的沉头孔，主要起固定作用。

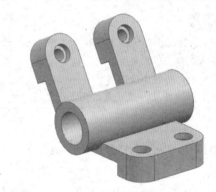

该定位板模型具有对称结构，创建该实体模型时利用【镜像几何体】工具比较简单。首先可以利用【草图】和【拉伸】工具创建出大定位支板，然后创建中部的圆柱体和小定位支板实体特征。接着创建

图 3-45 定位板实体效果图

相应的基准平面，并绘制点，利用【孔】工具创建所需的孔特征。最后利用【镜像几何体】工具进行相关的镜像操作，即可完成该定位板零件的创建。

操作步骤：

1 新建一个名称为 Dingweiban.prt 的文件。然后单击【草图】按钮，将打开【草图】对话框。此时选取 XC-ZC 平面为草图平面，进入草绘环境后，单击【轮廓】按钮，按照如图 3-46 所示尺寸绘制草图。接着单击【完成草图】按钮，退出草绘环境。

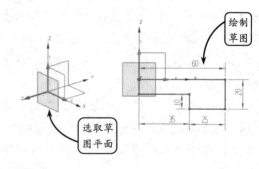

图 3-46 绘制草图

② 单击【拉伸】按钮，将打开【拉伸】对话框。然后选取上一步绘制的草图轮廓为拉伸对象，并按照如图 3-47 所示设置拉伸参数，创建相应的拉伸实体特征。

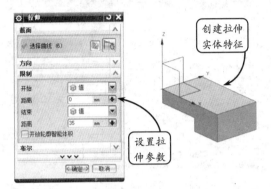

所示。

图 3-47　创建实体特征

③ 利用【草图】工具选取 XC-ZC 平面为草图平面，进入草绘环境后，利用【直线】和【点】工具绘制如图 3-48 所示尺寸的点，并删除绘制的直线。然后单击【圆】按钮○，选取该点为圆心，绘制直径为 φ40 的圆。接着单击【完成草图】按钮，退出草绘环境。

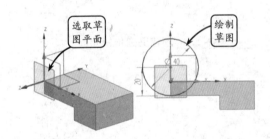

图 3-48　绘制草图

④ 利用【拉伸】工具，选取上一步绘制的草图轮廓为拉伸对象，并按照如图 3-49 所示设置拉伸参数，指定布尔运算方式为【求和】，创建相应的拉伸实体特征。

⑤ 单击【基准平面】按钮，将打开【基准平面】对话框。然后指定创建类型为【按某一距离】，并选取 XC-ZC 平面为参考平面。接着输入偏置距离为 15，并单击【确定】按钮，创建相应的基准平面，效果如图 3-50

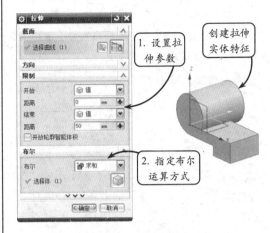

图 3-49　创建实体特征

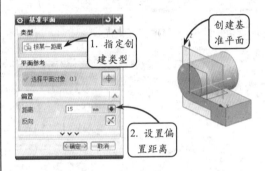

图 3-50　创建基准平面

⑥ 利用【草图】工具选取上步创建的基准平面为草图平面，进入草绘环境后，利用【直线】和【点】工具绘制支板草图轮廓的起点，并删除直线。然后单击【轮廓】按钮，选取该点为起点，按照如图 3-51 所示尺寸绘制支板的草图轮廓。最后单击【完成草图】按钮，退出草绘环境。

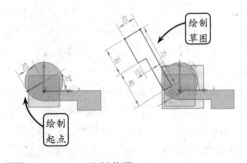

图 3-51　绘制草图

7 利用【拉伸】工具选取上一步绘制的草图轮
廓为拉伸对象，并按照如图 3-52 所示设置
拉伸参数，指定布尔运算方式为【求和】，
创建相应的拉伸实体特征。

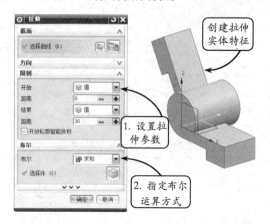

图 3-52 创建实体特征

8 利用【草图】工具选取 XC-ZC 平面为草图
平面，进入草绘环境后，利用【圆】工具选
取如图 3-53 所示的点为圆心，绘制直径为
ϕ25 的圆。然后单击【完成草图】按钮，
退出草绘环境。

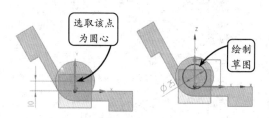

图 3-53 绘制草图

9 利用【拉伸】工具选取上一步绘制的草图为
拉伸对象，并按照如图 3-54 所示设置拉伸
参数，指定布尔运算方式为【求差】，创建
相应的拉伸去除实体特征。

10 单击【边倒圆】按钮，选取如图 3-55 所
示大支板的轮廓边为要倒圆角的边，并输入
倒圆角半径为 R15，创建倒圆角特征。

11 继续利用【边倒角】工具，选取如图 3-56
所示小支板的两条轮廓边为要倒圆角的边，

并输入倒圆角半径为 R15，创建倒圆角
特征。

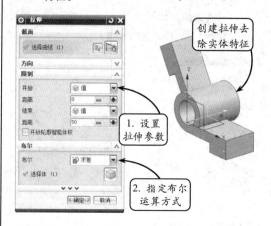

图 3-54 创建孔特征

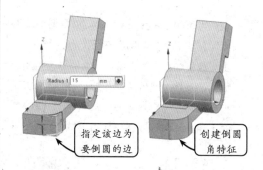

图 3-55 创建倒圆角特征

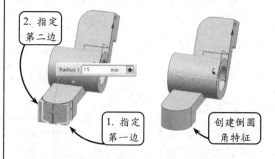

图 3-56 创建倒圆角特征

12 利用【草图】工具选取 XC-YC 平面为草图
平面，进入草绘环境后，按照如图 3-57 所
示尺寸绘制定位点。然后单击【完成草图】
按钮，退出草绘环境。

13 利用【草图】工具选取如图 3-58 所示实体
的上表面为草图平面，进入草绘环境后，利

用相应的【捕捉】工具选取半径为 R15 的
圆弧圆心绘制点。然后单击【完成草图】按
钮 🔲，退出草绘环境。

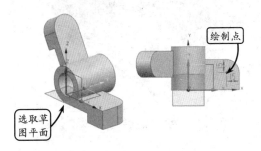

图 3-57 绘制点

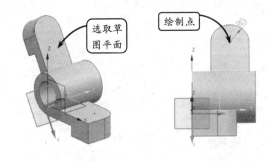

图 3-58 绘制点

14 单击【孔】按钮 ，指定孔形式为【沉头】，
并依次选取上两步绘制的点为孔中心点。然
后按照如图 3-59 所示设置沉头孔的参数，
并指定布尔运算方式为【求差】，创建相应
的沉头孔特征。

15 单击【镜像几何体】按钮 ，选取如图 3-60
所示实体为镜像体对象，并指定 XC-ZC 平
面为镜像面，单击【确定】按钮，进行镜像
体操作。

16 单击【求和】按钮 ，在绘图区中依次选取
目标体和工具体，并单击【确定】按钮，创
建合并实体特征，效果如图 3-61 所示。

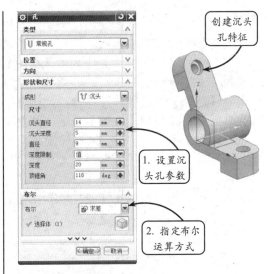

图 3-59 创建孔特征

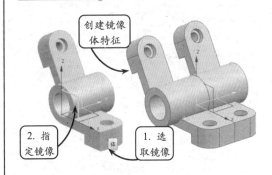

图 3-60 镜像实体

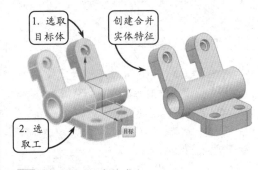

图 3-61 实体求和

3.6 课堂实例 3-2：创建虎钳钳身零件

本实例创建机用虎钳钳身零件，效果如图 3-62 所示。该钳身在机械加工中应用普遍，
主要用于夹持零件以进行钻孔、铣削等机械加工操作。其主要结构由底座、腔型槽、支
耳和垫块所组成。其中底座上的两个通孔和支耳用于固定该钳身；底座上的腔型槽与活

动钳口配合起夹持零件的作用；底座上的垫块起固定被夹持零件的作用。

创建该钳身零件时，首先利用【草图】和【拉伸】工具创建底板，并连续利用【草图】和【拉伸】工具创建腔体特征。然后绘制支耳轮廓，并利用【拉伸】、【边倒圆】和【孔】工具创建支耳特征。接着绘制垫块轮廓，利用【拉伸】和【倒斜角】工具创建垫块特征，并利用【孔】和【螺纹】工具创建螺纹孔特征。最后利用【镜像特征】、【孔】和【边倒圆】工具完成实体模型的创建。

操作步骤：

1　新建一个名称为 QianShen.prt 的文件。然后单击【草图】按钮，将打开【草图】对话框。此时选取 XC-ZC 平面为草图平面，进入草绘环境后，按照如图 3-63 所示尺寸要求，绘制草图。接着单击【完成草图】按钮，退出草绘环境。

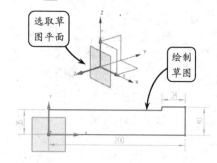

图 3-63　绘制草图

2　单击【拉伸】按钮，将打开【拉伸】对话框。然后选取上一步绘制的草图为拉伸对象，并按照如图 3-64 所示设置拉伸参数，创建拉伸实体特征。

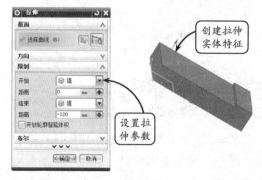

图 3-64　创建拉伸实体特征

图 3-62　机用虎钳钳身实体模型效果

3　利用【草图】工具选取实体底面为草图平面，进入草绘环境后，按照如图 3-65 所示尺寸要求绘制草图。然后单击【完成草图】按钮，退出草绘环境。

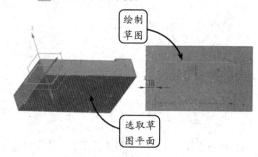

图 3-65　绘制草图

4　利用【拉伸】工具选取上一步绘制的草图为拉伸对象，并按照如图 3-66 所示设置拉伸参数。然后指定布尔运算方式为【求差】方式，并单击【确定】按钮，创建拉伸实体切除特征。

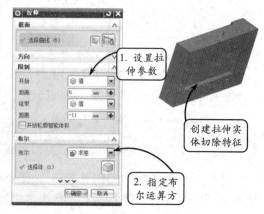

图 3-66　创建拉伸实体切除特征

5 利用【草图】工具选取实体的上表面为草图平面，进入草绘环境后，按照如图 3-67 所示尺寸要求绘制草图。然后单击【完成草图】按钮，退出草绘环境。

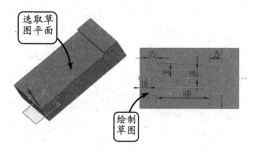

图 3-67　绘制草图

6 利用【拉伸】工具选取上一步绘制的草图为拉伸对象，并按照如图 3-68 所示设置拉伸参数。然后指定布尔运算方式为【求差】方式，并单击【确定】按钮，创建拉伸实体切除特征。

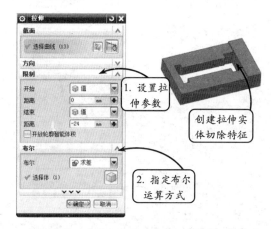

图 3-68　创建拉伸实体切除特征

7 利用【草图】工具选取实体的前表面为草图平面，进入草绘环境后，按照如图 3-69 所示尺寸要求绘制草图。然后单击【完成草图】按钮，退出草绘环境。

8 利用【拉伸】工具选取上一步绘制的草图为拉伸对象，并按照如图 3-70 所示设置拉伸参数。然后指定布尔运算方式为【求和】方式，并单击【确定】按钮，创建拉伸实体特征。

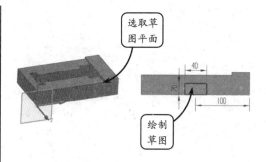

图 3-69　绘制草图

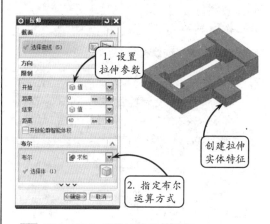

图 3-70　创建拉伸实体特征

9 单击【边倒圆】按钮，选取如图 3-71 所示边为要倒圆的边，并输入倒圆角半径为 R20，创建倒圆角特征。然后按照同样的方法创建其他三个倒圆角特征。

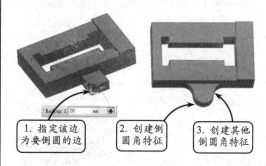

图 3-71　创建倒圆角特征

10 单击【孔】按钮，指定孔形式为简单孔，并选取上步创建倒圆角的圆心为孔中心点。然后按照如图 3-72 所示尺寸要求设置简单孔的参数，并指定布尔运算方式为【求差】方式，创建孔特征。

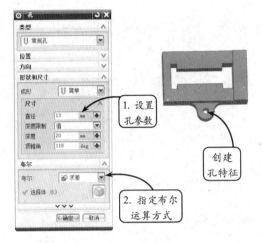

图 3-72　创建孔特征

11　利用【草图】工具选取实体的上表面为草图平面，进入草绘环境后，按照如图 3-73 所示尺寸要求绘制草图。然后单击【完成草图】按钮，退出草绘环境。

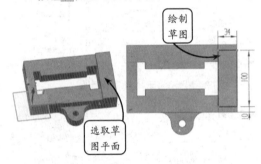

图 3-73　绘制草图

12　利用【拉伸】工具选取上一步绘制的草图为拉伸对象，并按照如图 3-74 所示设置拉伸参数。然后指定布尔运算方式为【求和】方式，并单击【确定】按钮，创建拉伸实体特征。

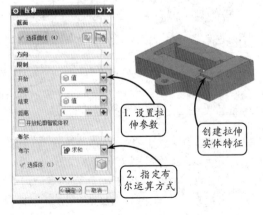

图 3-74　创建拉伸实体特征

13　利用【草图】工具选取上步创建的实体的上表面为草图平面，进入草绘环境后，按照如图 3-75 所示尺寸要求绘制草图。然后单击【完成草图】按钮，退出草绘环境。

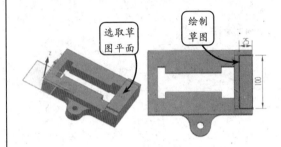

图 3-75　绘制草图

14　利用【拉伸】工具选取上一步绘制的草图为拉伸对象，并按照如图 3-76 所示设置拉伸参数。然后指定布尔运算方式为【求和】方式，并单击【确定】按钮，创建拉伸实体特征。

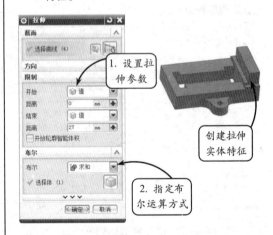

图 3-76　创建拉伸实体特征

15　单击【倒斜角】按钮，并选取如图 3-77 所示边为要倒斜角的边。然后设置该倒斜角的参数，并单击【确定】按钮，创建倒斜角特征。

16　利用【草图】工具选取如图 3-78 所示平面为草图平面，进入草绘环境后，单击【点】按钮，并在草图平面上任意绘制一点。然后启用【约束】和【自动判断尺寸】工具进行定位。接着单击【完成草图】按钮，退出草绘环境。

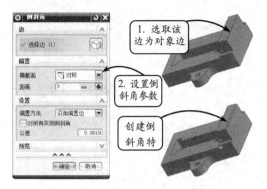

图 3-77　创建倒斜角特征

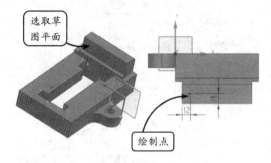

图 3-78　绘制点

17 利用【孔】工具并指定孔形式为简单孔。然后选取上步绘制的点为孔中心点。接着按照如 图 3-79 所示尺寸要求设置简单孔的参数，并指定布尔运算方式为【求差】方式，创建孔特征。

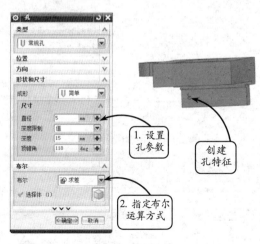

图 3-79　创建孔特征

18 单击【螺纹】按钮，打开【螺纹】对话框。然后选取上步创建的孔为对象，按照如 图 3-80 所示设置螺纹参数，创建螺纹特征。

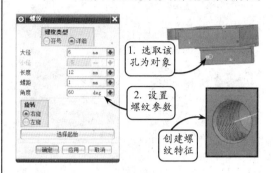

图 3-80　创建螺纹特征

19 单击【基准平面】按钮，将打开【基准平面】对话框。然后指定平面类型为【按某一距离】，并选取 XC-ZC 平面为参考平面。接着输入距离为 60，并单击【确定】按钮，创建基准平面，效果如图 3-81 所示。

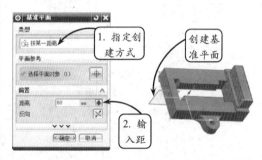

图 3-81　创建基准平面

20 单击【镜像特征】按钮，选取带有螺纹的孔为镜像对象，并选取上步创建的基准平面为镜像平面，创建镜像特征，效果如图 3-82 所示。

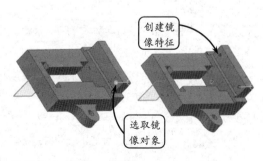

图 3-82　创建镜像特征

21 继续利用【镜像特征】工具选取如图 3-83 所示对象为镜像对象，并选取创建的基准平面为镜像平面，创建镜像特征。

数，并指定布尔运算方式为【求差】方式，创建孔特征。

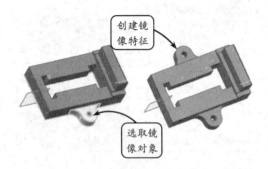

图 3-83 创建镜像特征

22 利用【草图】工具选取实体左表面为草图平面，进入草绘环境后，按照如图 3-84 所示尺寸要求绘制孔的中心点。然后单击【完成草图】按钮，退出草绘环境。

图 3-85 创建孔特征

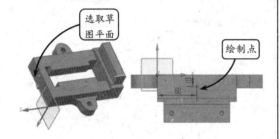

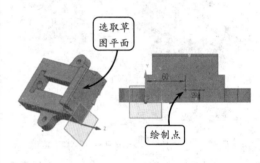

图 3-86 绘制孔中心点

图 3-84 绘制孔中心点

23 利用【孔】工具并指定孔形式为简单孔。然后选取上步绘制的点为孔中心点。接着按照如图 3-85 所示尺寸要求设置简单孔的参数，并指定布尔运算方式为【求差】方式，创建孔特征。

24 利用【草图】工具选取实体右表面为草图平面，进入草绘环境后，按照如图 3-86 所示尺寸要求绘制孔的中心点。然后单击【完成草图】按钮，退出草绘环境。

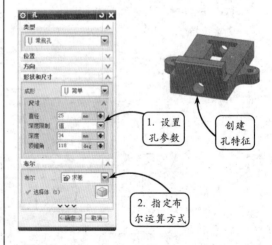

25 利用【孔】工具并指定孔形式为简单孔。然后选取上步绘制的点为孔中心点。接着按照如图 3-87 所示尺寸要求设置简单孔的参

图 3-87 创建孔特征

26 利用【边倒圆】工具选取如图 3-88 所示一

侧三条边为要倒圆的边，并输入倒圆角半径为 *R5*，创建倒圆角特征。然后按照同样的方法创建另一侧的倒圆角特征。

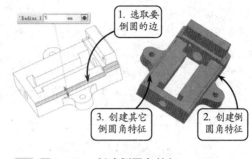

1. 选取要倒圆的边

3. 创建其它倒圆角特征

2. 创建倒圆角特征

图 3-88 创建倒圆角特征

3.7 思考与练习

一、填空题

1．在实体建模过程中，_____主要用来作为创建模型的参考，起到辅助设计的作用。

2．从建模的合理性和参数化要求出发，_____一般作为模型的第一个特征出现，且其主要包括长方体、圆柱体、锥体和球体。

3．_____类工具是将草图特征创建实体，或者用建模环境中的曲线特征创建实体的主要工具。

4．在轴、齿轮和联轴器等零件的圆柱面上创建键槽之前，需要先_____。

二、选择题

1．利用_____方式，可以选取实体模型的曲线、曲面或工作坐标系的各矢量为参照来指定基准轴。

    A．曲线上矢量

    B．曲线/面轴

    C．点和方向

    D．两点

2．_____操作是将草图截面或曲面等二维图形对象相对于旋转中心旋转而生成实体模型。

    A．拉伸

    B．旋转

    C．扫掠

    D．沿引导线扫掠

3．_____和孔特征类似，只是生成方式和孔的生成方式相反。

    A．凸起

    B．凸台

    C．垫块

    D．腔体

4．_____操作是指创建一个直槽的通道穿透实体或通到实体内，在当前目标实体上自动执行求差操作。

    A．孔加工

    B．腔体

    C．键槽

    D．凸起

三、问答题

1．简述创建基准平面的几种基本方法。

2．简述三角形加强筋创建的一般过程。

四、上机练习

1．创建支座模型

本练习创建支座实体模型，效果如图 3-89 所示。支座在机械领域中主要起支撑的作用，其结构主要由底座、支撑板、肋板和支撑体组成。在创建此零件模型时，可以先利用拉伸工具创建出其各部分实体轮廓，然后利用【孔】和【腔体】等工具创建出其细节特征即可。

2．创建法兰轴模型

本练习创建法兰轴模型，如图 3-90 所示。

该法兰轴零件不仅可以传递较大的扭矩，还可以支撑和固定轴上的零件。其中，该模型上的中心通孔能够减轻轴身的重量，可以起到节省材料，降低成本等作用；左端螺纹以及半圆槽可以对轴上零件起轴向固定作用，并可以增加所传递的扭矩。

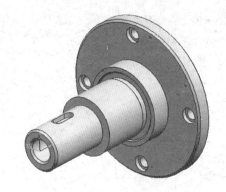

图 3-90 法兰轴模型

该法兰轴零件属于轴类零件，中间轴身处结构简单。在创建实体时，可以首先在草图模式中绘制出该法兰轴的一半图形，然后利用【旋转】工具创建出中间轴的实体特征。最后利用【孔】、【倒斜角】和【阵列特征】等工具创建出其余细节特征即可。

图 3-89 支座模型

第4章

特征编辑

在创建一些高级的三维实体模型时，仅仅依靠特征建模是远远不够的，还要在此基础上添加一些细节特征，并且对某些特征进行必要的编辑操作，如执行倒角、拔模、添加螺纹、抽壳和修剪等，使其达到产品的设计要求。此外，用户还可以通过执行相关的特征编辑操作来避免特征的重复创建，使高级模型的构建效率大大提升。

本章主要介绍有关实体特征编辑功能中各种工具的操作方法和使用技巧，并详细介绍了各种特征关联复制工具的使用方法。

本章学习目的：

➢ 掌握布尔运算的操作方法
➢ 掌握各种关联复制工具的使用方法
➢ 掌握各种细节特征工具的使用方法
➢ 掌握各种相应的特征操作方法
➢ 掌握特征编辑的相关操作方法

4.1 布尔运算

布尔运算是指通过对两个以上的物体进行并集、差集或交集运算，得到新实体特征的操作过程。在进行布尔运算时，操作的实体称为目标体和工具体。其中，目标体是指首先选择的源实体或片体；工具体是指用来修改目标体的实体或片体。在 UG NX 中，系统提供了 3 种布尔运算的方式，即求和、求差和求交，现分别介绍如下。

4.1.1 求和

求和操作是指将两个或多个实体合并为单个实体，也可以认为是将多个实体特征叠加，变成一个独立的特征，即求实体与实体间的和集。在进行布尔运算时，目标体只能有一个，而工具体可以有多个。

在【特征】工具栏中单击【求和】按钮，系统将打开【求和】对话框。此时，在绘图区中依次指定目标体和工具体，即可进行求和操作，效果如图 4-1 所示。

提示

此外，在合并实体的过程中，若只启用【设置】面板中的【保存目标】复选框，则系统将不会删除之前选取的目标体特征；若只启用【保存工具】复选框，则系统将不会删除之前选取的工具体特征。

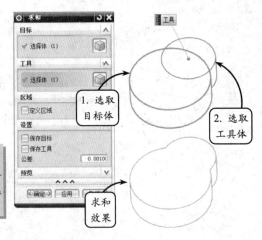

图 4-1　求和操作

4.1.2　求差

求差操作是指从一个目标实体上去除一个或多个工具实体特征，即求实体与实体间的差集。其中，在去除的实体特征中不仅包括指定的工具特征，也包括目标实体与工具实体相交的部分。

在【特征】工具栏中单击【求差】按钮，系统将打开【求差】对话框。此时，在绘图区中依次指定目标体和工具体，即可进行求差操作，效果如图 4-2 所示。

提示

在求差操作中，所选的工具实体必须与目标实体相交，否则在相减时会产生出错信息，且它们之间的边缘也不能重合。如果选择的工具实体将目标体分割成了两部分，则产生的实体将是非参数化实体。

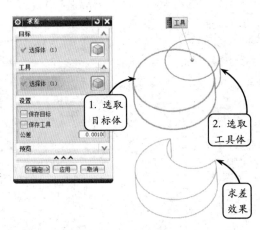

图 4-2　求差操作

4.1.3　求交

求交操作可以得到两个相交实体特征的共有部分或者重合部分，即求实体与实体间的交集。求交操作与求差操作正好相反，得到的是去除材料的那一部分实体。

在【特征】工具栏中单击【求交】按钮，系统将打开【求交】对话框。此时，在绘图区中依次选取目标体和工具体，即可进行求交操作，效果如图 4-3 所示。

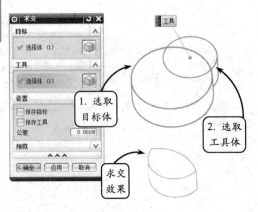

图 4-3　求交操作

注 意

在求交操作中，需要注意的是所选的工具体必须与目标体相交，否则在相交时会产生出错信息。此外，若片体与片体之间只有公共边而没有重合区域，则不能进行求交操作。

4.2 特征的关联复制

特征的关联复制是指对已创建好的特征进行编辑或复制，得到需要的实体或片体。例如利用【抽取几何体】工具可以将实体转化为片体；利用【阵列特征】和【镜像特征】等工具可以对实体进行多个成组的复制，避免对单一实体的重复操作。

4.2.1 抽取

抽取体操作就是在已有实体的基础上提取出某些元素，从而构成新的元素。利用【抽取几何体】工具可以通过复制一个面、一组面或一个实体特征来创建相应的片体或实体，且通过该工具生成的特征与原特征具有相关性。

在【特征】工具栏中单击【抽取几何体】按钮，系统将打开【抽取几何体】对话框，如图 4-4 所示。该对话框提供了多种类型的抽取方法，现分别介绍常用的 3 种抽取方法。

图 4-4 【抽取几何体】对话框

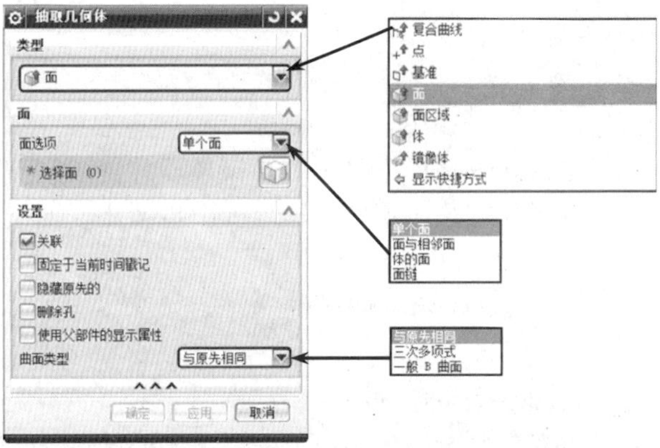

1．面

在建模过程中，选择该方法可以将选取的实体或片体表面抽取为片体。在【类型】面板中选择【面】选项，【抽取几何体】对话框将激活相应的面板。其中，在展开的【面选项】列表框中包括【单个面】、【面与相邻面】、【体的面】和【面链】4 种抽取面的方式，如图 4-5 所示就是选择【单个面】方式，抽取法兰轴端面创建的片体效果。其他各方式的操作方法类似，这里不再赘述。

图 4-5 抽取单个面

此外，在该对话框的【设置】面板中，若启用【固定于当前时间戳记】复选框，生成的抽取特征将不随原几何体的变化而变化；若禁用该复选框，则生成的抽取特征将随原几何体变化而变化，且时间顺序总是在模型中的其他特征之后。而【隐藏原先的】复选框用于控制是否隐藏原曲面或实体；【删除孔】复选框用

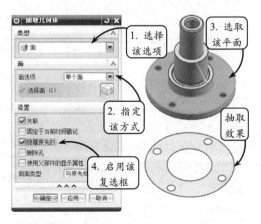

于控制是否删除所选表面中的内孔；【使用父对象的显示属性】复选框则用于控制是否使用原父对象的显示属性。

2. 面区域

选择该方法可以通过在实体中选取种子面和边界面，将所选的边界面内和种子面有关的所有表面抽取为片体特征，但不包括边界面。其中，种子面是区域中的起始面，边界面是用来对选择区域进行界定的一个或多个表面，即终止面。

在【类型】面板中选择【面区域】选项，然后在绘图区中选取法兰轴的上端面为种子面，并指定法兰轴的下端面为边界面。接着启用【隐藏原先的】复选框，并单击【确定】按钮，即可创建相应的片体特征，效果如图 4-6 所示。

图 4-6　抽取面区域

3. 体

选择该方法可以对指定的实体或片体进行复制操作，且复制的对象和原对象是关联的。其操作方法比较简单，这里不再赘述。

4.2.2　阵列特征

阵列特征是指对已经存在的特征进行复制操作，从而生成与已有的特征同样形状的多个且呈一定规律分布的特征。利用系统提供的阵列工具可以避免对单一实体的重复性操作，且便于修改，节省了大量的设计时间。

利用【阵列特征】工具可以将已有特征复制到布局（线性、圆形和路径等）中，以生成相关的阵列特征。在【特征】工具栏中单击【阵列特征】按钮，系统将打开【阵列特征】对话框，如图 4-7 所示。该对话框包含了

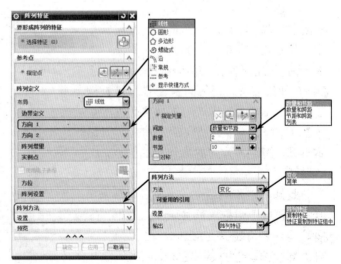

图 4-7　【阵列特征】对话框

7 种创建阵列特征的方式，现以常用的【线性】、【圆形】和【沿】3 种方式为例，介绍其

具体操作方法。

❑ **线性**

线性阵列是指沿一条或两条直线路径生成一个或多个特征的多个实例。在 UG NX 中，选择阵列特征的生成方向，并设置间距参数，即可完成线性阵列特征的创建。

在【布局】列表框中选择【线性】选项，然后在绘图区中依次选取孔特征和孔中心作为要形成阵列的特征和其上的参考点。接着在【方向 1】和【方向 2】选项板中指定阵列方向，并设置相应的间距参数，即可完成线性阵列特征的创建，效果如图 4-8 所示。

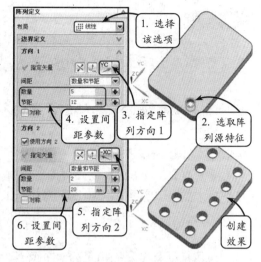

图 4-8 创建线性阵列特征

注意

此外，在【间距】列表框中包含多种阵列间距方式，用户可以选择其中一种，并设置相应的间距参数来生成线性阵列特征，这里不再赘述。

❑ **圆形**

圆形阵列方式用于以环形阵列的形式来复制所选的实体特征，该阵列方式使阵列后的成员特征呈圆周排列。在 UG NX 中，选择要形成阵列的特征后指定作为旋转中心的边线或轴，并设置间距参数，即可完成圆形阵列特征的创建。

在【布局】列表框中选择【圆形】选项，然后在绘图区中依次选取孔特征和孔中心作为要形成阵列的特征和其上的参考点。接着指定旋转轴和旋转中心，并在【角度方向】选项板中设置相应的间距参数，即可完成圆形阵列特征的创建，效果如图 4-9 所示。

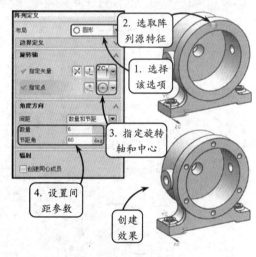

图 4-9 创建圆形阵列特征

注意

此外，若启用【辐射】选项板中的【创建同心成员】复选框，还可以在生成的原有圆形阵列特征的基础上，向外继续创建同旋转轴及中心的阵列特征。

❑ **沿**

沿曲线驱动的阵列是指沿平面曲线或 3D 曲线生成一个或多个特征的多个实例。在 UG NX 中，选择要形成阵列的特征后指定作为阵列路径的曲线，并设置间距参数，即可完成沿曲线阵列特征的创建。

在【布局】列表框中选择【沿】选项，然后依次选取孔特征和孔中心作为要形成阵列的特征和其上的参考点。接着在绘图区中指定阵列路径，并在【方向 1】选项板中设置相应的间距参数，即可完成沿曲线阵列特征的创建，效果如图 4-10 所示。

4.2.3 镜像特征和镜像体操作

在实体建模过程中，为了避免对单一的实体进行重复操作，还可以利用【镜像特征】和【镜像体】工具对已经创建好的实体特征进行多个成组的镜像编辑，得到相应的实体。这样将大大节省构建时间，便于设计人员高效快捷地完成创建任务。

1．镜像特征

镜像特征就是复制指定的一个或多个特征，并根据相应的平面将其镜像到该平面的另一侧。

在【特征】工具栏中单击【镜像特征】按钮，系统将打开【镜像特征】对话框。此时，在绘图区中选取指定的实体特征为镜像对象，并选取一实体面为镜像平面，即可创建相应的镜像特征，效果如图 4-11 所示。

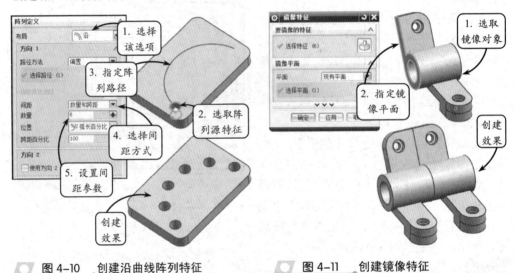

图 4-10　创建沿曲线阵列特征　　　　　图 4-11　创建镜像特征

2．镜像体特征

利用该工具可以选取一基准平面为镜像平面，镜像所选的实体或片体，且生成的镜像几何体特征与原实体或片体相关联，但其本身没有可以编辑的特征参数。与【镜像特征】工具不同的是：【镜像几何体】工具不能以自身的表面作为镜像平面，只能以基准平面作为镜像平面。

在【特征】工具栏中单击【镜像几何体】按钮，系统将打开【镜像几何体】对话框。此时，在绘图区中选取肋板实体为镜像对象，并指定创建的基准平面作为镜像平面，即可完成镜像几何体特征创建，效果如图 4-12 所示。

4.3 细节特征

在机械设计中，细节特征是对实体特征的必要补充，是创建复杂精确模型的关键。在完成基本模型的创建后，利用细节特征工具可以对实体进行必要的修改和编辑，以创建出更为精细、逼真的实体模型。在 UG NX 中，用户可以对实体特征添加相应的细节特征来完善模型，如倒角、拔模和螺纹等，现分别介绍如下。

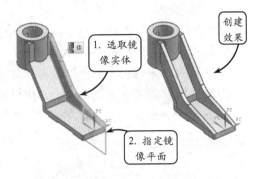

图 4-12　创建镜像几何体特征

4.3.1　倒圆角

倒圆角操作是指在两个实体表面之间产生平滑的圆弧过渡。在实际机械加工过程中，为零件添加倒圆角特征可以起到安装方便、防止轴肩应力集中和划伤的作用，因而在工程设计中得到广泛的应用。现以常用的【边倒圆】工具为例，介绍其具体操作方法。

边倒圆特征是指将实体的边缘以指定的倒圆半径转变为圆柱面或圆锥面。利用该工具既可以对实体边缘进行恒定半径的倒圆角，也可以对实体边缘进行可变半径的倒圆角。

在【特征】工具栏中单击【边倒圆】按钮，系统将打开【边倒圆】对话框。该对话框提供了以下 4 种边倒圆的创建方式。

❑ **固定半径倒圆角**

该方式是指沿选取的实体边缘进行倒圆角操作，并使倒圆面相切于选择边的邻接面。要执行该操作，可以在绘图区中直接选取要倒圆角的实体棱边，然后设置圆角的半径参数即可，效果如图 4-13 所示。

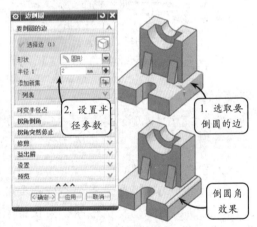

图 4-13　固定半径倒圆角

> **注　意**
>
> 在用固定半径倒圆角时，对于同一倒圆半径值的边，建议用户同时进行倒圆操作，且尽量不要同时选择一个顶点的凸边或凹边进行倒圆操作。

❑ **可变半径点**

选择该方式可以沿倒圆边指定多个点，并通过修改控制点处的半径来实现以不同的半径对实体边进行倒圆角操作。

要创建可变半径的倒圆角，首先在绘图区中选取要进行倒圆角的边，然后在激活的【可变半径点】面板中依次指定该边上不同点的位置，并设置不同的半径参数即可，效果如图 4-14 所示。

□ **拐角倒角**

利用该方式可以在相邻三个面的三条棱边线的交点处产生圆角特征,该圆角特征是从零件的拐角处去除材料创建而成的。

创建该类圆角时,需要依次选取具有交汇顶点的三条棱边,并设置相应的圆角半径值。然后在激活的【拐角倒角】面板中指定交汇顶点,并设置拐角的位置参数即可,效果如图 4-15 所示。

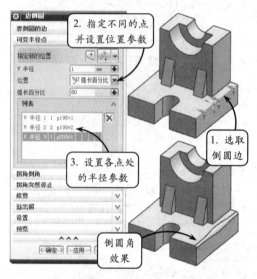

图 4-14　可变半径倒圆角

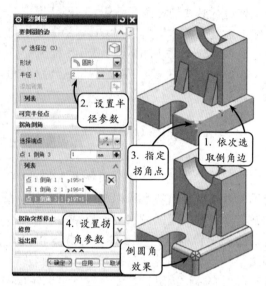

图 4-15　指定拐角点倒圆角

提　示

在利用该方式创建圆角特征时,可以通过修改拐角在 3 条边上对应的圆角半径值来创建不同半径的拐角倒角。

□ **拐角突然停止**

利用该方式可以通过指定点或距离的方式将之前创建的圆角特征截断。要执行该操作,可以在【拐角突然停止】面板中选择一停止位置方式,然后选取倒角边上的拐角终点,并设置停止位置参数,即可获得如图 4-16 所示的圆角效果。

4.3.2　倒斜角

当产品的边缘过于尖锐时,为避免擦伤,需要对其进行倒斜角的操作。倒斜角与倒圆角的操作方法类似,都是选取实体边缘,并按照指定的尺寸进行倒角操作。倒斜角是处理模型周围棱角的方法之一。

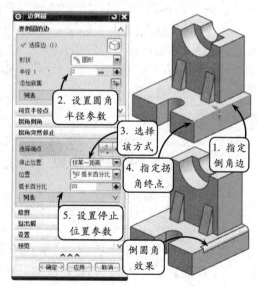

图 4-16　创建拐角突然停止圆角特征

在【特征】工具栏中单击【倒斜角】按钮，系统将打开【倒斜角】对话框，如图 4-17 所示。该对话框提供了 3 种倒斜角的方式，现分别介绍如下。

❑ 对称

该方式是系统默认的倒角方式，其创建的倒斜角边缘到与倒角相邻的两个面的距离是相同的，且该方式创建的斜角值是固定的 45°。

在绘图区中选取实体上要倒斜角的边，然后在【横截面】列表框中选择【对称】选项，并设置相应的倒角距离参数，即可完成该类倒斜角特征的创建，效果如图 4-18 所示。

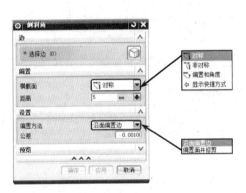

图 4-17 【倒斜角】对话框

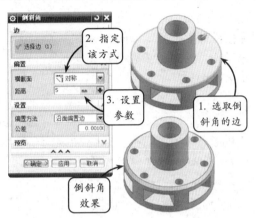

图 4-18 利用【对称】方式倒斜角

❑ 非对称

选择该方式创建的倒斜角边缘到与倒角相邻的两个面的距离可以是不同的，用户可以分别设置不同的偏置值。

在绘图区中选取实体上要倒斜角的边，然后在【横截面】列表框中选择【非对称】选项，并在相应的【距离】文本框中分别设置不同的距离参数，即可完成该类倒斜角特征的创建，效果如图 4-19 所示。

❑ 偏置和角度

选择该方式可以通过设置偏置距离和角度参数值来创建相应的倒角特征。其中，偏置距离是指沿偏置面偏置的距离，角度参数是指与偏置面成的角度。

在绘图区中选取实体上要倒斜角的边，然后在【横截面】列表框中选择【偏置和角度】

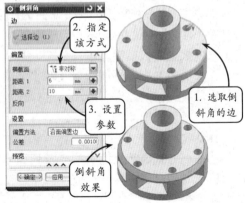

图 4-19 利用【非对称】方式倒斜角

选项，并分别设置距离和角度参数，即可完成该类倒斜角特征的创建，效果如图 4-20 所示。

4.3.3　拔模和拔模体

在机械零件的铸造工艺中，注塑件和铸件往往需要一个拔模斜面才能够顺利脱模，这就是所谓的拔模处理。在 UG NX 中，拔模和拔模体操作都是将模型的表面沿指定的拔模方向倾斜一定的角度；所不同的是：利用【拔模体】工具可以同时对多个实体进行拔模操作，而利用【拔模】工具则只能对一个实体拔模。

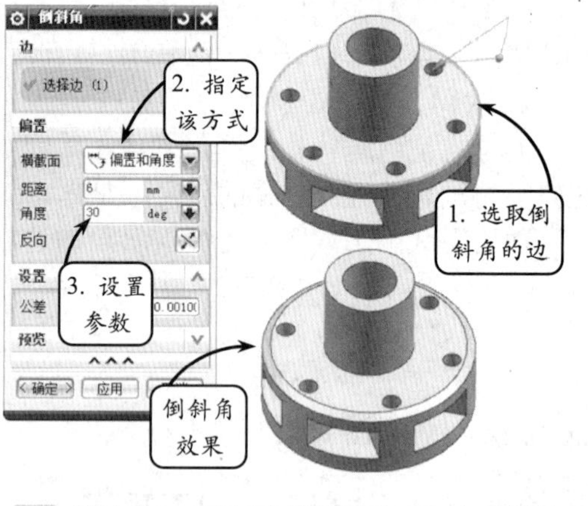

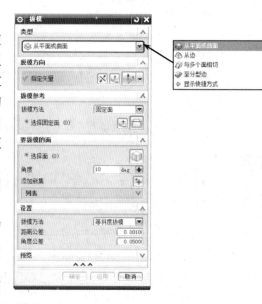

图 4-20　利用【偏置和角度】方式倒斜角

1. 拔模

拔模是将实体模型的表面沿指定的拔模方向倾斜一定角度的操作，广泛应用于各种模具的设计领域。在创建过程中，该操作通过指定一个拔模方向的矢量，输入一个沿拔模方向的拔模角度，可以使要拔模的面按照这个角度值进行向内或向外的变化。

在【特征】工具栏中单击【拔模】按钮 ◈，系统将打开【拔模】对话框，如图 4-21 所示。该对话框提供了 4 种创建拔模特征的方式，现分别介绍如下。

❏ **从平面或曲面**

该方式是指以选取的平面或曲面为参考平面，并通过指定与拔模方向成一定角度来创建拔模特征。

图 4-21　【拔模】对话框

在【类型】列表框中选择【从平面或曲面】选项，并指定脱模方向。然后在绘图区中依次选取拔模的固定平面和要进行拔模的曲面，并设置角度参数，即可创建相应的拔模特征，效果如图 4-22 所示。

❏ **从边**

选择该方式通常从选取的一系列实体的边缘开始，通过设置与拔模方向成一定的拔模角度来对指定的实体进行拔模操作。

在【类型】列表框中选择【从边】选项，并指定脱模方向。然后在绘图区中选取拔模的固定边，并设置拔模角度，即可创建相应的拔模特征，效果如图 4-23 所示。

❏ **与多个面相切**

该方式适用于对相切表面拔模后仍然要求其保持相切的情况。在【类型】列表框中选择【与多个面相切】选项，并指定拔模方向。然后在绘图区中依次选取要拔模的平面和与其相切的平面，并设置拔模角度参数，即可创建相应的拔模特征，效果如图 4-24 所示。

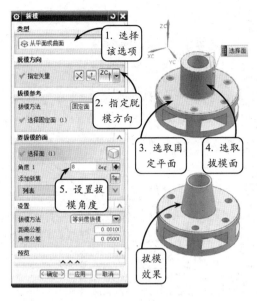

图 4-22　从平面拔模效果

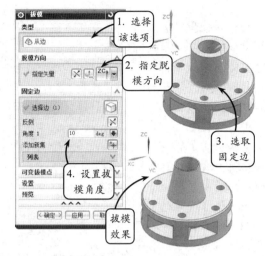

图 4-23　从边拔模效果

❑ 至分型边

选择该方式可以从固定平面开始，按相应的拔模方向和拔模角度，并沿指定的分型边线对实体进行拔模操作。其适用于实体中部具有某些特殊形状的情况。

在【类型】列表框中选择【至分型边】选项，并指定拔模方向。然后在绘图区中依次选取要拔模的固定平面和分型边，并设置拔模角度参数，即可创建相应的拔模特征，效果如图 4-25 所示。

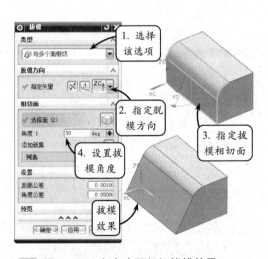

图 4-24　与多个面相切拔模效果

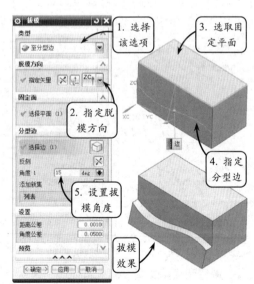

图 4-25　至分型边拔模效果

提　示

在利用【至分型边】方式拔模时，需要选择一条或多条实体分型边作为拔模的参考边。该分型边可以通过【分割面】工具获得。

2．拔模体

利用【拔模体】工具可以在分型面的两侧对指定实体进行拔模操作，其可以对多个实体的表面同时进行拔模操作。

在【特征】工具栏中单击【拔模体】按钮，系统将打开【拔模体】对话框，如图 4-26 所示。该对话框提供了【从边】和【要拔模的面】两种创建拔模体特征的方式，现分别介绍如下。

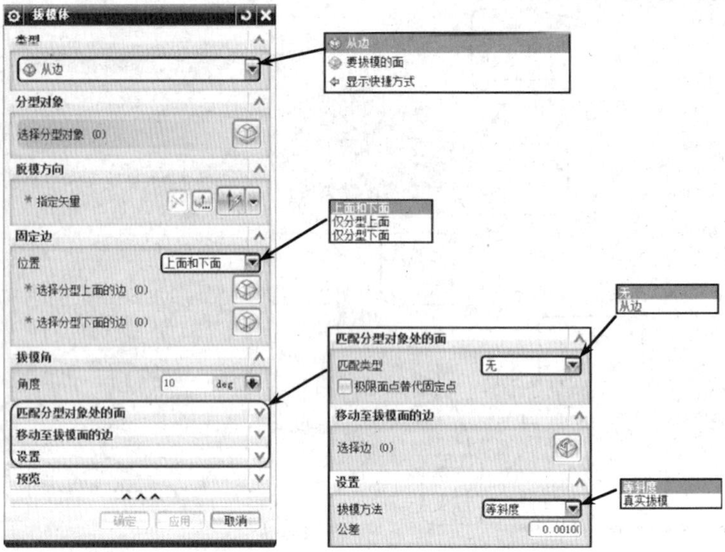

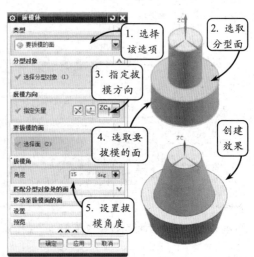

图 4-26　【拔模体】对话框

❑ 从边

选择该方式可以选取实体的分型面，并指定拔模方向，然后通过选取分型面上面或者下面的固定边，对实体进行上面或者下面的拔模。而若选取上下两条固定边，则系统将同时完成对实体上、下面的拔模操作，效果如图 4-27 所示。

❑ 要拔模的面

选择该方式可以对多个实体表面同时进行拔模操作。在【类型】列表框中选择【要拔模的面】选项，然后在绘图区中选取实体的分型面，并指定拔模方向。接着依次选取要进行拔模操作的多个表面，并设置拔模角度，即可创建多平面同时拔模的特征，效果如图 4-28 所示。

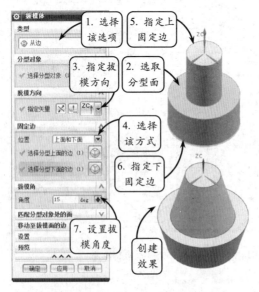

图 4-27　从边创建拔模特征

图 4-28　指定拔模面创建拔模特征

4.3.4 抽壳

抽壳是指从指定的平面向下移除一部分材料而形成的具有一定厚度的薄壁体操作。其常用于将成型实体零件掏空，使零件厚度变薄，从而大大节省了材料。

在【特征】工具栏中单击【抽壳】按钮 ，系统将打开【抽壳】对话框，如图 4-29 所示。该对话框提供了两种抽壳方式，现分别介绍如下。

❑ 移除面，然后抽壳

该方式是指选取实体的一个面为开口面，剩余的面以默认的厚度或替换厚度，形成具有一定壁厚的腔体薄壁。在该过程中，所选取的开口面将和内部实体一起被抽掉。

在【类型】列表框中选择【移除面，然后抽壳】选项，然后选取实体中的一个表面作为移除面，并设置相应的厚度参数，即可创建抽壳特征，效果如图 4-30 所示。

图 4-29 【抽壳】对话框

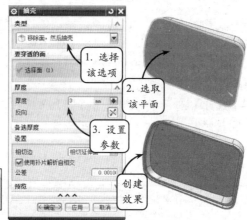

图 4-30 利用【移除面，然后抽壳】方式抽壳

❑ 对所有面抽壳

该方式是指按照某个指定的厚度，在不穿透实体表面的情况下对实体进行抽壳操作，创建中空的实体。该方式与【移除面，然后抽壳】方式的不同在于：移除面抽壳是选取移除面进行抽壳操作，而该方式是选取实体直接进行抽壳操作。

在【类型】列表框中选择【对所有面抽壳】选项，然后选取图中的实体特征，并设置相应的厚度参数，即可完成抽壳特征的创建，效果如图 4-31 所示。

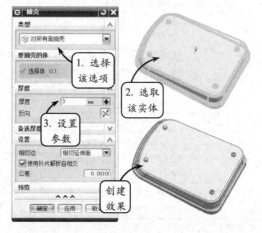

图 4-31 利用【对所有面抽壳】方式抽壳

提 示

在设置抽壳厚度时，输入的厚度值既可以是正值也可以是负值，但其绝对值必须大于抽壳的公差值，否则将会出错。

4.3.5 螺纹

螺纹是指在旋转实体表面上创建的连续的凸起或凹槽特征，且该特征沿螺旋线形成，具有相同的剖面。其中，在圆柱体外表面上形成的螺纹称为外螺纹；在圆柱体内表面上形成的螺纹称为内螺纹。在机械设计过程中，内外螺纹成对出现，可用于各种机械连接、传递运动和动力。

在【特征】工具栏中单击【螺纹】按钮 ，系统将打开【螺纹】对话框，如图 4-32 所示。该对话框提供了两种创建螺纹的方式：即【符号】螺纹方式和【详细】螺纹方式，现分别介绍如下。

❑ 符号

该方式是指在实体上以虚线来显示创建的螺纹特征，而不显示真实的螺纹实体，通常用于在工程图中表示螺纹和标注螺纹。由于该类螺纹只产生符号而不生成螺纹实体，因此生成螺纹的速度快，一般创建螺纹时都选择该方式。

图 4-32 【螺纹】对话框

在【螺纹】对话框中选择【符号】单选按钮，并在绘图区中选取要添加螺纹特征的实体对象。此时，该对话框中的相应选项将被激活。该对话框中各选项的含义如表 4-1 所示。

表 4-1 【螺纹】对话框各选项的含义

选项和按钮	含 义
大径	该文本框用于设置螺纹的最大直径，且默认值根据所选圆柱面直径和内外螺纹的形式查找参数获得
小径	该文本框用于设置螺纹的最小直径，且默认值根据所选圆柱面直径的内外螺纹的形式查找螺纹参数获得
螺距	该文本框用于设置螺距，其默认值根据选择的圆柱面查找螺纹参数表取得。对于符号螺纹，当不启用【手工输入】复选框时，螺距的值不能修改
角度	该文本框用于设置螺纹牙型角，其默认值为螺纹的标准角度60°。对于符号螺纹，当不启用【手工输入】复选框时，角度的值不能修改
标注	该文本框用于螺纹标记，其默认值根据选择的圆柱面查找螺纹参数表取得，如M10_X_0.75
螺纹钻尺寸	该文本框用于设置外螺纹轴的尺寸或内螺纹的钻孔尺寸
方法	该列表框用于指定螺纹的加工方法，其中包含切削、滚动、接地和铣 4 个选项
成形	该列表框用于指定螺纹的标准。其中包含统一螺纹、公制螺纹、梯形螺纹和英制螺纹等多种标准。当启用【手工输入】复选框时，该选项不能更改
螺纹头数	该文本框用于设置螺纹的头数，即创建单头螺纹还是多头螺纹
锥形	该复选框用于控制螺纹是否为拔模螺纹
完整螺纹	启用该复选框，则系统将在整个圆柱上攻螺纹，且螺纹伴随圆柱面的改变而改变
长度	该文本框用于设置螺纹的长度
手工输入	该复选框用于指定是从手工输入螺纹的基本参数还是从螺纹列表框中选取螺纹
从表格中选择	单击该按钮，打开新的【螺纹】对话框，提示用户通过从螺纹列表中选取合适的螺纹规格

选项和按钮	含　义
旋转	该选项组用于设置螺纹的旋转方向，其中包含【右旋】和【左旋】两个选项
选择起始	该按钮用于指定一个实体平面或基准平面作为创建螺纹的起始位置

要创建符号螺纹，首先需要指定螺钉实体上要创建螺纹的部分，并选择螺纹的旋转方向。然后单击【从表格中选择】按钮，在打开的新【螺纹】对话框中指定要创建的螺纹规格。接着单击【选择起始】按钮，在螺钉上选取生成螺纹的起始平面。最后指定螺纹的生成方向，即可完成符号螺纹的创建，效果如图 4-33 所示。

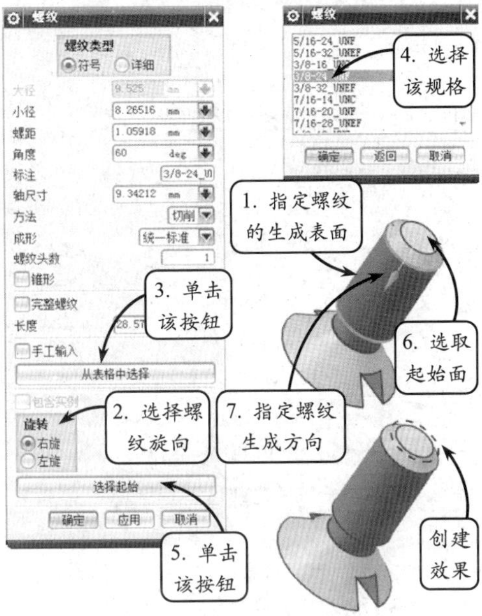

❑ 详细

该方式用于创建真实的螺纹，可以将螺纹的所有细节特征都表现出来。但是由于这种螺纹几何形状的复杂性，使其创建和更新的速度减慢，一般情况下不建议使用。

选择【详细】单选按钮，并在螺钉实体上选取要创建螺纹的表面。然后指定螺纹的参数和螺纹的旋转方向，接着单击【选择起始】按钮，在螺钉上选取生成螺纹的起始平面，并指定螺纹的生成方向，即可完成详细螺纹的创建，效果如图 4-34 所示。

图 4-33　创建符号螺纹特征

4.4　特征操作

在建模的过程中，尤其是在创建高级的实体模型时，仅仅依靠标准设计特征是远远不够的。为了便于观察创建的三维模型的整体效果，同时也为创建更复杂的实体模型打下坚实的基础，还可以利用相应的特征操作工具对简单的实体模型进行修剪、拆分和缩放等操作，使设计人员在构造高级实体模型时更加方便、快捷。

4.4.1　修剪体

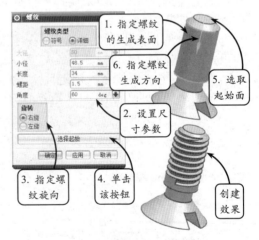

图 4-34　创建详细螺纹特征

修剪操作是指将实体一分为二，保留一边而切除另一边。其中，实体修剪后仍然是参数化实体，并保留创建实体时的所有参数。在 UG NX 中，利用【修剪体】工具可以通过平面、曲面或者基准平面对实体进行修剪操作，其中，这些修剪面必须完全通过实体，否则将无法完成修剪操作。

要执行修剪操作，可以在【特征】工具栏中单击【修剪体】按钮 ，系统将打开【修剪体】对话框，如图 4-35 所示。

然后在绘图区中选取要修剪的实体对象，并指定相应的基准面或平面作为工具面。此时，工具面上将显示矢量箭头，箭头所指的方向就是要移除的部分。用户可以通过单击【反向】按钮 来选择要移除的实体，效果如图 4-36 所示。

图 4-35 【修剪体】对话框

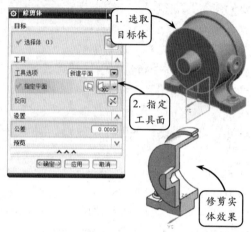

图 4-36 修剪实体

4.4.2 拆分体

拆分操作是指利用曲面、基准平面或几何体将一个实体分割为多个实体。在 UG NX 中，利用【拆分体】工具对实体进行拆分后，该实体会丢失原有的全部参数，并转化为非参数化的实体。

要进行拆分实体的操作，可以在【特征】工具栏中单击【拆分体】按钮 ，系统将打开【拆分体】对话框，如图 4-37 所示。

此时，在绘图区中依次指定目标实体和用来分割实体的平面或基准平面，并单击【确定】按钮，即可获得如图 4-38 所示的拆分效果。

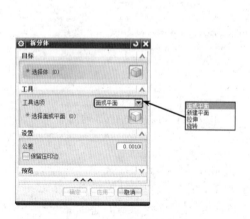

图 4-37 【拆分体】对话框

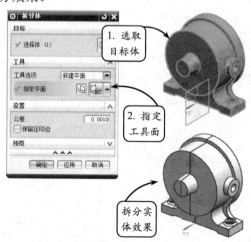

图 4-38 拆分实体

4.4.3 缩放体

缩放操作是指按一定比例对实体或片体进行放大或者缩小，用于改变对象的尺寸或相对位置。在利用【缩放体】工具进行相应操作时，不论缩放点在什么位置，实体或片体特征都会以该点为基准，在形状尺寸和相对位置上进行缩放。

在【特征】工具栏中单击【缩放体】按钮，系统将打开【缩放体】对话框，如图 4-39 所示。该对话框提供了 3 种缩放方式，现分别介绍如下。

❑ 均匀

该方式是整体性等比例缩放，是在不删除源特征的基础上进行的操作，且删除缩放特征后源特征依然存在。在 UG NX 中，利用该方式可以指定相应的参考点作为缩放中心，并设置相同的比例沿 XC 轴、YC 轴和 ZC 轴方向对实体或者片体进行缩放操作。

图 4-39 【缩放体】对话框

要创建均匀缩放体，首先在绘图区中选取相应的实体对象作为缩放体，然后指定一个参考点作为缩放点，并设置比例因子，即可在坐标系的所有方向执行均匀缩放操作，效果如图 4-40 所示。

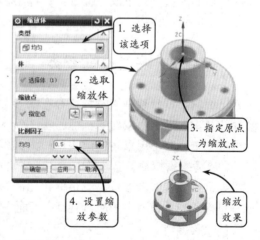

❑ 轴对称

利用该方式可以在指定的缩放轴方向和其他方向采用不同的缩放因子对所选择的实体或片体进行缩放操作。

图 4-40 均匀缩放

该缩放方式与【均匀】缩放方式的不同之处在于：该方式不是等比例缩放，执行该操作时，可以通过设置轴方向和其他方向的不同比例因子来进行相应的放大或缩小操作，效果如图 4-41 所示。

❑ 常规

利用该方式可以将实体或片体沿指定参考坐标系的 XC 轴、YC 轴和 ZC 轴方向，以不同的比例因子进行缩放操作。创建该类缩放特征需要指定新的坐标系或接受系统默认的当前工作坐标系为缩放坐标系。

在【类型】列表框中选择【常规】选项，并在绘图区中选取相应的实体对象作为缩放体。然后默认当前的工作坐标系为缩放坐标系，并设置相应的比例因子参数，即可完成常规缩放操作，效果如图 4-42 所示。

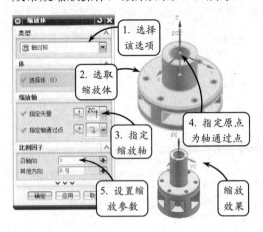

图 4-41 轴对称缩放   图 4-42 常规缩放

4.5 特征编辑

在完成特征的创建后，用户可以对不满意的地方进行相关的编辑操作，以改变已生成特征的形状、大小或者位置。这样不仅可以实现特征的重新定义，避免了人为的误操作产生的错误特征，也可以通过修改特征参数来满足新的设计要求。

4.5.1 编辑特征参数

编辑特征参数是指对特征存在的参数按需要进行相应的修改，通过重新定义创建特征的基本参数来生成新的特征。在 UG NX 中，通过编辑特征参数可以随时对实体特征进行更新，而不用重新创建实体，大大提高了建模效率。

在【编辑特征】工具栏中单击【编辑特征参数】按钮，系统将打开【编辑参数】对话框，如图 4-43 所示。该对话框包含了当前模型中的所有特征，下面主要介绍以下几种特征参数的编辑方式。

图 4-43 【编辑参数】对话框

1. 特征对话框

该方式通过编辑特征的存在参数来生成新的特征。在【编辑参数】对话框中选取要编辑的特征名称，并单击【确定】按钮，系统将打开新的【编辑参数】对话框。此时，在该对话框中单击【特征对话框】按钮，并设置新的特征参数值，即可重新生成该特征。如图 4-44 所示即为编辑实体模型的孔特征的效果。

提 示

此外，也可以在部件导航器或绘图区中直接选取要编辑的特征，并单击鼠标右键选择【编辑参数】选项，同样可以打开【编辑参数】对话框进行相应的操作。

2. 重新附着

该方式用于重新定义特征的特
征参考，通过重新指定特征的附着
平面来改变特征生成的位置或方
向。在【编辑参数】对话框中单击
【重新附着】按钮，系统将打开【重
新附着】对话框，如图 4-45 所示。
其中，【指定目标放置面】按钮🖼用
于指定实体特征新的放置面；【重新
定义定位尺寸】按钮🖼用于重新定
义实体特征在新放置面上的位置。

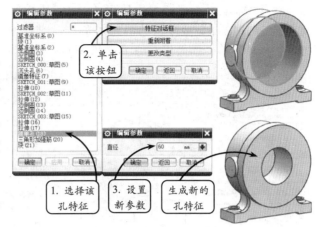

图 4-44 编辑孔特征

在绘图区中选取要进行编辑的孔特征，然后在打开的【重新附着】对话框中指定相
应的平面作为重新附着的平面。接着连续单击【确定】按钮，即可将该孔特征重新附着
在指定的新的平面上，效果如图 4-46 所示。

图 4-45 【重新附着】对话框

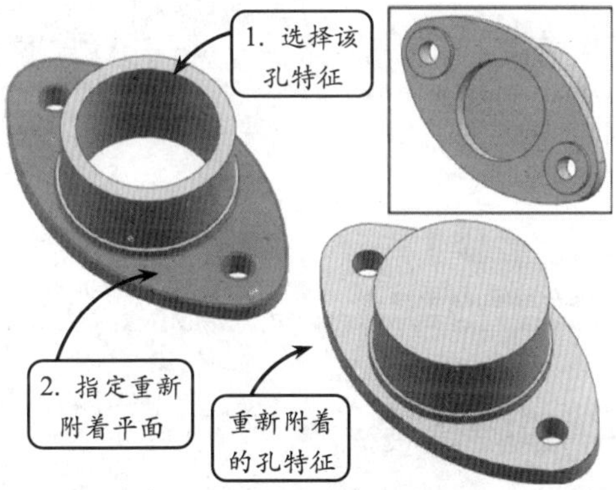

图 4-46 重新附着的孔特征

3. 更改类型

该方式用来改变所选特征的类型，其可以将孔或槽特征变成其他类型的孔特征或槽
特征。

在绘图区中选取要编辑的特征，并单击【更改类型】按钮，系统将打开相应的特征
类型对话框。此时，指定所需要的类型，并设置相关的特征参数，则原特征将更新为新
的类型。如图 4-47 所示即是将沉头孔更改为简单孔的效果。

4.5.2 可回滚编辑

在 UG NX 中，对于已经创建好的特征，利用【可回滚编辑】工具可以还原到创建
该特征时的模型状态，然后在打开的相应对话框中重新定义特征参数，即可生成新的
特征。

在【编辑特征】工具栏中单击【可回滚编辑】按钮，系统将打开【可回滚编辑】对话框。此时，指定要编辑的特征名称，并在打开的相应对话框中重新定义特征的参数，即可完成更新特征的操作。如图 4-48 所示即是编辑倒角特征的效果。

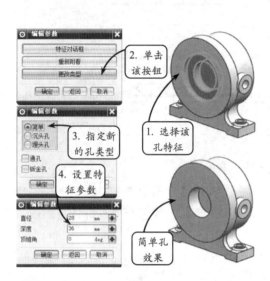

图 4-47　更改孔类型

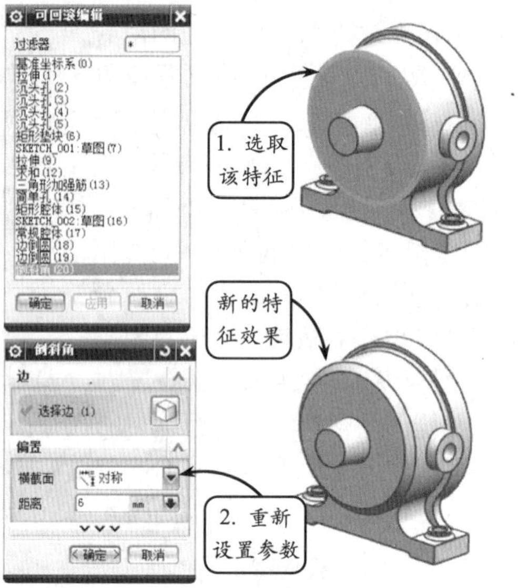

图 4-48　可回滚编辑倒角特征

提 示

此外，在部件导航器中的相应特征名称上右击，并在打开的快捷菜单中选择【可回滚编辑】选项，同样可以进行特征的重编辑操作。

4.5.3　编辑位置

在创建特征时，对于没有指定定位尺寸或定位尺寸不全的特征，用户可以利用【编辑位置】工具通过添加或编辑定位尺寸值来移动特征。

要执行编辑位置操作，可以在【编辑特征】工具栏中单击【编辑位置】按钮，系统将打开【编辑位置】对话框。该对话框中列出了所有可供编辑位置的特征，选择要编辑的特征名称，然后单击【确定】按钮，即可打开新的【编辑位置】对话框，如图 4-49 所示。该对话框中列出了 3 种编辑位置的方式，现分别介绍如下。

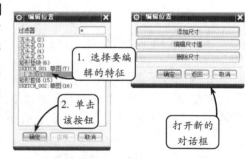

图 4-49　【编辑位置】对话框

1. 添加尺寸

选择该方式可以在所指定的特征和相关特征之间添加定位尺寸，主要用于未定位的特征和定位尺寸不全的特征。

单击【添加尺寸】按钮，系统将打开【定位】对话框。此时，选择相应的定位方式，并添加定位尺寸即可，效果如图 4-50 所示。

2．编辑尺寸值

该方式主要用来修改现有的尺寸参数。单击【编辑尺寸值】按钮，系统将打开【编辑表达式】对话框。此时，在绘图区中选取需要重新定位的尺寸，并输入新的定位尺寸参数，即可完成特征位置的编辑，效果如图 4-51 所示。

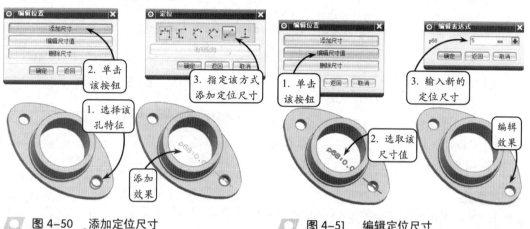

图 4-50　添加定位尺寸　　　　　　　图 4-51　编辑定位尺寸

注　意

在编辑尺寸位置时，如要编辑特征对象的尺寸值，必须在此之前设置该对象的位置表达式。

3．删除尺寸

选择该方式可以去除已经存在的约束尺寸，主要用于删除所选特征的定位尺寸。单击【删除尺寸】按钮，系统将打开【移除定位】对话框。此时，在绘图区中选取相应的定位尺寸，并单击【确定】按钮，即可删除该尺寸，效果如图 4-52 所示。

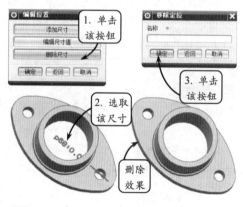

提　示

此外，在部件导航器中的相应特征名称上右击，并在打开的快捷菜单中选择【编辑位置】选项，同样可以进行编辑位置的相关操作。

图 4-52　删除定位尺寸

4.5.4　定位操作

在特征建模过程中，用户可以通过对某些特征进行定位，即相对于其他几何对象确定特征在模型放置面上的位置，来满足新的设计要求。

特征定位一般通过【定位】对话框实现。在【编辑特征】工具栏中单击【编辑位置】

按钮 ，系统将打开【编辑位置】对话框。此时，在该对话框中选取要定位的特征对象，并单击【确定】按钮，即可打开【定位】对话框，如图 4-53 所示。该对话框中包含 9 种常用的定位方法，现分别介绍如下。

❑ 水平定位

选择该方式可以在两点之间生成一个与水平参考对齐的定位尺寸来定位特征。在【定位】对话框中单击【水平】按钮 ，然后按照如图 4-54 所示的步骤即可完成该操作。

❑ 竖直定位

选择该方式可以在两点之间生成一个与竖直参考对齐的定位尺寸来定位特征。在【定位】对话框中单击【竖直】按钮 ，然后按照如图 4-55 所示的步骤即可完成该操作。

❑ 平行定位

选择该方式可以生成一个约束两点之间距离的定位尺寸，且该距离沿平行于工作平面的测量方向。在【定位】对话框中单击【平行】按钮 ，然后按照如图 4-56 所示的步骤即可完成该操作。

❑ 垂直定位

选择该方式可以通过指定一条参考边缘线与要定位的特征上一点之间的距离来定位特征。在【定位】对话框中单击【垂直】按钮 ，然后按照如图 4-57 所示的步骤即可完成该操作。

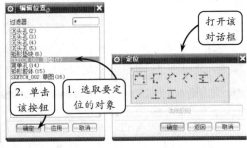

图 4-53　【定位】对话框

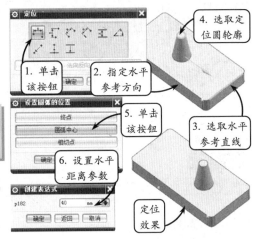

图 4-54　水平定位

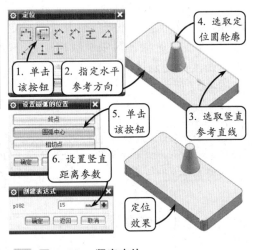

图 4-55　竖直定位

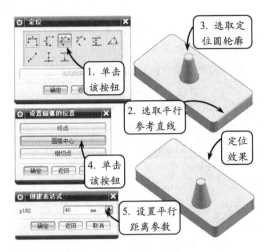

图 4-56　平行定位

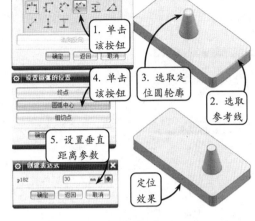

图 4-57　垂直定位

提示

该方法是孔和凸台特征的默认定位方法，可以直接在对话框中编辑定位尺寸。

□ **按一定距离平行定位**

选择该方式可以通过设置要定位的特征上的一条边线与一条参考边缘线之间的距离来定位特征，且指定的这两条直线必须是平行的。在【定位】对话框中单击【按一定距离平行】按钮国，然后按照如图 4-58 所示的步骤即可完成该操作。

□ **角度定位**

选择该方式可以通过设置需定位的特征上的一条边缘线与一条参考边缘线之间的角度来定位特征。在【定位】对话框中单击【成角度】按钮，然后按照如图 4-59 所示的步骤即可完成该操作。

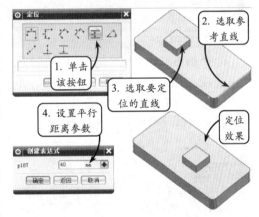

图 4-58　按一定距离平行定位

□ **点到点定位**

选择该方式可以通过将需定位特征上的一点与指定的一参考点进行重合来定位特征。在【定位】对话框中单击【点落在点上】按钮，然后按照如图4-60所示的步骤即可完成该操作。

提示

该定位方式与【平行】定位方式类似，只是两点之间的固定距离值为零。

□ **点到线定位**

选择该方式可以通过将需定位特征上的

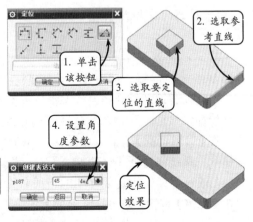

图 4-59　角度定位

105

一点与其在某一参考直线上的一投影点进行重合来定位特征。在【定位】对话框中单击【点落在线上】按钮，然后按照如图 4-61 所示的步骤即可完成该操作。

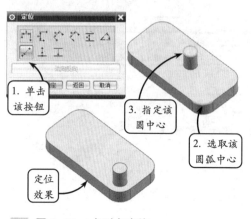

图 4-60 点到点定位

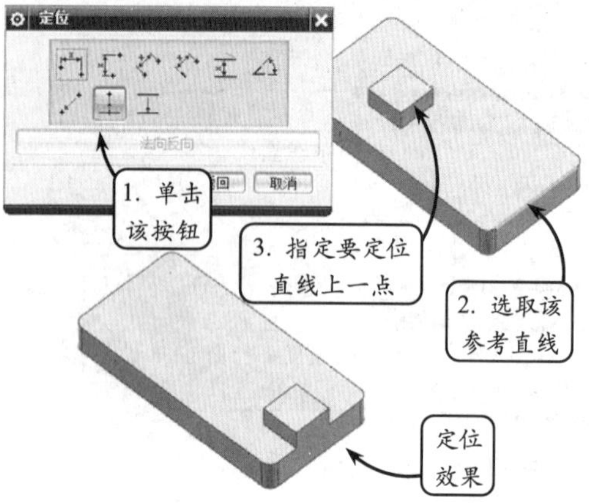

图 4-61 点到线定位

提 示

该定位方式与【垂直】定位方式类似，只是边或曲线与点之间的距离值为零。

❑ 线到线定位

选择该方式可以通过将需定位特征上的一条直线和指定的一条参考直线进行重合来定位特征。在【定位】对话框中单击【线落在线上】按钮，然后按照如图 4-62 所示的步骤即可完成该操作。

提 示

该定位方式与【按一定距离平行】定位方式类似，只是平行的距离值为零。

图 4-62 线到线定位

4.5.5 移动特征

移动特征就是将一个无关联的实体特征移动到指定的位置。而对于存在关联性的特征，则可以通过之前介绍的【编辑位置】工具移动特征，从而达到编辑实体特征的目的。

在【编辑特征】工具栏中单击【移动特征】按钮，系统将打开【移动特征】对话框。此时，在该对话框中指定要移动的特征名称，并单击【确定】按钮，即可打开新的【移动特征】对话框，如图 4-63 所示。该对话框包括了 4

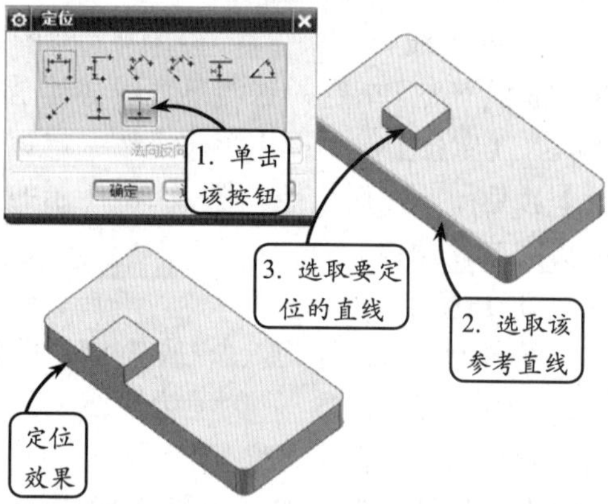

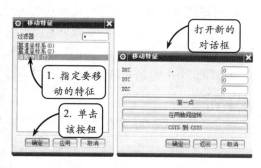

图 4-63 【移动特征】对话框

种移动特征的方式，现分别介绍如下。

1．DXC、DYC、DZC

该方式基于当前的工作坐标系，通过在 DXC、DYC、DZC 文本框中输入相应的增量值来移动所指定的特征。如图 4-64 所示即是沿 XC 方向移动支耳特征的效果。

2．至一点

选择该方式可以利用【点构造器】工具，通过依次指定参考点和目标点来将所选实体特征移动到指定位置。如图 4-65 所示即是通过指定支耳特征上的一参考点，将其移动到指定的目标点位置处的效果。

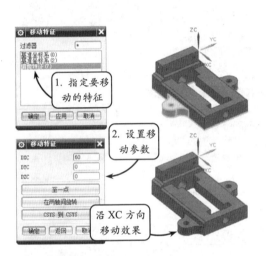

图 4-64　沿 XC 方向移动特征

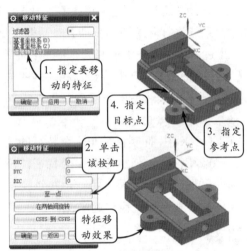

图 4-65　移动特征到目标点

3．在两轴间旋转

选择该方式可以将特征从指定的参照轴旋转到目标轴。首先选取要移动的支耳特征，并在打开的【移动特征】对话框中单击【在两轴间旋转】按钮。然后利用【点构造器】工具捕捉相应的旋转点，并在打开的【矢量】对话框中依次指定参考轴方向和目标轴方向即可，效果如图 4-66 所示。

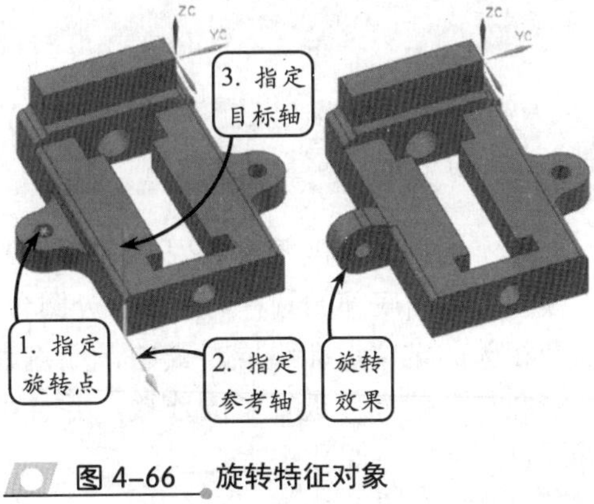

图 4-66　旋转特征对象

4．CSYS 到 CSYS

选择该方式可以将特征从指定的参考坐标系重新定位到目标坐标系。通过在打开的 CSYS 对话框中定义新的坐标系，指定的要移动的特征对象将从参考坐标系移动到目标坐标系。如图 4-67 所示即是将支耳特征重新定位到新坐标系的效果。

4.5.6 抑制特征

抑制特征是指取消实体模型上的一个或多个特征的显示状态。此时在操作导航器中，被抑制的特征及其子特征前面的绿勾将消失。利用该工具编辑模型中实体特征的显示状态，可以使实体特征的创建速度加快，还可以在创建实体特征时，避免产生对其他实体特征的冲突。

在【编辑特征】工具栏中单击【抑制特征】按钮，系统将打开【抑制特征】对话框。此时，在【过滤器】列表中选择要抑制的特征名称，【选定的特征】列表中将显示相关联的被抑制的特征名称。然后单击【确定】按钮即可，效果如图4-68所示。

在 UG NX 中，抑制特征与隐藏特征的区别是：隐藏特征可以任意隐藏一个特征，没有任何关联性；而抑制某一特征，与该特征存在关联性的其他特征被一起隐藏。

提示

> 此外，用户也可以直接在【部件导航器】中选取要抑制的特征名称，单击鼠标右键选择【抑制】选项，进行同样的操作。如果按住 Ctrl 键，还可一次选取多个特征。

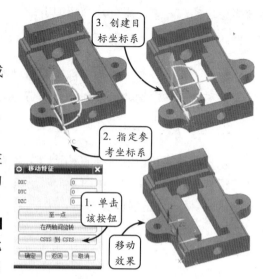

图 4-67 将特征移动到目标坐标系

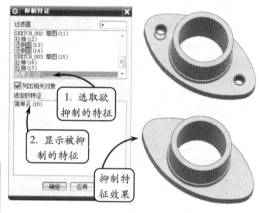

图 4-68 抑制所选特征

4.6 课堂实例 4-1 创建端盖零件

本实例创建端盖零件，效果如图4-69所示。端盖零件在机械传动中的应用比较广泛，该模型主要由底部的圆柱、支撑部分圆台和顶端的凹槽，以及相关的定位螺孔组成。其中，端盖底部可以通过定位螺孔与其他零件进行紧固连接，并且可以将轴套类零件通过圆台的中间孔进行定位。

盘类零件多为中心对称结构，因此采用【旋转】工具创建比较简单。创建该零件，首先利用【草图】和【拉伸】工具创建底座。然后两次用到【旋转】工具：第一次生成模型的大致轮廓，第二次生成中间的孔特征。接着利用【孔】和【螺纹】工具创建带螺纹的孔特征，并

图 4-69 端盖实体模型

利用【阵列特征】工具阵列该螺孔。最后再创建顶部的凹槽特征，即可完成端盖零件的创建。

操作步骤：

1 新建一个名称为 Duangai.prt 的文件。然后单击【草图】按钮📝，将打开【草图】对话框。此时选取 XC-YC 平面为草图平面，进入草绘环境后，单击【圆】按钮〇，选取原点为圆心绘制直径为 φ120 的圆。接着单击【完成草图】按钮🏁，退出草绘环境，效果如图 4-70 所示。

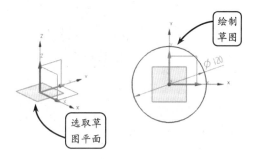

绘制草图

选取草图平面

图 4-70 绘制圆

2 单击【拉伸】按钮🔲，将打开【拉伸】对话框。然后选取上一步绘制的草图为拉伸对象，并按照如图 4-71 所示设置拉伸参数，创建相应的拉伸实体特征。

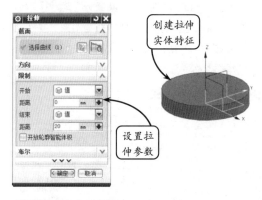

创建拉伸实体特征

设置拉伸参数

图 4-71 创建拉伸实体

3 利用【草图】工具选取 XC-ZC 平面为草图平面，进入草绘环境后，利用【轮廓】和【圆角】工具，绘制如图 4-72 所示尺寸的图形。然后单击【完成草图】按钮🏁，退出草绘环境。

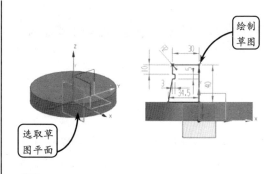

绘制草图

选取草图平面

图 4-72 绘制草图

4 单击【旋转】按钮🔴，将打开【旋转】对话框。然后选择上一步绘制的草图为截面曲线，选取 ZC 轴为指定矢量，并选取原点为指定点。接着按照如图 4-73 所示设置旋转角度参数，指定布尔运算方式为【求和】，并单击【确定】按钮，即可完成旋转特征的创建。

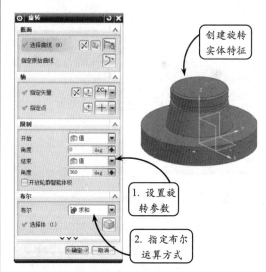

创建旋转实体特征

1. 设置旋转参数

2. 指定布尔运算方式

图 4-73 创建旋转实体

5 利用【草图】工具选取 XC-ZC 平面为草图平面，进入草绘环境后，利用【轮廓】工具绘制如图 4-74 所示尺寸的图形。然后单击【完成草图】按钮🏁，退出草绘环境。

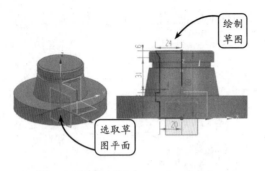

图 4-74 绘制草图

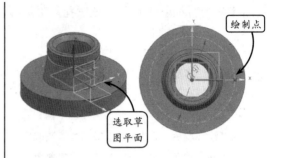

图 4-76 绘制点

6　利用【旋转】工具选取步上一绘制的草图为
截面曲线，然后选取 ZC 轴为指定矢量，并
选取原点为指定点。接着按如图 4-75 所示
设置旋转角度参数，指定布尔运算方式为
【求差】，并单击【确定】按钮，即可完成旋
转特征的创建。

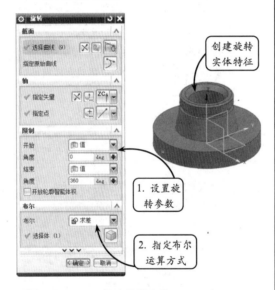

图 4-75 创建旋转实体

7　利用【草图】工具选取底座上表平面为草图
平面，进入草绘环境后，利用【圆】和【点】
工具绘制如图 4-76 所示尺寸的草图轮廓。
然后单击【完成草图】按钮，退出草绘
环境。

8　单击【孔】按钮，指定孔形式为【简单】。
然后选取上一步绘制的点为孔中心点，并按
照如图 4-77 所示设置简单孔的参数，创建
简单孔特征。

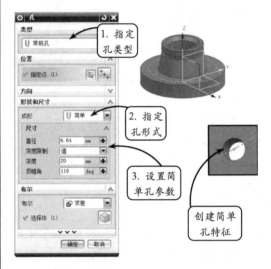

图 4-77 创建孔特征

9　单击【螺纹】按钮，将打开【螺纹】对话
框。然后选取上步创建的孔为对象，并按照
如图 4-78 所示设置螺纹参数，创建相应的
螺纹特征。

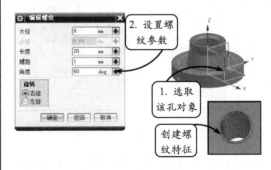

图 4-78 创建螺纹特征

10　在【特征】工具栏中单击【阵列特征】按钮
，并在打开的对话框中选择【圆形】布局

方式。然后选取创建的带螺纹的孔特征为阵列对象，按照如图 4-79 所示设置相关参数，并指定 ZC 轴为基准轴，创建相应的阵列特征。

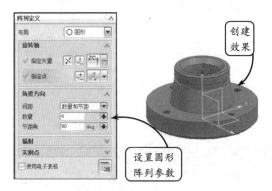

图 4-79　阵列带螺纹的孔

11　在【特征】工具栏中单击【倒斜角】按钮，并选取如图 4-80 所示的边为要倒斜角的边。然后输入数值 3，并单击【确定】按钮，即可创建相应的倒斜角特征。

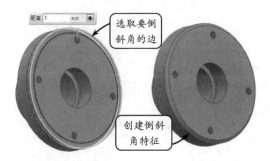

图 4-80　倒斜角

12　利用【草图】工具选取 XC-ZC 平面为草图平面，进入草绘环境后，利用【轮廓】和【圆弧】工具绘制如图 4-81 所示尺寸的草图轮廓。然后单击【完成草图】按钮，退出草绘环境。

13　利用【拉伸】工具选取上一步绘制的草图为拉伸对象，并指定【结束】类型为【对称值】方式。然后按照如图 4-82 所示设置拉伸参数，并指定布尔运算方式为【求差】，创建拉伸去除实体特征。

14　利用【草图】工具选取 YC-ZC 平面为草图

平面，进入草绘环境后，利用【轮廓】和【圆弧】工具绘制如图 4-83 所示尺寸的草图轮廓。然后单击【完成草图】按钮，退出草绘环境。

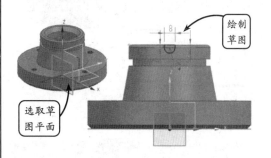

图 4-81　绘制草图

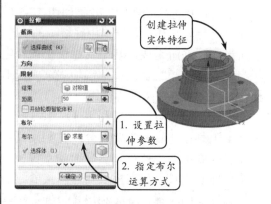

图 4-82　创建槽特征

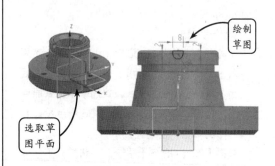

图 4-83　绘制草图

15　利用【拉伸】工具选取上一步绘制的草图为拉伸对象，并指定【结束】类型为【对称值】方式。然后按照如图 4-84 所示设置拉伸参数，并指定布尔运算方式为【求差】，创建拉伸去除实体特征。

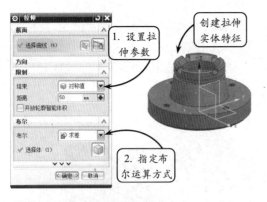

1. 设置拉伸参数

创建拉伸实体特征

2. 指定布尔运算方式

图 4-84 创建槽特征

4.7 课堂实例 4-2 创建轴架零件

本实例创建轴架零件，效果如图 4-85 所示。该轴架主要用于轴类零件与其他零件之间的垂直定位。其主要结构由底板上的两个沉头孔、支撑板和其上的空心圆柱体，以及三角形加强筋所组成。其中支撑板上的空心圆柱体用于与轴类零件相配合；三角形加强筋则起到加强支撑板与底板之间连接刚性的作用。

创建该轴架时，首先利用【块】、【孔】和【镜像特征】工具创建底板主要部分，并利用【拉伸】工具创建底板底部的槽特征。然后绘制支撑板轮廓，并利用【拉伸】工具创建支撑板实体。接着绘制支撑板上定位圆柱体的轮廓，继续利用【拉伸】工具创建定位圆柱体。最后利用【三角形加强筋】工具创建三角形加强筋即可。

图 4-85 轴架实体模型效果

操作步骤：

1. 新建一个名称为 ZhouJia.prt 的文件。然后单击【块】按钮，指定长方体的创建方式为【原点和边长】方式，并选取坐标系原点为定位点。接着按照如图 4-86 所示设置长方体的参数，创建长方体。

2. 单击【基准 CSYS】按钮，将打开【基准 CSYS】对话框。然后在【参考】下拉列表中选择【WCS】选项。接着输入原点的新坐标，并单击【确定】按钮，创建新坐标系，效果如图 4-87 所示。

3. 选取原坐标系，并单击右键，在打开的快捷菜单中选择【隐藏】选项，将原坐标系隐藏。然后选取新坐标系，并单击右键，在打开的快捷菜单中选择【将 WCS 设置为基准

CSYS】选项，将新坐标系指定为基准坐标系，效果如图 4-88 所示。

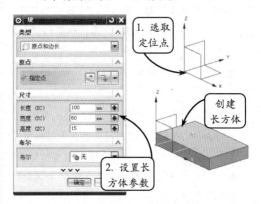

1. 选取定位点

创建长方体

2. 设置长方体参数

图 4-86 创建长方体

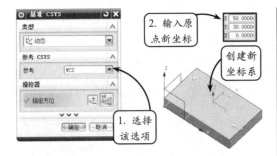

图 4-87 创建新坐标系

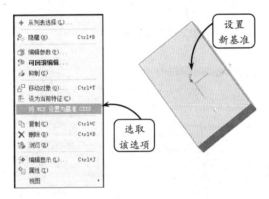

图 4-88 隐藏原坐标系并设置新基准

4 单击【边倒圆】按钮🔘，选取如图 4-89 所示边为要倒圆的边，并输入倒圆角半径为 R15，创建倒圆角特征。然后按照同样的方法创建另一个倒圆角。

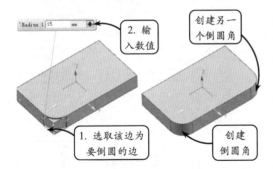

图 4-89 创建倒圆角特征

5 单击【草图】按钮📇，将打开【草图】对话框。此时选取实体上表面为草图平面，进入草绘环境后，单击【点】按钮+。然后按照如图 4-90 所示输入孔中心点坐标，并单击【确定】按钮。接着单击【完成草图】按钮🔊，退出草绘环境。

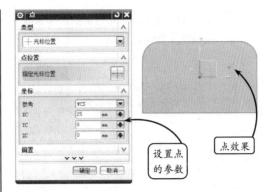

图 4-90 绘制孔中心点

6 单击【孔】按钮🔘，指定孔形式为沉头孔，并选取上步绘制的点为孔中心点。然后按照如图 4-91 所示尺寸要求设置沉头孔的参数，并指定布尔运算方式为【求差】方式，创建沉头孔特征。

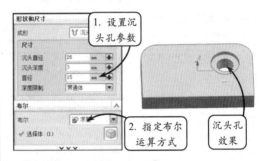

图 4-91 创建沉头孔特征

7 单击【镜像特征】按钮💮，选取上步创建的沉头孔为镜像对象，并选取 YC-ZC 平面为镜像平面，创建镜像特征，效果如图 4-92 所示。

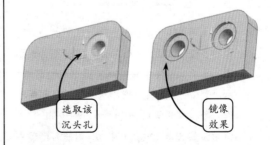

图 4-92 创建镜像特征

8 单击【草图】按钮📇，选取 XC-ZC 平面为草图平面。然后进入草绘环境，按照如图

4-93 所示尺寸要求，绘制草图。接着单击
【完成草图】按钮，退出草绘环境。

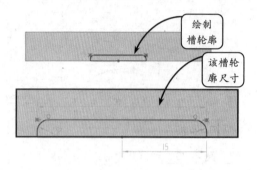

图 4-93　绘制槽轮廓

9　单击【拉伸】按钮，将打开【拉伸】对话
　框。然后选取上一步绘制的草图为拉伸对
　象，并设置拉伸方式为对称拉伸 30。接着
　设置布尔方式为【求差】方式，创建槽特征，
　效果如图 4-94 所示。

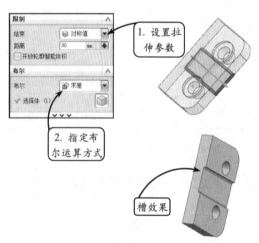

图 4-94　创建槽特征

10　利用【草图】工具选取 XC-YC 平面为草图
　平面，按照如图 4-95 所示绘制草图。然后
　单击【完成草图】按钮，退出草绘环境。

11　利用【拉伸】工具选取上一步所绘草图为拉
　伸对象，并设置拉伸方式为对称拉伸 25。
　然后设置布尔方式为【求和】方式，创建支
　撑板实体，效果如图 4-96 所示。

12　利用【边倒圆】工具选取如图 4-97 所示边
　为要倒圆的边。然后输入倒圆角半径为

R10，并单击【确定】按钮，创建边倒圆
特征。

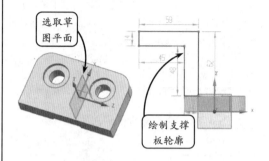

图 4-95　绘制草图

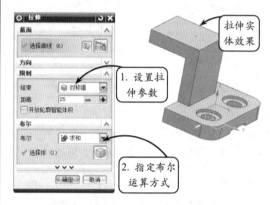

图 4-96　创建支撑板实体

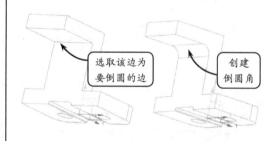

图 4-97　创建边倒圆特征

13　继续利用【边倒圆】工具选取如图 4-98 所
　示的边为要倒圆的边。然后输入倒圆角半径
　为 R24，并单击【确定】按钮，创建边倒圆
　特征。

14　按照上述绘制草图的方法以支撑板上表面
　为草图平面，按照如图 4-99 所示的尺寸要
　求绘制半径为 R25 的圆。然后单击【完成

草图】按钮 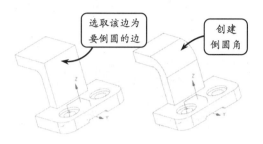，退出草绘环境。

图 4-98　创建边倒圆特征

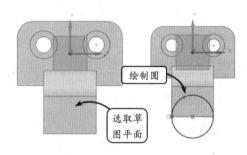

图 4-99　绘制圆

15　利用【拉伸】工具选取上一步绘制的圆为拉
　　伸对象。然后设置拉伸起始距离为 10，结
　　束距离为-24，并设置布尔方式为【求和】
　　方式，创建拉伸实体，效果如图 4-100 所示。

16　利用【孔】工具选取拉伸实体的上表面圆心
　　为孔的中心点。然后按照如图 4-101 所示
　　的尺寸要求设置孔的参数，并设置布尔运算
　　方式为【求差】方式，创建简单孔特征。

17　单击【三角形加强筋】按钮 ，依次选取底
　　板的上表面和支撑板的前表面两个平面作
　　为参考基面。然后按照如图 4-102 所示设

置三角形加强筋的参数，并单击【确定】按
钮，创建三角形加强筋特征。

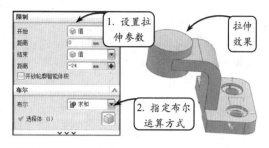

图 4-100　创建拉伸实体

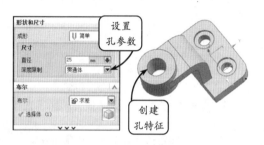

图 4-101　创建简单孔特征

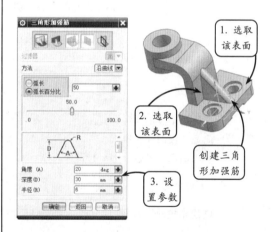

图 4-102　创建三角形加强筋特征

4.8　思考与练习

一、填空题

1．在进行布尔运算时，首先选择的源实体
或片体称为＿＿＿＿＿＿，用来修改目标体的实体
或片体称为＿＿＿＿＿＿。

2．＿＿＿＿＿＿是指将实体的边缘以指定的

倒圆半径转变为圆柱面或圆锥面。

3．＿＿＿＿＿＿是指从指定的平面向下移
除一部分材料而形成的具有一定厚度的薄壁体
操作。

4．定位功能不是适用于任何特征，只有使
用＿＿＿＿＿＿创建的特征才可以通过相应的定位

工具进行位置编辑。

二、选择题

1. _____ 方式是从固定平面开始，按指定的拔模方向和拔模角度，沿指定的分型边线对实体进行拔模操作的。

    A．从平面

    B．至分型边

    C．从边

    D．与多个面相切

2. _____ 方式用来改变所选特征的类型，它可以将孔或槽特征变成其他类型的孔特征和槽特征。

    A．特征对话框

    B．重新附着

    C．更改类型

    D．可回滚编辑

3. 修剪操作和拆分操作最大的区别在于_____。

    A．修剪实体是将实体或片体一分为二

    B．拆分实体是将实体或片体一分为二

    C．执行拆分操作之后，所有的参数全部丢失

    D．执行修剪操作之后，所有的参数全部丢失

三、问答题

1. 简述边倒圆的 4 种方式。

2. 简述拔模的 4 种方式。

3. 简述创建阵列特征的三种操作方法。

四、上机练习

1. 创建电机外壳模型

本练习创建一个电机外壳模型，效果如图 4-103 所示。电机是生产中的重要动力工具，该外壳是电机的整个外壳部分，既可以用于固定整个电机本体，还可以保护电机的内部转子、线圈以及定子等核心零件不受损坏。分析该零件模型结构，主要由转子壳、散热片、凸垫、固定凸台、加强筋以及支耳等实体特征组成。

该零部件看似复杂，实际可以将零件的各个特征分散开创建。用户可以在创建过程中不断地

执行求差、求和布尔运算，并使用【特征】工具栏中的孔等相关工具获得各种所需的特征创建效果。

图 4-103　电机外壳

2. 创建齿轮滚刀模型

本练习创建一个齿轮滚刀模型，效果如图 4-104 所示。滚刀多用于机械制造行业，主要用来制造齿轮的齿形。根据使用要求，齿轮滚刀的截面是依据渐开线齿轮截面而设计的，通过齿轮滚刀旋转进给，可将齿轮毛坯滚削渐渐形成齿形，从而获得齿轮效果。

图 4-104　齿轮滚刀

创建该模型，可首先创建一圆柱体作为整个零件的基体，然后利用【螺纹】工具创建螺旋滚齿实体特征，并将中间挖孔，便于滚刀的安装和加注润滑液。最后利用阵列工具创建滚刀齿特征即可。

第 5 章

曲线建模

曲线是构建模型的基础，在三维建模过程中起着不可替代的作用。任何三维模型的建立都要遵循从二维到三维、从线条到实体的过程，构造良好的二维曲线才能保证利用二维曲线创建高质量的实体或曲面。由于大多数曲线属于非参数性曲线类型，在绘制过程中具有较大的随意性和不确定性。因此在绘制曲线的过程中，一次性构建出符合设计要求的曲线特征比较困难，用户还需要通过各种编辑曲线特征的工具进行相应的操作，才能最终创建出符合设计要求的曲线特征。

本章主要介绍空间曲线的绘制方法，包括各类基本曲线和高级曲线，并详细介绍了空间曲线的各种操作和编辑方法。

本章学习目的：

➢ 掌握各种空间曲线的绘制方法
➢ 掌握空间曲线的各种操作方法
➢ 掌握空间曲线的各种编辑方法

5.1　创建曲线

创建高级曲面时，如果在建模基础阶段线条构造不合适，就不可能构建出高质量的三维模型。此时就可以利用系统提供的各种曲线工具，绘制相应的空间曲线来辅助曲面或实体建模。在 UG NX 中，根据定义和属性的不同，空间曲线可以分为基本曲线和二次曲线等类型。

5.1.1　基本曲线

基本曲线是形状规则、简单的曲线，是建模过程中使用频率最多的曲线类型。它作为一种基本的构造图元，是非参数化建模中最常用的工具。在构造模型的过程中，基本曲线不仅可以作为三维实体特征的截面，也可以作为建模特征的辅助参照来帮助准确定位。

1. 直线

直线是指通过空间的两点生成的一条线段，其在空间的位置由它经过的点，以及它的一个方向向量来确定。在平面图形的绘制过程中，直线作为基本要素无处不在，例如在两个平面相交时，可以产生一条直线；通过棱角实体模型的边线也可以产生一条直线。

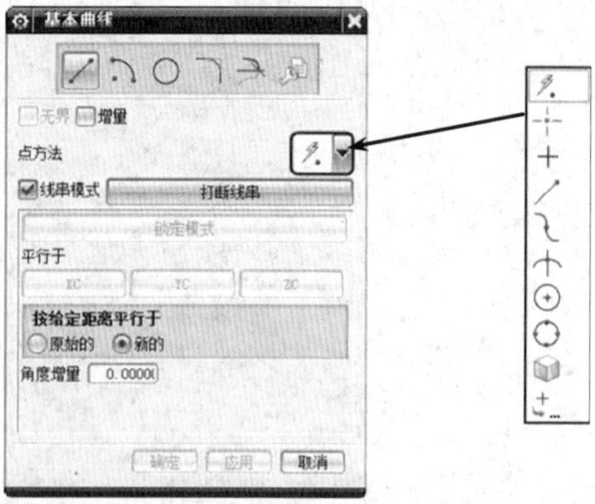

在【曲线】选项卡中单击【基本曲线】按钮 ，系统将打开【基本曲线】对话框，如图 5-1

图 5-1 【基本曲线】对话框

所示。在打开的【基本曲线】对话框中，系统默认的是【直线】面板。该面板包括 3 种常用的绘制直线的方式，具体如下所述。

❑ **通过点的捕捉绘制任意直线**

该方式是绘图过程中最为常见的一种方法，通过在【点方法】列表框中选择相应的点的捕捉方式，自动在捕捉的两点之间绘制直线。

在【基本曲线】对话框中单击【直线】按钮 ，并选择【点方法】列表框中的【控制点】选项，然后在绘图区中依次选择相应的两点，即可完成直线的绘制，效果如图 5-2 所示。

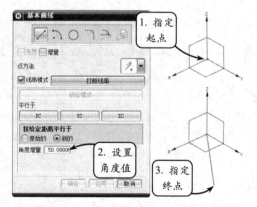

图 5-2 绘制空间任意两点直线

提 示

这里的控制点一般是指曲线的特征点、端点，以及中点等。另外，完成直线的绘制后，单击【取消】按钮，关闭对话框即可。

❑ **绘制与 XC 轴成角度的直线**

在创建基准平面时，常用到与某直线、某基准轴或某平面等成一定角度的直线，这就用到绘制与某一参照成一定角度直线的方法。在【基本曲线】对话框中，系统默认的是在 XC-YC 平面内绘制与 XC 轴成一定角度的直线，具体操作方法如下所述。

在绘图区中选取一点作为直线的起点，并在【角度增量】文本框中输入所绘直线的角度参数。然后将鼠标在 XC-YC 平面内沿着 XC 轴方向拖动，指定相应的终点，即可完成直线的绘制，效果如图 5-3 所示。

图 5-3 绘制与 XC 轴成一定角度的直线

提　示

此外，如果用户想绘制与其他基准轴成一定角度的直线，或者在其他平面内绘制相应的直线，可以单击【曲线】选项卡中的【直线】按钮 ，在打开的【直线】对话框中进行相应的参数设置。

❑ **绘制与坐标轴平行的直线**

在创建复杂的曲面时，需绘制与坐标轴平行的直线作为辅助线，其创建方式包括 3 种：与 XC 轴平行、与 YC 轴平行和与 ZC 轴平行。这里以绘制与 YC 轴平行的直线为例，介绍其具体的操作方法。

在【基本曲线】对话框中单击【直线】按钮 ，并在绘图区中选取一点作为直线的起点。然后单击【平行于】选项组中的 YC 按钮，此时，系统只允许绘制平行于 YC 轴方向的直线。接着指定直线的终点即可，效果如图 5-4 所示。

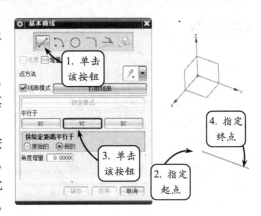

图 5-4　绘制与 YC 轴平行的直线

技　巧

此外，在绘制的过程中，用户也可以利用打开的【跟踪条】对话框，在相应的文本框中设置点坐标、直线距离和角度等参数来快速、准确地完成空间直线的绘制。

2. 圆

圆是指在平面上到定点的距离等于定长的所有点的集合，是基本曲线的一种特殊情况。在机械设计过程中，常用于创建基础特征的剖截面，且由它生成的实体特征包括多种类型，例如球体、圆柱体、圆台、球面以及多种自由曲面等。

在【基本曲线】对话框中单击【圆】按钮 ，该对话框将切换至【圆】选项面板，如图 5-5 所示。该选项面板中提供了以下两种绘制圆的方式。

图 5-5　【圆】选项面板

❑ **圆心、圆上的点**

该方式是通过捕捉一点作为圆心，另一点作为圆上一点以确定半径来绘制相应的圆轮廓。系统一般默认生成的圆在 XC-YC 平面内或平行于该平面。

利用该方式绘制圆时，可以在【点方法】列表框中选择【自动判断的点】选项，然后在绘图区中指定一点作为圆心，并选取另一点作为圆上的点即可，效果如图 5-6 所示。

图 5-6　指定圆心和圆上的点绘制圆

❑ **圆心、半径或直径**

该方式是利用【跟踪条】对话框的参数设

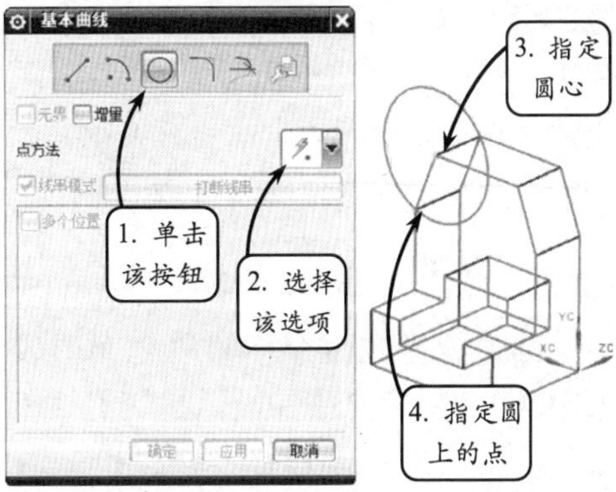

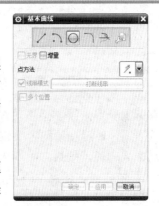

置来绘制相应的圆轮廓。用户可以在该对话框中输入相应的圆心坐标值、半径值或直径

值等参数，然后单击回车
键即可完成相应圆轮廓的
绘制，效果如图5-7所示。

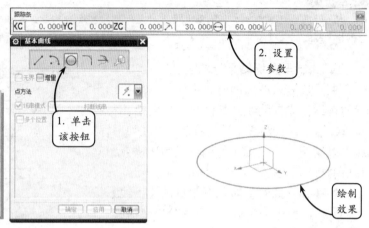

图 5-7 指定圆心和半径绘制圆

3．圆弧

圆弧是圆的一部分，不仅可以用来创建圆弧曲线和扇形，
还可以作为放样物体的放样截面。在 UG NX 中，圆弧的绘制
是参数化的，系统能够根据鼠标的移动来确定所绘圆弧的形状
和大小。

在【基本曲线】对话框中单击【圆弧】按钮，该对话框
将切换至【圆弧】选项面板，如图5-8所示。该选项面板中提
供了以下两种绘制圆弧的方式。

❑ 起点，终点，圆弧上的点

该方式是通过依次选取 3 个点分别作为圆弧的起点、终点
和圆弧上一点来绘制圆弧。选择【起点，终点，圆弧上的点】
单选按钮，然后在绘图区中依次指定相应的 3 个点，系统即可
自动生成圆弧，效果如图5-9所示。

图 5-8 【圆弧】选
项面板

❑ 中心点，起点，终点

该方式是通过依次选取 3 个点分别
作为圆心、起点和终点来绘制圆弧。在
【圆弧】选项面板中，选择【中心点，
起点，终点】单选按钮，然后在绘图区
中依次指定相应的 3 个点，系统即可自
动生成圆弧，效果如图5-10所示。

4．圆角

圆角就是在两个相邻边之间形成
的圆弧过渡，且产生的圆弧相切于相邻

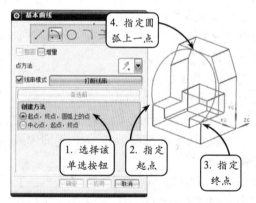

图 5-9 指定起点、终点和圆弧上的点绘制圆弧

的两条边。在机械设计中，圆角的应用非常广泛，不仅满足了生产工艺的要求，还可以
防止零件应力过于集中以致损害零件，增加了零件的使用寿命。

在【基本曲线】对话框中单击【圆角】按钮，系统将打开【曲线倒圆】对话框，如图 5-11 所示。该对话框的【方法】选项组提供了以下 3 种倒圆角的方式。

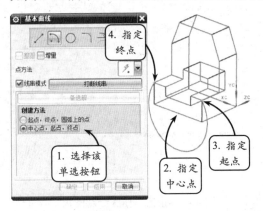

图 5-10　指定中心点、起点和终点绘制圆弧

图 5-11　【曲线倒圆】对话框

❑ 简单圆角

该方式仅用于在两共面但不平行的直线间进行倒圆角操作，是最常用也是最简单、快捷的一种倒圆角的方式。

利用该方式倒圆角时，可以先在【半径】文本框中输入圆角的半径值，然后将光标移至两条直线的交点处，单击鼠标左键即可绘制相应的圆角，效果如图 5-12 所示。

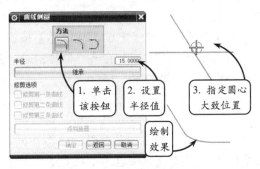

图 5-12　绘制简单圆角

注　意

在确定光标的位置时，需要注意选取的光标位置不同，所绘制的圆角也不相同。此外，也可以在对话框中单击【继承】按钮，然后选取一个已经存在的圆角为基础圆角进行绘制圆角的操作。

❑ 2 曲线圆角

该方式是指在空间中任意两相交直线、曲线，或者直线与曲线之间进行倒圆角的操作，它比【简单圆角】方式的应用更加广泛。

在【曲线倒圆】对话框中单击【2 曲线圆角】按钮，并在【半径】文本框中输入圆角的半径值，默认其他选项设置。然后在绘图区中依次选取要倒圆角的两条曲线，并单击鼠标确定圆心的大致位置，即可绘制相应的圆角特征，效果如图 5-13 所示。

❑ 3 曲线圆角

该方式是指在同一平面上任意相交的三条曲线之间进行倒圆角的操作，其中三条曲线交于一点的情况除外。

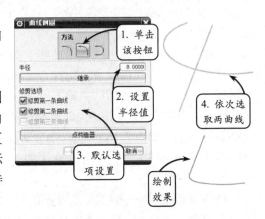

图 5-13　指定两曲线绘制圆角

在【曲线倒圆】对话框中单击【3 曲线倒圆】按钮，然后在绘图区中依次选取要倒圆角的 3 条曲线，并单击鼠标左键确定圆心的大致位置即可，效果如图 5-14 所示。

5.1.2 矩形和多边形

矩形和多边形是两种比较特殊的曲线，也是在机械设计过程中常用的两种曲线类型。这两种类型的曲线不仅可以构造复杂的曲面，也可以直接作为实体的截面，并可以通过特征操作来创建规则的实体模型。

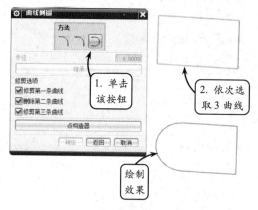

图 5-14　指定三曲线绘制圆角

1. 矩形

矩形是有直角的特殊平行四边形。在建模环境中，矩形是使用频率相对较高的一种曲线类型，其不仅可以作为创建特征的基准平面，也可以直接作为特征生成的草绘截面。

在【曲线】选项卡中单击【矩形】按钮，系统将打开【点】对话框。此时，在绘图区中选取一点作为矩形的第一个对角点，然后拖动鼠标指定第二个对角点，即可完成矩形的绘制，效果如图 5-15 所示。

2. 多边形

多边形是指在同一平面内，由不在同一条直线上的三条或三条以上的线段首位顺次连接所组成的封闭图形。其一般分为规则多边形和不规则多边形，其中规则多边形就是正多边形。正多边形的所有内角和棱边都相等，其应用比较广泛，在机械领域中通常用来制作螺母、冲压锤头和滑动导轨等各种外形规则的机械零件。

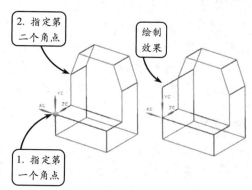

图 5-15　绘制矩形

要绘制正多边形，可以在【曲线】选项卡中单击【多边形】按钮，系统将打开【多边形】对话框。此时，在该对话框中输入所绘正多边形的边数，并单击【确定】按钮，即可打开新的【多边形】对话框，如图 5-16 所示。该对话框包含 3 种绘制正多边形的方式，现分别介绍如下。

❑ 内切圆半径

该方式通过设置所绘正多边形的内切圆半径来完成图形的绘制。单击【内切圆半径】按钮，并在打开的对话框中设置内切圆的半径参数。然后在绘图区中指定所绘正多边形的中心点即可，效果如图 5-17 所示。

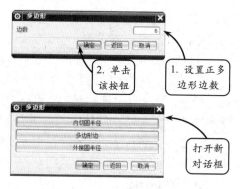

图 5-16　【多边形】对话框

提 示

在绘制空间正多边形的过程中，系统一般默认 XC-YC 平面为所绘图形的附着平面。

❑ **多边形边**

该方式通过设置所绘正多边形的边长来完成图形的绘制。单击【多边形边】按钮，并在打开的对话框中设置正多边形的边长，然后在绘图区中指定正多边形的中心点即可，效果如图 5-18 所示。

❑ **外接圆半径**

该方式通过设置所绘正多边形的外接圆半径来完成图形的绘制。单击【外接圆半径】按钮，并在打开的对话框中设置外接圆的半径参数。然后在绘图区中指定所绘正多边形的中心点即可，效果如图 5-19 所示。

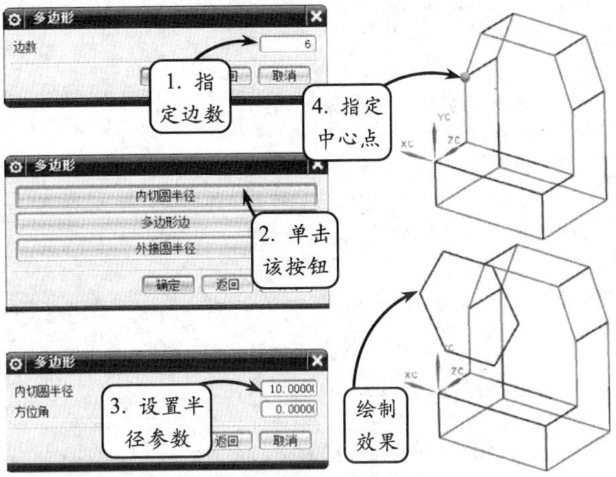

5.1.3 二次曲线

二次曲线又称为圆锥截向，是平面直角坐标系中 X，Y 的二次方程所表示图形的统称。常见的二次曲线有抛物线、双曲线和一般二次曲线等类型。二次曲线在建筑工程领域的运用比较广泛，例如预应力混凝土布筋，往往采用正反抛物线方式来进行。由于二次曲线是一种比较特殊的、复杂的曲线，因此它的绘制往往需要具备许多参数条件的限制。

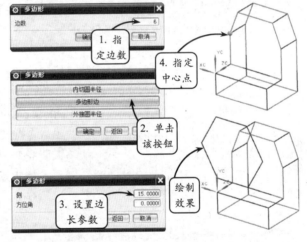

图 5-17　利用【内切圆半径】方式绘制正多边形

图 5-18　利用【多边形边数】方式绘制正多边形

1. 抛物线

抛物线是指平面内到一个定点和一条定直线的距离相等的点的轨迹线。在绘制抛物线时，需要定义的参数包括焦距、最小 DY 值、最大 DY 值和旋转角度。其中焦距是焦点与顶点之间的距离；DY 值是指抛物线端点到顶点的切线方向上的投影距离。

在【曲线】工具栏中单击【抛物线】按钮，利用打开的【点】对话框在绘图区指定一点作为抛物线的顶点，然后在打开的【抛物线】对话框中设置相关的各种参数，即可完成抛物线的绘制，效果如图 5-20 所示。

2. 双曲线

双曲线是指一个动点移动于一个平面上，与平面上两个定点的距离的差始终为一定值时所形成的轨迹线。在 UG NX 中，创建双曲线需要定义的参数包括实半轴、虚半轴和 DY 值等。其中实半轴是指双曲线的顶点到中心点的距离；虚半轴是指与实半轴在同一平面内，且垂直方向上的虚点到中心点的距离。

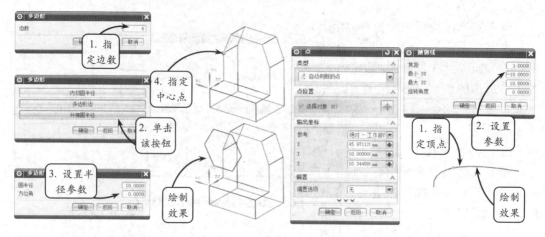

图 5-19　利用【外接圆半径】方式绘制正多边形　　图 5-20　绘制抛物线

在【曲线】工具栏中单击【双曲线】按钮 ，利用打开的【点】对话框在绘图区指定一点作为双曲线的顶点，然后在打开的【双曲线】对话框中设置相关的各种参数，最后单击【确定】按钮即可完成双曲线的绘制，效果如图 5-21 所示。

3．一般二次曲线

一般二次曲线是指通过使用各种放样二次曲线方法或者一般二次曲线方程来绘制的二次曲线截面。根据输入数据的不同，曲线的构造点结果可以为圆、椭圆、抛物线和双曲线。但是一般二次曲线的绘制方法比椭圆、抛物线和双曲线的绘制方法更加灵活。

在【曲线】工具栏中单击【一般二次曲线】按钮 ，系统将打开【一般二次曲线】对话框，如图 5-22 所示。该对话框提供了 7 种生成一般二次曲线的方式，现以常用的几种方式为例，介绍其具体的操作方法。

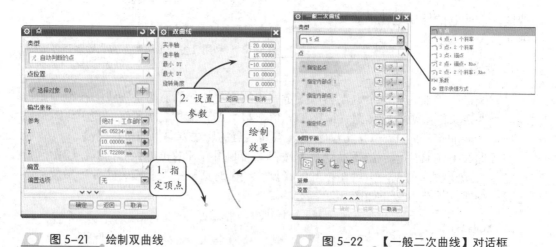

图 5-21　绘制双曲线　　　　　　　　　　图 5-22　【一般二次曲线】对话框

□ **5 点**

选择该方式可以利用 5 个点来生成一般二次曲线。其中，指定的各点必须共面，且任意 3 点不能共线。在【一般二次曲线】对话框中选择【5 点】选项，然后在绘图区中依次指定 5 个共面的点，即可生成相应的曲线，效果如图 5-23 所示。

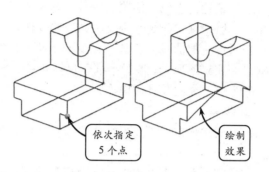

图 5-23 利用【5 点】方式绘制一般二次曲线

□ **4 点，1 个斜率**

选择该方式可以通过指定同一平面上的 4 个点，并设置第一点处的斜率来生成一般二次曲线，且定义斜率的矢量不一定位于曲线所在点的平面内。

在【一般二次曲线】对话框中选择【4 点，1 个斜率】选项，然后在绘图区中指定第一个点的位置，并依此指定其他 3 个点。接着指定相应的曲线作为其斜率参考方向，即可生成相应的曲线，效果如图 5-24 所示。

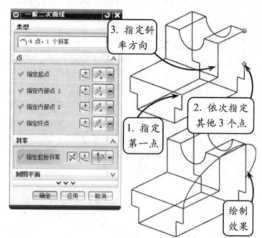

图 5-24 利用【4 点，1 个斜率】方式绘制一般二次曲线

□ **3 点，锚点**

选择该方式可以利用 3 个点和 1 个顶点来生成一般二次曲线。其中，指定的各点必须共面，且任意 3 点不能共线。在【一般二次曲线】对话框中选择【3 点，锚点】选项，然后在绘图区中依次指定 3 个点和 1 个顶点，即可生成相应的曲线，效果如图 5-25 所示。

5.2 曲线操作

在绘制曲线的过程中，由于曲线多数属于非参数性曲线，在空间中具有较大的随意性和不确定性。因此通常创建完曲线后，其并不能满足用户的要求。此时，用户可以利用 UG 软件提供的相关曲线操作工具，通过偏置曲线、投影曲线和桥接曲线等操作来达到设计和生产要求。

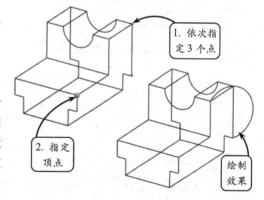

图 5-25 利用【3 点，锚点】方式绘制一般二次曲线

5.2.1 偏置曲线

偏置曲线是将现有曲线按照一定的方式进行偏置而生成的新的曲线。其中，可选取的偏置对象包括共面或共空间的各类曲线和实体边，但主要用于对共面曲线（开口或闭

口）进行偏置。生成的偏置曲线可以与原曲线具有关联性，即当对原草图曲线进行修改变化时，所偏置的曲线也将发生相应的变化。

在【派生的曲线】工具栏中单击【偏置曲线】按钮，系统将打开【偏置曲线】对话框，如图 5-26 所示。该对话框中包括 4 种偏置曲线的方式，现以常用的【距离】和【3D 轴向】为例，介绍其具体操作方法。

❑ **距离**

该方式按设定的距离参数生成偏置曲线，适用于在与视图平面平行的方向进行偏置操作。

在【类型】列表框中选择【距离】选项，并在绘图区中指定要偏置的曲线对象。然后在【偏置】面板中分别设置偏移的距离和生成的曲线数量，并指定偏置方向即可，效果如图 5-27 所示。

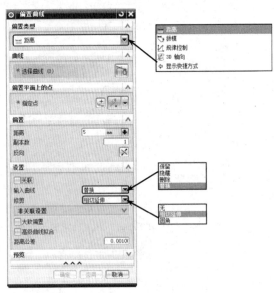

图 5-26　【偏置曲线】对话框

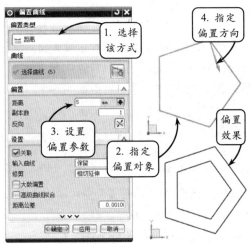

图 5-27　利用【距离】方式偏置曲线

❑ **3D 轴向**

该方式是以轴矢量为偏置方向生成偏置曲线的，适用于在三维空间中进行偏置操作。

在【类型】列表框中选择【3D 轴向】选项，并在绘图区中指定要偏置的曲线对象。然后在【偏置】面板中设置偏移距离，并指定偏置的矢量方向即可，效果如图 5-28 所示。

> **提示**
>
> 此外，在偏置曲线的过程中，还可以在【设置】面板的【输入曲线】列表框中指定原始曲线的保留方式，在【修剪】列表框中指定偏移曲线的修剪方式。

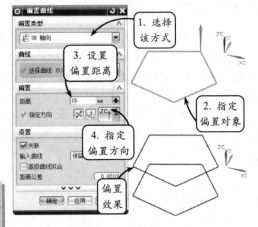

图 5-28　利用【3D 轴向】方式偏置曲线

5.2.2 镜像曲线

镜像曲线是指通过指定的基准平面或者
平面，复制关联或非关联的曲线和边。其中，
可以镜像的曲线包括任何封闭或非封闭的曲
线，而选定的镜像平面可以是基准平面、平面
或者实体的表面等类型。

在【派生的曲线】工具栏中单击【镜像曲
线】按钮 ，系统将打开【镜像曲线】对话框。
此时，在绘图区中选取要镜像的曲线，并指定
相应的基准平面，即可完成镜像曲线的创建，
效果如图 5-29 所示。

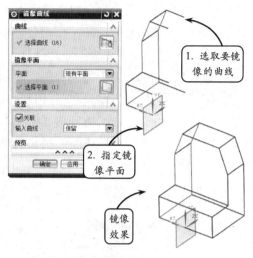

图 5-29 镜像曲线

5.2.3 投影曲线

投影曲线是指将选取的曲线、边和点等对
象投影到指定的片体、面和基准平面上。在 UG
NX 中，投影曲线在孔或面的边缘处都要进行修
剪，且投影后系统可以自动连接输出的曲线，使
之成为一条曲线。

在【派生的曲线】工具栏中单击【投影曲
线】按钮 ，系统将打开【投影曲线】对话框，
如图 5-30 所示。该对话框的【方向】列表框中
包括 5 种投影方向，投影方向的不同决定了曲线
的最终投影效果的不同，现分别介绍如下。

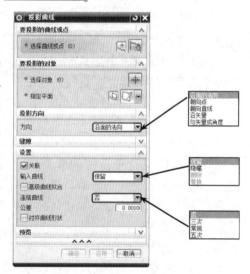

图 5-30 【投影曲线】对话框

❑ **沿面的法向**

选择该选项可以沿所选投影面的法向向投
影面投影曲线。其中，选取的面可以是基准平面、其他实体表面或封闭的整体图形等类型。

❑ **朝向点**

选择该选项可以从原定义曲线朝着一个点向选取的投影面投影曲线。其一般操作方法
为：选取投影指向的点，然后依次选取要投影的曲线和投影平面，单击【确定】按钮即可。

❑ **朝向直线**

选择该选项可以沿垂直于选取直线或参考轴的方向向选取的投影面投影曲线。其一
般方法是：选取投影指向的直线或参考轴，然后再依次选取要投影的曲线和投影平面即可。

❑ **沿矢量**

选择该选项可以沿设定的矢量方向向选取的投影面投影曲线。该方法操作简单，且
如果选取的矢量方向同投影曲线所在的平面垂直，则其效果与【沿面的法向】投影效果相同。

❑ **与矢量成角度**

选择该选项可以沿与设定矢量方向成一角度的方向向选取的投影面投影曲线。其中，

角度值的正负是以原始曲线的几何中心点为参考点来设定的：如果设置为负值，则投影曲线向参考点方向收缩；反之，则投影曲线扩大。

现以【沿面的法向】方式为例，介绍投影曲线的具体操作方法。单击【投影曲线】按钮，并指定投影方向为【沿面的法向】。然后在绘图区中选取要投影的曲线，并指定相应的投影面即可，效果如图5-31所示。

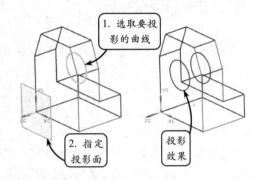

图 5-31　利用【沿面的法向】方式投影曲线

5.2.4　桥接曲线

桥接曲线可以为两条不相连的曲线补充一段光滑的曲线，其主要用于创建两条曲线之间的圆角相切曲线。在 UG NX 中，按照用户指定的连续条件、连接部位和方向创建桥接曲线的操作，是曲线连接中最常用的方法。

在【派生的曲线】工具栏中单击【桥接曲线】按钮，系统将打开【桥接曲线】对话框，如图5-32所示。在该对话框中的各主要面板及选项的含义如下所述。

❑ **连接性**

该面板用来设置桥接的起点或终点的位置和方向，并可以通过设置 U、V 向的百分比值或拖动百分比滑块来设定起点或终点的桥接位置。另外，在该面板中还可以设置连接点之间的连续方式，包括 4 种约束类型，现分别介绍如下。

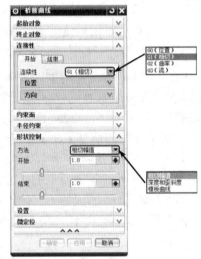

图 5-32　【桥接曲线】对话框

> **位置**　选择该方式可以根据选取曲线的位置确定与第一条、第二条曲线在连接点处的连续方式。且选取曲线的顺序不同，其桥接的结果也不同。

> **相切**　选择该方式创建的桥接曲线与第一条、第二条曲线在连接点处切线连续，且为 3 阶样条曲线。

> **曲率**　选择该方式可以约束桥接曲线与第一条、第二条曲线在连接点处曲率连续，且为 5 阶或 7 阶样条曲线。

> **流**　该方式相对于【曲率】连续方式，主要用于在桥接点处创建更流畅的曲线线条。

❑ **形状控制**

该面板用于控制桥接曲线的形状，其主要包括【相切幅值】、【深度和歪斜度】和【模板曲线】3 种控制方式，且选择不同的方式其下方的参数选项也有所不同。现以常用的

【相切幅值】为例，介绍其具体操作方法。

　　该方式是通过改变桥接曲线与第一条曲线或第二条曲线连接点的切矢量值来控制曲线形状的。要改变切矢量值，可以拖动【开始】或【结束】选项中的滑块，也可以直接在其右侧的文本框中输入相应的切矢量值来改变曲线的形状，效果如图5-33所示。

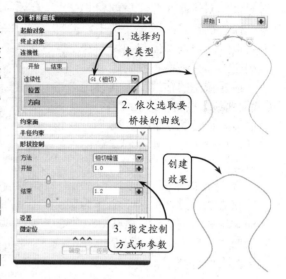

图 5-33　利用【相切幅值】方式桥接曲线

5.3　来自体的曲线

　　在 UG NX 中，不仅可以自行创建曲线，还可以利用【相交曲线】、【截面曲线】和【抽取曲线】等工具构造来自实体的曲线。一般情况下，来自实体的曲线是指通过现有的实体特征创建的曲线，通过构造来自体的曲线可以更加清晰地显示实体轮廓。

5.3.1　相交曲线

　　相交曲线用于生成两组对象的交线，且各组对象可以分别为一个表面、一个参考面、一个片体或一个实体。创建相交曲线的前提条件是：打开的现有文件必须是两个或两个以上的相交的曲面或实体，反之将不能创建。

　　在【派生的曲线】工具栏中单击【相交曲线】按钮，系统将打开【相交曲线】对话框，如图5-34所示。

　　其中，在【第一组】面板中可以选取欲生成相交线的第一组对象；在【第二组】面板中可以选取欲生成相交线的第二组对象。此外，若启用【保持选定】复选框，可以在单击【应用】按钮后，重复选取第一组和第二组对象；而在【距离公差】文本框中，则可以设置相应的距离公差。

图 5-34　【相交曲线】对话框

　　单击【相交曲线】按钮，然后在绘图区中选取支座的定位轴孔外表面作为第一组相交曲面，并选取支撑板的上端面作为第二组相交曲面，即可生成相应的相交曲线，效果如图5-35所示。

5.3.2　截面曲线

　　截面曲线是指将选定的平面与选取的曲线、平面、表面或者实体等对象相交生成的几

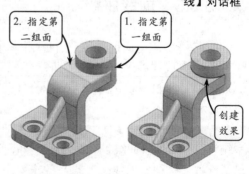

图 5-35　创建相交曲线

何对象。创建截面曲线与创建相交曲线一样，在打开的现有文件中，同样需要指定的被剖切面与剖切面在空间是相交的，否则将不能创建。

在【派生的曲线】工具栏中单击【截面曲线】按钮，系统将打开【截面曲线】对话框，如图 5-36 所示。该对话框提供了如下 4 种创建截面曲线的方式。

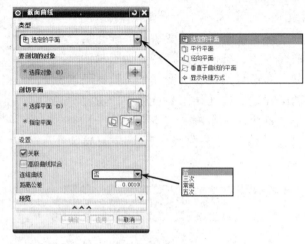

❏ **选定的平面**

该方式通过选取某平面作为截交平面来生成截面曲线。其中，选取的平面为单一平面，可以是基准平面或实体的表面等类型。

图 5-36 【截面曲线】对话框

❏ **平行平面**

该方式通过设置一组等间距的平行平面作为截交平面来生成截面曲线。其中，等间距的平面是假设的平面，由各参数定义。

❏ **径向平面**

该方式通过设定一组等角度的扇形放射平面作为截交平面来生成截面曲线。

❏ **垂直于曲线的平面**

该方式通过设定一个或一组与选定曲线垂直的平面作为截交平面来生成截面曲线。

下面以【选定的平面】为例，介绍其具体操作方法。在【类型】列表框中选择【选定的平面】选项，然后在绘图区中选取支座实体为要剖切的对象，并指定创建的基准平面为剖切平面，即可完成截面曲线的创建，效果如图 5-37 所示。

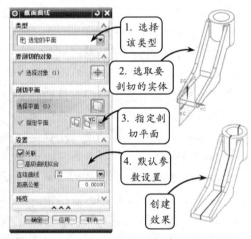

图 5-37 创建截面曲线

5.3.3 抽取曲线

抽取曲线是指通过选取一个或者多个实体对象的边缘或表面来生成曲线，且抽取的曲线与原对象无关联性。在 UG NX 中，利用该工具可以从现有的实体上快速地生成曲线。

在【派生的曲线】工具栏中单击【抽取曲线】按钮，系统将打开【抽取曲线】对话框，如图 5-38 所示。该对话框包括 6 种创建抽取曲线的方式，各主要方式的含义如下所述。

图 5-38 【抽取曲线】对话框

❏ **边曲线**

选择该方式可以从表面或实体的边缘创建抽取曲线。

❏ **轮廓曲线**

选择该方式可以从轮廓被设置为不可见的视图中创建抽取曲线。此方式适用于在无边缘线的表面上抽取侧面轮廓线（如球面、圆柱面的侧面）。

❏ **完全在工作视图中**

选择该方式可以对视图中的所有边缘创建抽取曲线，且此时产生的曲线将与工作视图的设置有关。

❏ **等斜度曲线**

选择该方式可以利用定义的角度与一组表面相切创建抽取等斜线。

❏ **阴影轮廓**

选择该方式可以对选定对象的可见轮廓线抽取曲线。

在上述 5 种方式中，主要利用了已知实体的边缘线来抽取曲线。现以常用的【边曲线】方式为例，介绍其具体操作方法。

在【抽取曲线】对话框中单击【边曲线】按钮，然后在绘图区中依次选取支座实体上要抽取的边缘线，并单击【确定】按钮即可，效果如图 5-39 所示。

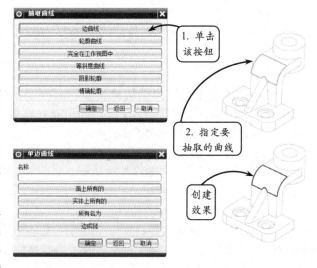

图 5-39 利用【边曲线】方式抽取曲线

5.4 编辑曲线

在机械设计过程中，很难一次性构建出符合设计要求的曲线特征。通常情况下，用户可以通过相应的编辑操作来调整曲线的很多细节，使其更加光滑、美观。在 UG NX 中，曲线的编辑操作具体包括编辑曲线参数、修剪曲线和拐角，以及分割曲线等。

5.4.1 编辑曲线参数

编辑曲线参数是指通过重定义曲线的参数以对曲线的形状和大小进行精确修改。其中，可以编辑的曲线涵盖曲线建模中的全部类型，如直线、圆、圆弧，以及样条曲线等。

在【编辑曲线】工具栏中单击【编辑曲线参数】按钮，系统将打开【编辑曲线参数】对话框。然后在绘图区中选取要修改参数的曲线，系统将重新返回至绘制该曲线时的对话框。此时，在打开的对话框中修改曲线参数即可，效果如图 5-40 所示。

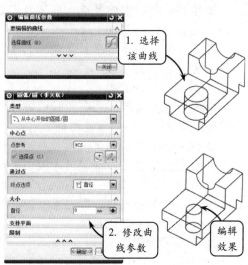

图 5-40 编辑曲线参数

5.4.2 修剪曲线和拐角

修剪曲线可以将曲线修剪或延伸到选定的边界对象，是调整曲线的端点的操作；而修剪拐角则是将两条曲线裁剪到它们的交点形成的一个拐角，且该拐角依附于选择的对象。修剪曲线和修剪拐角是曲线的两种修剪方式，但是它们的修剪效果却不同。

1．修剪曲线

修剪曲线是根据选择的边缘实体和要修剪的曲线段来调整曲线端点的操作，可以延长或修剪直线、圆弧、二次曲线或样条曲线等。

在【编辑曲线】工具栏中单击【修剪曲线】按钮，系统将打开【修剪曲线】对话框，如图5-41所示，该对话框中各主要选项的含义如下所述。

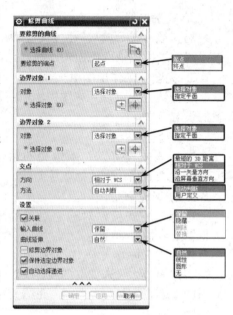

图 5-41　【修剪曲线】对话框

❑ 方向

该列表框用于确定边界对象与待修剪曲线交点的判断方式，具体包括【最短的3D距离】、【相对于WCS】、【沿一矢量方向】以及【沿屏幕垂直方向】4种方式。

❑ 关联

如启用该复选框，则修剪后的曲线与原曲线具有关联性。且若改变原曲线的参数，则修剪后的曲线与边界之间的关系将自动更新。

❑ 输入曲线

该列表框用于控制修剪后的原曲线的保留方式，共包括【保留】、【隐藏】、【删除】和【替换】4种方式。

❑ 曲线延伸

如果要修剪的曲线是样条曲线且需要延伸到边界，则可以利用该列表框设置其延伸方式，共包括【自然】、【线性】、【圆形】和【无】4种方式。

❑ 修剪边界对象

如启用该复选框，则在对修剪对象进行修剪的同时，边界对象也将被修剪。

❑ 保持选定边界对象

若启用该复选框，则单击【应用】按钮后，边界对象仍保持被选取状态。此时如果使用与原来相同的边界对象修剪其他曲线，则不用再次选取。

❑ 自动选择递进

启用该复选框，系统将按照选择的步骤自动地进行下一步操作。

现以如图5-42所示的图形对象为例，

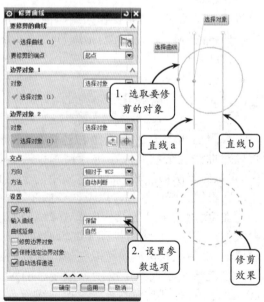

图 5-42　修剪曲线

UG NX 9 中文版标准教程

介绍其具体操作方法。单击【修剪曲线】按钮 ⊐，然后在绘图区中选取圆轮廓为要修剪的对象，并依次指定直线 a 和直线 b 为第一、第二边界对象。接着设置相应的参数选项，即可完成圆轮廓的修剪操作。

2. 修剪拐角

修剪拐角是将两条曲线裁剪到它们的交点形成的一个拐角，且该拐角依附于选择的对象。其中，选择的这两条曲线是指两条不平行的曲线，包括已相交的或将要相交的情况。

在【编辑曲线】工具栏中单击【修剪拐角】按钮 ⊹，系统将打开【修剪拐角】对话框。此时，用鼠标同时选取欲修剪的两条曲线（选择球的中心位于欲修剪的角部位），并单击鼠标左键确认，即可将被两曲线的选中拐角部分进行修剪。然后关闭【修剪拐角】对话框即可，效果如图 5-43 所示。

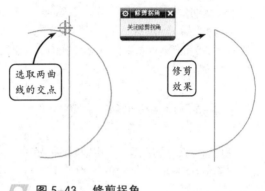

图 5-43 修剪拐角

5.4.3 分割曲线

分割曲线是指将曲线分割成多个节段，且各节段都成为一个独立的实体，并被赋予和原先的曲线相同的线型。在 UG NX 中，能分割的曲线类型几乎不受限制，除草图以外的线条都可以执行该操作。

在【编辑曲线】工具栏中单击【分割曲线】按钮 ⌡，系统将打开【分割曲线】对话框，如图 5-44 所示。该对话框提供了以下 5 种分割曲线的方式。

❑ **等分段**

该方式是以等参数或等弧长的方法将曲线分割成相同的节段。

❑ **按边界对象**

该方式是利用边界对象来分割曲线。

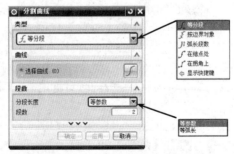

图 5-44 【分割曲线】对话框

❑ **弧长段数**

该方式是通过分别定义各阶段的弧长来分割曲线。

❏ **在结点处**

利用该方式只能分割样条曲线，即在曲线的定义点处将曲线分割成多个节段。

❏ **在拐角上**

选择该方式可以在拐角处（即一阶不连续点）分割样条曲线，其中拐角点是指样条曲线节段的结束点方向和下一节段开始点方向不同而产生的点。

以上 5 种方式都是利用原曲线的已知点来分割曲线的，操作方法基本相同。现以【等分段】方式为例，介绍分割曲线的具体操作方法。

单击【分割曲线】按钮，并选择【等分段】类型。然后在绘图区中选取要分割的曲线，并在【段数】面板中设置等分参数即可，效果如图 5-45 所示。

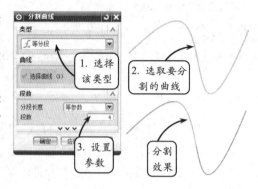

图 5-45 利用【等分段】方式分割曲线

5.4.4 编辑曲线长度

执行曲线长度操作，可以通过指定弧长增量或总弧长的方式来编辑原曲线的长度。该工具同样具有延伸弧长或修剪弧长的双重功能，利用曲线长度的编辑功能可以在曲线的每个端点处延伸或缩短一段长度，或使其达到一个总曲线的长度。

在【编辑曲线】工具栏中单击【曲线长度】按钮，系统将打开【曲线长度】对话框，如图 5-46 所示。该对话框中各主要选项的含义如下所述。

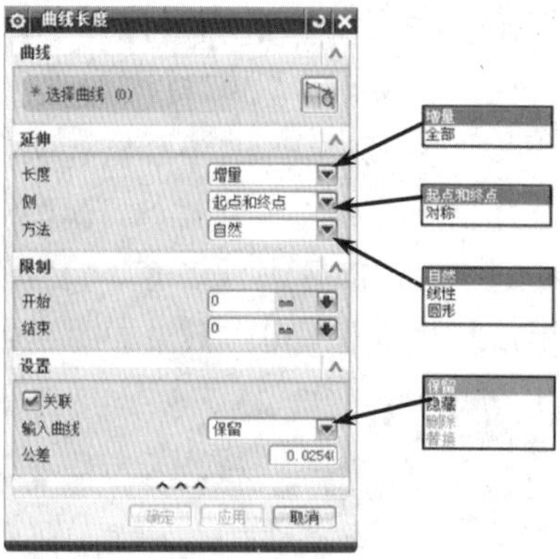

图 5-46 【曲线长度】对话框

❏ **长度**

该列表框用于设置弧长的编辑方式，包括【增量】和【全部】两种方式。如选择【增量】方式，是以给定弧长增加量或减少量来编辑选取曲线的弧长；如选择【全部】方式，则是以给定总长来编辑选取曲线的弧长。

❏ **侧**

该列表框用来设置修剪或延伸的方式，包括【起点和终点】和【对称】两种方式。其中，【起点和终点】方式是从指定的曲线起点或终点处开始修剪及延伸；而【对称】方式则是从指定的曲线起点和终点处同时对称地修剪或延伸。

❏ **方法**

该列表框用于设置修剪或延伸的方式，包括【自然】、【线性】和【圆形】3 种类型。

❏ **限制**

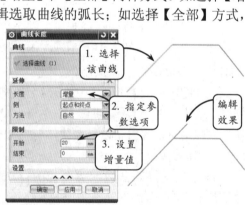

图 5-47 延伸曲线长度

该面板用于设置从起点、终点或起点和终点处修剪或延伸的增量值。

要编辑曲线长度，首先需要在绘图区中选取要操作的曲线，然后在【延伸】面板中指定相应的参数选项，最后设置增量参数值即可，效果如图 5-47 所示。

在编辑曲线长度时，【限制】面板中的【开始】和【结束】文本框指的是曲线绘制的开始和结束的顺序。

5.5　课堂实例 5-1：绘制垫块线框

　　本实例绘制一个垫块零件的线框图，效果如图 5-48 所示。在机械设计中，垫块与支座的作用一样，都是起支撑固定的作用。该垫块零件结构简单，分别由底座和支撑架两部分组成，主要起组合体与组合体之间的定位与支撑作用。其中底座部分上的矩形槽通过与相应键的配合来固定组合体；支撑架上的两侧倒角处可以减轻组合体的重量。

　　该垫块模型从外形上看，线条较少且主要由直线组成，绘制起来比较简单。在绘制该线框时，可以通过【矩形】和【轮廓】工具，并结合新建的基准平面来绘制该零件的大致轮廓，最后利用【直线】工具依次连接各个相应点，即可完成垫块线框的绘制。

图 5-48　垫块效果图

操作步骤：

1 新建一个名称为 Diankuai.prt 的文件，然后单击【草图】按钮，选取 XC-YC 平面为草图平面。进入草绘环境后，单击【矩形】按钮，并选取原点为起点，绘制宽度为 25、高度为 20 的矩形，接着单击【完成草图】按钮，退出草绘环境，效果如图 5-49 所示。

面为草图平面，进入草绘环境后，单击【轮廓】按钮，按照如图 5-51 所示尺寸绘制草图轮廓。然后单击【完成草图】按钮，退出草绘环境。

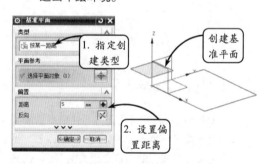

图 5-50　创建基准平面

1. 指定创建类型
2. 设置偏置距离
创建基准平面

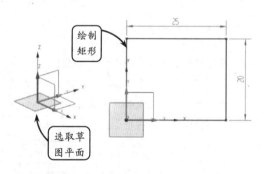

图 5-49　绘制矩形

绘制矩形
选取草图平面

2 单击【基准平面】按钮，指定创建类型为【按某一距离】，并选取 XC-YC 平面为参考平面。然后输入偏置距离为 5，创建相应的基准平面，效果如图 5-50 所示。

3 利用【草图】工具选取上一步创建的基准平

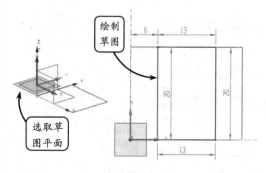

图 5-51　绘制草图

绘制草图
选取草图平面

4 利用【基准平面】工具并指定创建类型为【按某一距离】，然后选取 XC-YC 平面为参考平面，输入偏置距离为 9，创建相应的基准平面，效果如图 5-52 所示。

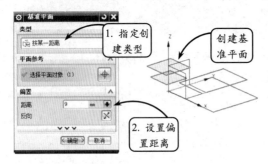

图 5-52　创建基准平面

5 利用【草图】工具选取上一步创建的基准平面为草图平面，进入草绘环境后，利用【轮廓】工具按照如图 5-53 所示尺寸绘制草图轮廓。然后单击【完成草图】按钮，退出草绘环境。

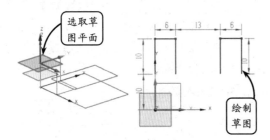

图 5-53　绘制草图

6 继续利用【基准平面】工具，并指定创建类型为【按某一距离】。然后选取 XC-ZC 平面为参考平面，输入偏置距离为 10，创建相应的基准平面，效果如图 5-54 所示。

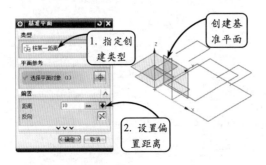

图 5-54　创建基准平面

7 利用【草图】工具选取上一步创建的基准平面为草图平面，进入草绘环境后，利用【轮廓】工具按照如图 5-55 所示尺寸绘制草图轮廓。然后单击【完成草图】按钮，退出草绘环境。

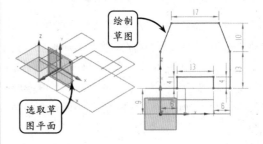

图 5-55　绘制草图

8 利用【草图】工具选取 XC-ZC 平面为草图平面，进入草绘环境后，利用【轮廓】和【矩形】工具按照如图 5-56 所示尺寸绘制草图轮廓。然后单击【完成草图】按钮，退出草绘环境。

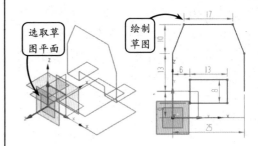

图 5-56　绘制草图

9 在【曲线】工具栏中单击【直线】工具，并选取如图 5-57 所示轮廓上相应的点为起点和终点，依次连接绘制空间直线，即可完成该垫块零件的线框图绘制。

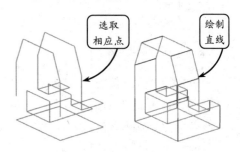

图 5-57　绘制空间直线

5.6 课堂实例 5-2：绘制机床尾座线框

本实例绘制机床尾座零件，效果如图 5-58 所示。该尾座主要用于放置机床顶尖，其结构主要由底部燕尾槽、轴孔和固定通孔组成。其中，底部的燕尾槽起到控制尾架滑动的作用；支撑板上的轴孔用于放置顶尖；而尾座上的通孔则起到固定的作用。

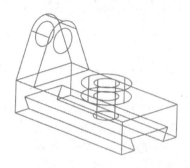

绘制该尾座零件时，首先利用【矩形】、【直线】和【快速修剪】工具绘制尾座零件的一侧端面轮廓。然后利用【偏置曲线】和【直线】工具创建燕尾槽和尾座主体部分特征。接着利用【基准平面】和【圆】工具绘制固定通孔轮廓，并利用【点】和【直线】工具创建通孔特征。最后利用相应的绘图工具创建支撑板特征即可完成该尾座零件线框图的绘制。

⬭ **图 5-58** 尾座零件线框图效果

操作步骤：

1. 新建一个名称为 WeiZuo.prt 的文件。然后单击【草图】按钮图，选取 XC-ZC 平面为草图平面。进入草绘环境后，单击【矩形】按钮□，并选取原点为起点，绘制宽度为 45、高度为 20 的矩形，效果如图 5-59 所示。

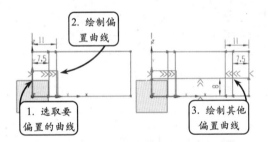

⬭ **图 5-60** 绘制偏置曲线

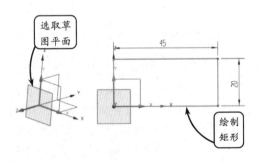

⬭ **图 5-59** 绘制矩形

2. 单击【偏置曲线】按钮 ，选取如图 5-60 所示的边为要偏置的曲线，并输入偏置距离为 7.5 和 11，绘制偏置曲线。继续利用该工具选取相应的边为要偏置的曲线，绘制其他偏置曲线。

3. 单击【直线】按钮 ，选取如图 5-61 所示的点为起点和终点，绘制斜线。继续利用该工具绘制另一条斜线。

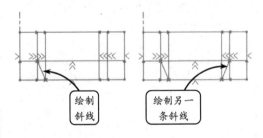

⬭ **图 5-61** 绘制斜线

4. 删除多余的偏置直线。然后单击【快速修剪】按钮 ，选取上一步绘制的斜线为边界曲线，修剪相应的直线。接着单击【完成草图】按钮图，退出草绘环境，效果如图 5-62 所示。

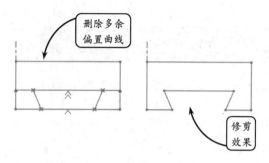

图 5-62　修剪直线

⑤　单击【偏置曲线】按钮，指定类型为【3D
轴向】。然后选取如图 5-63 所示的直线为
要偏置的曲线，并输入偏置距离为 90。接
着选择【YC 轴】为指定方向，创建偏置曲线
特征。继续利用该工具依次选取相应的直线为
要偏置的曲线，创建其他偏置曲线特征。

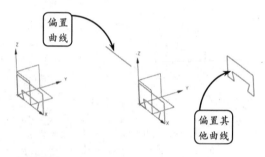

图 5-63　创建偏置曲线特征

⑥　单击【直线】工具，依次选取如图 5-64
所示的轮廓上相应的点为起点和终点，分别
连接，绘制直线。

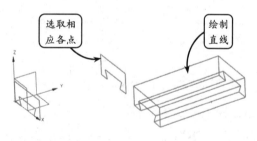

图 5-64　绘制直线

⑦　单击【基准平面】按钮，将打开【基准平
面】对话框。然后指定创建类型为【按某一
距离】，并选取 XC-YC 平面为参考平面。
接着输入偏置距离为 20，并单击【确定】

按钮，创建基准平面，效果如图 5-65 所示。

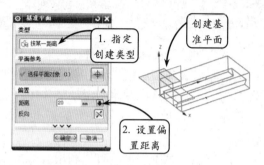

图 5-65　创建基准平面

⑧　利用【草图】工具选取上步创建的基准平面
为草图平面。进入草绘环境后，单击【点】
按钮，设置要绘制圆的圆心坐标。然后单
击【确定】按钮，绘制圆心，效果如图 5-66
所示。

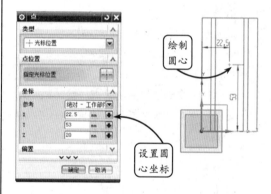

图 5-66　绘制圆心

⑨　单击【圆】按钮，选取上步绘制的点为圆
心，绘制半径为 $R7.5$ 的圆。继续利用【圆】
工具选取相同的圆心，绘制半径为 $R15$ 的
圆。然后单击【完成草图】按钮，退出草
绘环境，效果如图 5-67 所示。

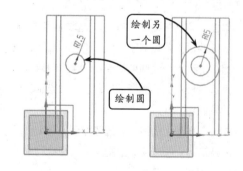

图 5-67　绘制圆

10 利用【偏置曲线】工具并指定类型为【3D
　　轴向】。然后依次选取上步绘制的两个圆为
　　要偏置的曲线，并输入偏置距离为8。接着
　　选择【ZC轴】为指定方向，创建偏置曲线
　　特征，效果如图 5-68 所示。

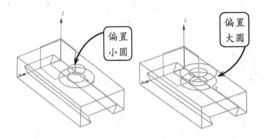

图 5-68 创建偏置曲线特征

11 继续利用【偏置曲线】工具并指定类型为
　　【3D轴向】。然后选取半径为 *R7.5* 的圆为要
　　偏置的曲线，并输入偏置距离为 12。接着
　　选择【-ZC轴】为指定方向，创建偏置曲线
　　特征，效果如图 5-69 所示。

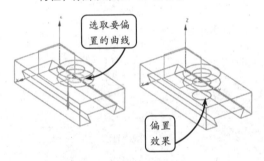

图 5-69 创建偏置曲线特征

12 利用【基准平面】工具并指定创建类型为【按
　　某一距离】。然后选取 XC-ZC 平面为参考
　　平面，并输入偏置距离为 53。接着单击【确
　　定】按钮，创建基准平面，效果如图 5-70
　　所示。

13 单击【点】按钮 +，指定创建类型为【交点】。
　　然后选取上步创建的基准平面为平面，选取
　　如图 5-71 所示的偏置曲线为要相交的曲
　　线，创建交点特征。继续利用相同的方法创
　　建其他三个交点特征。

14 利用【基准平面】工具并指定创建类型为【按

某一距离】。然后选取 YC-ZC 平面为参考
平面，并输入偏置距离为 22.5。接着单击【确
定】按钮，创建基准平面，效果如图 5-72
所示。

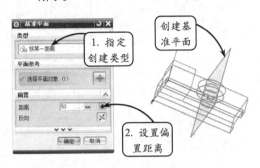

图 5-70 创建基准平面

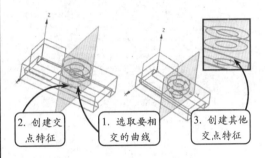

图 5-71 创建交点特征

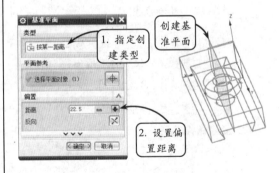

图 5-72 创建基准平面

15 利用【点】工具并指定创建类型为【交点】。
　　然后选取上步创建的基准平面为平面，选取
　　如图 5-73 所示的偏置曲线为要相交的曲
　　线，创建交点特征。继续利用相同的方法创
　　建其他三个交点特征。

16 利用【直线】工具并依次选取小圆上创建的
　　交点为起点，输入长度值为 20。然后指定

终点方向为【ZC 沿 ZC】，单击【确定】按钮，绘制直线，效果如图 5-74 所示。

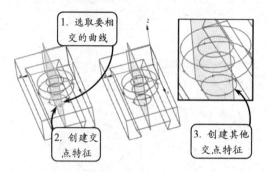

图 5-73　创建交点特征

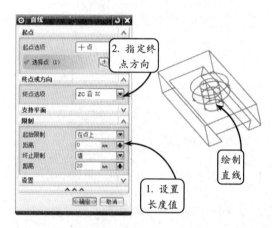

图 5-74　绘制直线

17　继续利用【直线】工具并依次选取大圆上创建的交点为起点，输入长度值为 8。然后指定终点方向为【ZC 沿 ZC】，单击【确定】按钮，绘制直线，效果如图 5-75 所示。

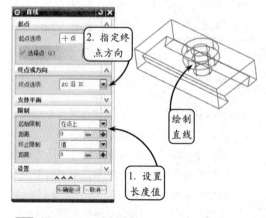

图 5-75　绘制直线

18　利用【草图】工具选取 XC-ZC 平面为草图平面。进入草绘环境后，利用【点】工具并设置要绘制的圆心坐标。然后单击【确定】按钮，绘制圆心，效果如图 5-76 所示。

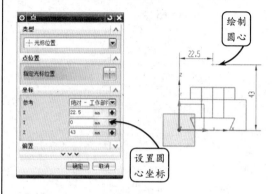

图 5-76　绘制圆心

19　利用【圆】工具选取上步绘制的点为圆心，分别绘制半径为 R7.5 和 R12 的圆。然后利用【直线】工具绘制两条如图 5-77 所示的切线。接着利用【快速修剪】工具修剪半径为 R12 的圆。最后单击【完成草图】按钮，退出草绘环境。

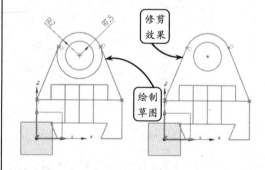

图 5-77　绘制草图并修剪

20　利用【偏置曲线】工具并指定类型为【3D 轴向】。然后依次选取上步绘制的切线为要偏置的曲线，并输入偏置距离为 15。接着选择【YC 轴】为指定方向，创建偏置曲线特征。继续利用相同的方法，创建其他偏置曲线特征，效果如图 5-78 所示。

21　利用【直线】工具选取如图 5-79 所示的轮廓上相应的点为起点和终点，依次连接，完成该尾座零件的线框图绘制。

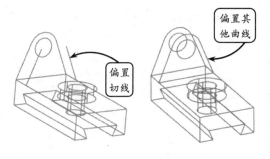

图 5-78　创建偏置曲线特征

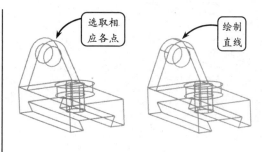

图 5-79　绘制直线

5.7　思考与练习

一、填空题

1. _____又称为圆锥截向，是平面直角坐标系中 X，Y 的二次方程所表示图形的统称。

2. _____是指通过指定的基准平面或者平面，复制关联或非关联的曲线和边。

3. _____用来将设定的平面与选定的曲线、平面、表面或者实体等对象相交，生成相交的几何对象。

二、选择题

1. _____是指平面内到一个定点和一条定直线的距离相等的点的轨迹线。在绘制时，需要定义的参数包括焦距、最小 DY 值、最大 DY 值和旋转角度。

    A. 抛物线

    B. 双曲线

    C. 一般二次曲线

    D. 螺旋线

2. 抽取曲线通过一个或者多个选定对象的边缘和表面生成曲线，抽取的曲线与原对象_____。

    A. 有关联性

    B. 无关联性

    C. 存在父子关系

    D. 不存在父子关系

3. 利用_____工具可以将二维曲线、实体或片体的边沿着某一个方向投影到已有的曲面、平面或参考平面上。

    A. 镜像曲线

    B. 投影曲线

    C. 偏置曲线

    D. 添加现有曲线

4. 执行_____操作，可以通过指定弧长增量或总弧长的方式以编辑原曲线的长度。利用其编辑功能可以在曲线的每个端点处延伸或缩短一段长度，或使其达到一个总曲线的长度。

    A. 曲线长度

    B. 修剪曲线

    C. 拉长曲线

    D. 修剪拐角

三、问答题

1. 简述绘制各种基本曲线的操作方法。

2. 简述各种二次曲线的绘制方法。

四、上机练习

1. 绘制酒瓶外形线框图

本练习绘制一个酒瓶的线框外形，效果如图 5-80 所示。酒瓶的形状历来比较追求新颖、奇特和美观等造型，它不仅要考虑外形以简洁圆滑为主，同时在选择圆柱体外形时，还需注意瓶肩形状和瓶跟形状。其中瓶颈和瓶身的连接以瓶肩过渡，要避免棱角分明的端肩形状，溜肩形状显得缓和，这样就避免了棱角突出、扭曲应力集中等特点。

分析该酒瓶外形，可以看出其主要由圆、矩形、圆角以及样条线等曲线组成，因此在绘制时，可以综合运用矩形、圆弧和样条等工具，并结合投影曲线、偏置曲线等操作，逐步完成瓶身和瓶颈轮廓的绘制。

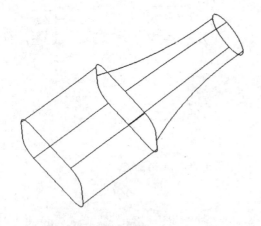

图 5-80   酒瓶外形效果

2. 绘制底座线框图

本练习绘制底座的三维线框模型,效果如图 5-81 所示。该零件是一种兼固定与支撑双重作用的零件,主要由底座、销柱孔、滑块和固定槽等特征组成。其中,在零件中间开凿的销柱孔,可以用来通过销连接固定该底座,其顶部的半个轴

孔可以通过上盖部分的半个拱形孔来安放轴承或轴。

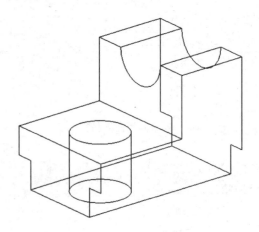

图 5-81   底座线框外形效果

为了绘制方便、快捷,可以利用【矩形】、【直线】、【偏置曲线】和【投影曲线】等工具绘制图形的一半,然后通过【镜像曲线】和【修剪曲线】等工具对称镜像图形,最后将多余的线条修剪掉即可。

第 6 章

曲面建模

在机械设计过程中，大多数产品的设计都离不开曲面特征的辅助。曲面特征是零件设计的重要组成部分，也是体现 UG NX 软件建模能力的重要标志之一。在 UG NX 中，曲面设计包括曲面特征建模模块和曲面特征编辑模块两部分。其中，使用前者可以方便地生成曲面或者实体模型，然后再通过后者对已生成的曲面进行各种修改，即可创建出风格多变的曲面造型，以满足不同的产品设计需求。

本章主要介绍曲面的相关概念，以及有关曲面编辑的操作方法和技巧，并通过讲述各种简单和复杂曲面造型工具的使用方法，全面介绍构建曲面特征的操作方法。

本章学习目的：

➤ 了解曲面的基本知识
➤ 掌握各种简单曲面造型工具的使用方法
➤ 掌握各种复杂曲面造型工具的使用方法
➤ 掌握曲面编辑的各种操作方法

6.1 曲面概述

曲面是对点、线、面进行操作后生成的面片，是一种定义了边界的非实体特征，常用于构造实体建模方法所无法创建的复杂形状。在创建过程中，曲面是由一个或多个 B 样条曲线、曲面或修剪过的平面组成的片体，其本身没有质量和厚度，不仅可以直接创建在实体上，也可以单独创建。

6.1.1 自由曲面的相关概念

在创建曲面的过程中，经常会遇到一些专业性概念及术语，为了能够更准确地理解创建规则曲面和自由曲面的过程，有必要介绍相关的曲面术语，以方便用户创建出更高级的曲面设计，以满足设计的需求。

1. 片体和曲面

曲面特征与其他特征的建模方法有所不同，生成的结构特征可以是片体，也可以是实体。其中，片体是相对于实体而言的，即只有表面而没有体积，效果如图 6-1 所示。

一个曲面可以包含一个或多个片体，且每个片体都是独立的几何体。在 UG NX 中，任何片体、片体的组合以及实体上的表面都是曲面。曲面从数学上可以分为基本曲面（平面、圆柱面、圆锥面、球面等）、贝塞尔曲面、B 样条曲面等，且贝塞尔曲面与 B 样条曲面通常用来描述各种不规则的曲面。

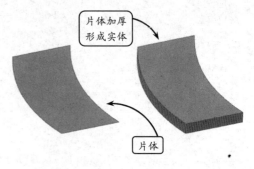

图 6-1   片体与实体

2. 曲面的行与列

在 UG NX 中，很多曲面都是由不同方向中大致的点或曲线来定义的。通常情况下，大致方向被称为曲面中互相垂直的 U 方向和 V 方向，且 U 方向一般代表水平方向，即行方向；而与之垂直的方向被称为 V 方向，即列方向。因此，曲面也可以看作是 U 方向的轨迹引导线对很多 V 方向的截面线作的一个扫描。用户可以通过网格显示来查看 U、V 方向曲面的走向，效果如图 6-2 所示。

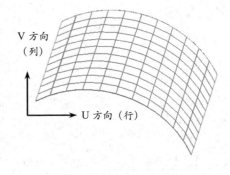

图 6-2   曲面的行与列

3. 曲面的阶次

曲面的阶次是描述曲面的曲线多项式的幂次数，是曲面方程的一个重要参数。由于曲面具有 U、V 两个方向，所以每个曲面片体均包含 U、V 两个方向的阶次。

因为曲线的阶次用于判断曲线的复杂程度，而不是精确程度，所以在曲面设计过程中，最好使用低阶次多项式的曲线来减少系统的计算量。一般情况下，曲面的阶次采用 3 次，便于控制曲面的形状。

4. 补片类型

片体是由补片构成的，根据片体中补片的数量，可以分为单片和多片两种类型。其中，单片是指所建立的曲面只包含一个单一的曲面片体；而多片则是由一系列的单补片组成的。曲面片越多，越能在更小的范围内控制曲面片体的曲率半径等。

5. 网格线

网格线仅仅是一组显示特征，对曲面特征没有影响。在【静态线框】显示模式下，由于曲面形状难于观察，此时即可利用网格线来显示曲面，效果如图 6-3 所示。

如果要取消网格显示，可以在菜单栏中选择【首选项】|【建模】选项，然后在打开的【建模首选项】对话框中进行相应的网格线设置即可，如图 6-4 所示。

6.1.2 曲面分类

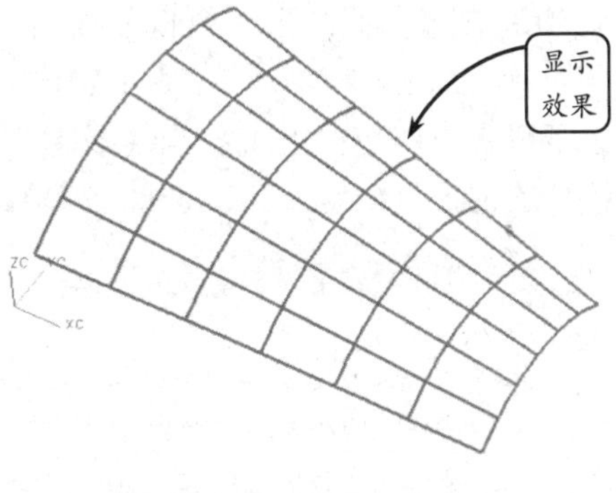

在工程设计软件中，曲面概念是一个广义的范畴，包含曲面体、曲面片以及实体表面和其他自由曲面等，这里就不再细致分析讲解此类名称上面的一些分类方法，而是以其工艺属性和构造特点来分别以两种分类方式介绍曲面的类型。

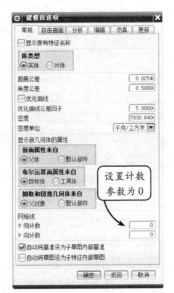

图 6-3　网格线的显示效果

1. 根据工艺属性分类

随着现代社会的不断发展，Pro/E、UG、CATIA 和 Solid Works 等三维软件广泛应用于工业产品的设计领域，且伴随着对各个工业性产品（如汽车外壳等内饰和外形）美学和舒适性的要求提高，提出了 A 级曲面的概念，对比 A 级曲面从而由此衍生出 B 级和 C 级曲面等不同的品质要求。

❑ **A 级曲面**

A 级曲面强调产品表面曲面的品质，其标准通常起源于客户需求以及工程要求。A 级曲面不只是一般意义上的曲面质量的等级，它是伴随着工业设计的发展而产生的一种通称。

例如，汽车或其他电动设备外壳曲面要求光顺度比较高，属于特优质的曲面特征。该类曲面通常采用曲率逐渐过渡，从而避免了突然的突起、凹陷等缺陷，效果如图 6-5 所示。

❑ **B 级曲面**

B 级曲面最显著的特点就是注重性能和工艺要求，不像 A 级曲面过于考虑人性化的设计。该类曲面一般位于产品中外观不明显的位置，例如汽车底板等大型不可见的曲面零部件均采用该类曲面，效果如图 6-6 所示。

图 6-4　取消网格显示

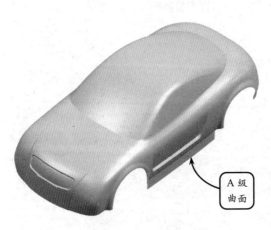

图 6-5　A 级曲面创建轿车壳体

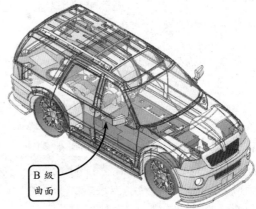

图 6-6　使用 B 级曲面创建底板

❏ **C 级曲面或要求更低的曲面**

该类曲面在 CAD 工程中应用较少，一般用在使用者或客户不能直视的部分，而在大多情况下用在由雕塑和快速成型等方法创建而成的曲面上，例如用于汽车内部结构支撑件的内部支架等。该类曲面在 CAD 工程中一般作为 B 级曲面。

2. 根据曲面的构造方法分类

在计算机辅助绘图过程中，曲面是通过指定内部和外部边界曲线进行创建的，而曲线的创建又是通过单个或多个点作为参照而获得的。因此可以说曲面是由点、线和面构成的，现分别介绍如下。

❏ **点表示曲面**

以点表示曲面就是利用极点和点云来描绘曲面的显示效果，但其实这些点与曲面并没有实质的关联性，如图 6-7 所示即是使用点云表示的曲面效果。

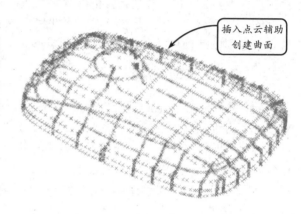

插入点云辅助创建曲面

图 6-7　吸尘器点云

❏ **线表示曲面**

在曲面设计过程中，曲线是曲面的骨架，因此曲线相对于曲面而言，可以产生全参数化的曲面特征，也就是说曲线的修改将带动曲面随之更新，效果如图 6-8 所示。

❏ **曲面片体构成曲面**

通常情况下，曲面由多个片体组成，也就是说单个片体是曲面的一个组成部分。借助片体构造曲面是最有效的构造方法，如图 6-9 所示就是使用片体构造曲面的效果。

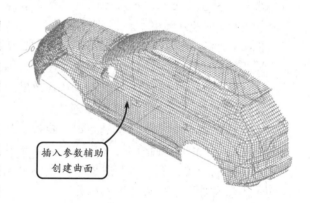

插入参数辅助创建曲面

图 6-8　吉普车曲线

6.1.3　自由曲面建模的基本原则

通常情况下，使用曲面功能构造产品的外形时，首先需要建立用于构造曲面的边界曲线，或者根据实际测量的数据点生成曲线。在建模过程中，对于简单的曲面，可以一次完成构建任务；而对于复杂的曲面，则应先采用曲线构造的方法生成主要的片体，然后执行曲面的过渡连接、光顺处理和曲面编辑等操作，完成整体造型。在 UG NX 中，曲面建模的基本原则如下所述。

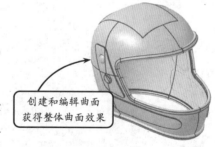

创建和编辑曲面获得整体曲面效果

图 6-9　头盔曲面片体

- ❏ 用于构造曲面的曲线应尽可能简单、光顺连续，避免有尖角和自相交等情况，并且曲线的阶次不宜过高，一般不超过 3 次。
- ❏ 根据曲面的特点合理地选择构造曲面的方法。
- ❏ 构造的曲面应尽可能的简单，且避免构造非参数化的特性。
- ❏ 如有测量的数据点，建议可先生成曲线，再利用曲线构造曲面。
- ❏ 面之间的圆角过渡应尽可能在实体上进行操作。
- ❏ 内圆角半径应略大于标准刀具半径。

6.2 简单曲面造型工具

在 UG NX 中，简单曲面造型工具是曲面特征设计的基础工具。UG NX 软件提供包括通过点、直纹面和桥接等在内的多种构造曲面的工具，可以获得全参数化的曲面特征。且生成的曲面与曲线之间具有关联性，即当对构造曲面的曲线进行编辑或修改后，曲面将会自动更新。该类工具主要适用于大面积的曲面构造。

6.2.1 通过点

利用该工具可以通过矩形阵列的点来创建相应的曲面，它需要定义点必须是以矩形阵列的布局方式排列。在【曲面】工具栏中单击【通过点】按钮◈，系统将打开【通过点】对话框，如图 6-10 所示。该对话框中各选项的含义及设置方法如下所述。

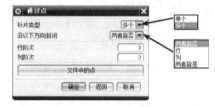

图 6-10 【通过点】对话框

❏ **补片类型**

该列表框用于指定生成包含单面片或多面片的体，包括【单个】和【多个】两种类型。其中，【单个】类型用于生成仅由一面片组成的体；而【多个】类型用于生成由单面片矩形阵列组成的体。这两种类型创建曲面的方法分别介绍如下。

➤ **单面片体创建曲面**

单面片体是指由单一的矩形阵列点所创建的曲面。选择【单个】补片方式，然后依据提示选择通过点的方式，并按照单一的矩形布局方式在绘图区中依次选取相应的点，即可生成单面片体曲面，效果如图 6-11 所示。

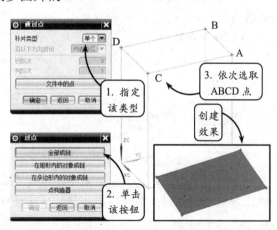

图 6-11 单面片体创建曲面

如果选取起始点或终止点的顺序不同，将会生成不同的曲面效果，如图 6-12 所示。此外，如果重复选取点或其他原因，将无法打开【过点】对话框。

> **多面片体创建曲面**

多面片体是由多个单面片体矩形阵列生成的曲面。在对话框中选择【多个】补片方式，并设置行、列的阶数。然后按照多个单面片体的点定义方式选取相应的点，并单击【确定】按钮即可，效果如图6-13所示。

❏ **沿以下方向封闭**

该列表框用于为多面片的片体选择封闭方式，包括【两者皆否】、【行】、【列】和【两者皆是】这4种方式。其中【两者皆否】类型是指片体按指定的点开始和结束；而【行】和【列】类型分别代表点/极点的第一行（列）变为最后一行（列）；【两者皆是】类型是指两个方向都是封闭的。

❏ **行阶次**

该文本框用于指定行阶次（1~24）。对于单面片来说，系统决定行阶次从点数量最高的行开始。

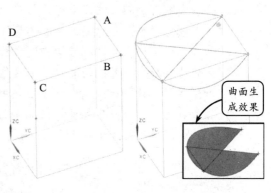

图 6-12   选取点顺序不同创建的单个曲面

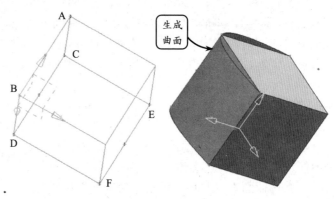

图 6-13   多面片体创建曲面

❏ **列阶次**

该文本框用于指定多面片的列阶次（最多为指定行数的阶次减1）。对于单面片来说，系统将此设置为指定行的阶次减1。

❏ **文件中的点**

单击该按钮可以通过选择包含点的文件来定义点或极点，且该文件必须是一个点行类型的文件。

6.2.2 直纹面

直纹面是指通过两条曲线轮廓生成的片体或实体，其主要表现为在线性过渡的两个截面之间创建曲面。其中，这两条曲线轮廓称为截面线串，它可以由单个或多个对象组成，且每个对象可以是曲线、实体边或实体面。此外，用户也可以选取曲线的点或端点作为第一个截面线串。

在【曲面】工具栏中单击【直纹】按钮，系统将打开【直纹】对话框，如图6-14所示。该对话框提供了多种生成直纹面的方式，现重点介绍以下两种创建方法。

❏ **参数**

选择该方式可以将截面线串要通过的点以相等的参数间隔隔开，使每条曲线的整个长度被完全等分，此时创建的直纹面将在等分的间隔点处对齐。其中，若截面曲线上包含直线，则系统将用等弧长的方式间隔点；若包含曲线，则用等角度的方式间隔点，效果如图 6-15 所示。

❏ **根据点**

选择该方式创建直纹面，可以将不同外形的截面线串间的点对齐。在曲面建模过程中，如果选定的截面线串包含任何尖锐的拐角，则有必要在拐角处使用该方式将其对齐，效果如图 6-16 所示。

6.2.3 通过曲线组

使用曲线组可以通过多条截面线串（大致在同一方向）创建片体或实体。此时，创建的曲面将贯穿所有截面，并与截面线串相关联，即当截面线串被编辑后，所创建的曲面将自动更新。

图 6-14 【直纹】对话框

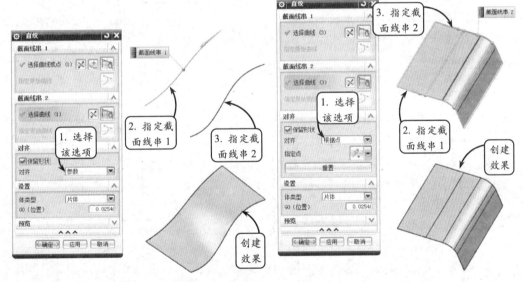

图 6-15 利用【参数】方式创建直纹面　　图 6-16 利用【根据点】方式创建直纹面

通过曲线组创建曲面与直纹面的创建方法相似，区别在于：【直纹】方法只可以使用两条截面线串，且两条线串之间总是相连的；而【通过曲线组】方法最多可以使用 150 条截面线串。

在【曲面】工具栏中单击【通过曲线组】按钮，系统将打开【通过曲线组】对话框，如图 6-17 所示。该对话框中各主要选项的含义如下所述。

❏ **连续性**

在该面板中可以定义边界的约束条件，用以设置生成的片体在第一条截面线串处与被选择的体表面相切或者等曲率过渡。

❏ **对齐**

该列表框包含多种通过曲线组创建曲面的方法，现以【参数】方式为例，介绍其具体操作方法。单击【通过曲线组】按钮，并在【对齐】列表框中选择【参数】选项。然后在绘图区中依次选取第一条截面线串和其他截面线串，并设置相应的参数选项即可，效果如图 6-18 所示。

❑ **输出曲面选项**

该面板包括【补片类型】和【构造】两个列表框，以及【V 向封闭】和【垂直于终止截面】两个复选框，简要介绍如下。

> **补片类型** 该列表框可以用来指定生成单面片、多面片或者匹配线串片体的类型。其中选择【单个】类型，系统会自动计算 V 向阶次，其数值等于截面线数量减 1；选择【多个】类型，用户可以自行定义 V 向阶次，但所选择的截面数量至少比 V 向的阶次多一组。

> **构造** 该列表框用来设置生成的曲面符合各条曲线的程度，具体包括【法向】、【样条点】和【简单】3 种类型。其中，【简单】方式可以通过对曲线的数学方程进行简化来提高曲线的连续性。

> **V 向封闭** 启用该复选框，并且选择封闭的截面线，系统将自动创建出封闭的实体。

> **垂直于终止截面** 启用该复选框，所创建的曲面将会垂直于终止剖面。

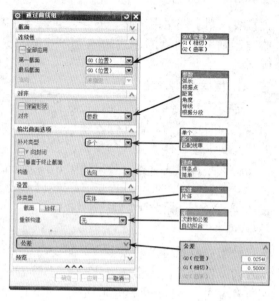

图 6-17 【通过曲线组】对话框

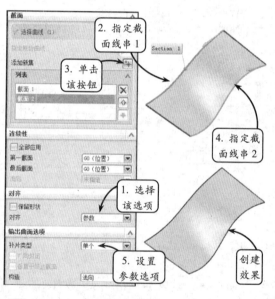

图 6-18 通过曲线组创建曲面

❑ **公差**

该选项组主要用来设置重建曲面相对于输入曲线精度的连续性公差。其中，G0（位置）表示建模预设置中的距离公差；G1（相切）表示建模预设置中的角度公差；G2（曲率）表示相对公差的 0.1 或 10%。

6.2.4 通过曲线网格

通过曲线网格创建曲面可以选取两个方向上的曲线作为截面线串。其中，指定的两组曲线应该大致互相垂直，且第一组同方向的截面线串定义为主曲线，而另一组大致垂直于主曲线的截面线串定义为交叉线。

在【曲面】工具栏中单击【通过曲线网格】按钮，系统将打开【通过曲线网格】对话框，如图 6-19 所示。该对话框中各主要选项的含义如下所述。

❑ **主曲线**

在该面板中选取一条曲线作为主曲线后，可以单击【添加新集】按钮，继续添加其他主曲线，效果如图 6-20 所示。

❑ **交叉曲线**

在该面板中可以指定相应的交叉曲线。同选取主曲线一样，用户可以单击【添加新集】按钮，在绘图区中依次添加多条交叉曲线。此时，系统将显示曲面的创建效果，如图 6-21 所示。

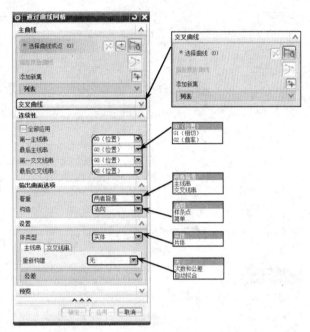

图 6-19 【通过曲线网格】对话框

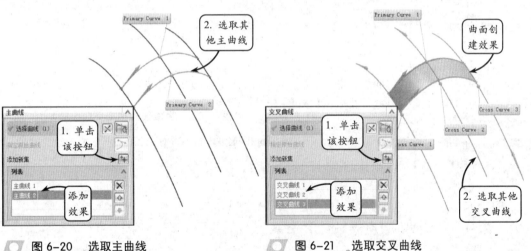

图 6-20 选取主曲线　　　　　　**图 6-21** 选取交叉曲线

❑ **着重**

该列表框用来控制生成的曲面更靠近主曲线还是交叉曲线，或者在两者中间。且该设置方法只有在主曲线和交叉曲线不相交的情况下才有意义，具体包括以下 3 种方式。

➢ **两者皆是**　完成主曲线和交叉曲线的选取后，如果选择该方式，则生成的曲面会位于主曲线和交叉曲线之间，效果如图 6-22 所示。

➢ **主线串**　如果选择【主线串】方式，则生成的曲面仅通过主曲线，效果如图 6-23 所示。

➢ **交叉线串**　如果选择【交叉线串】方式，则生成的曲面仅通过交叉线串，效果如图 6-24 所示。

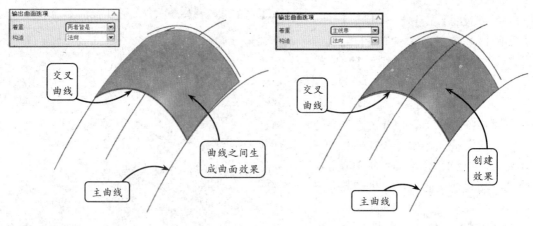

图 6-22　在主曲线和交叉曲线之间生成曲面

图 6-23　生成仅通过主曲线的曲面

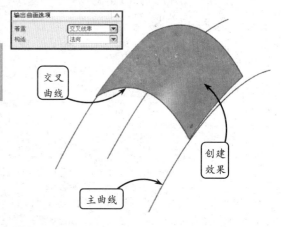

注　意

此外，在利用【着重】方法创建曲面时，主曲线和交叉曲线之间的最小距离必须小于指定的相交公差。

6.2.5　扫掠曲面

扫掠曲面是将曲线轮廓以规定的方式沿空间特定的轨迹移动而形成的曲面。其中，移动的轮廓线称为截面线，而空间中特定的轨迹则称为引导线。该方法是所有创建曲面方法中最强大的一种。

在利用【扫掠】工具创建曲面时，引导线控制了扫描特征沿扫描方向的方位和尺寸大小的变化。其可以由单段或多段曲线组成，且组成每条引导线的曲线之间必须相切过渡。

在【曲面】工具栏中单击【扫掠】按钮，系统将打开【扫掠】对话框，如图 6-25 所示。该对话框中各主要选项的含义及功能如下所述。

❑ **截面**

截面线可以由单段或多段曲线组成，控制着曲面 U 方向的方位和尺寸变化。其中，组成的曲线可以是曲线或实体边缘等。截面线不必光顺，且组成截面线的所有曲线段之间不

图 6-24　生成仅通过交叉曲线的曲面

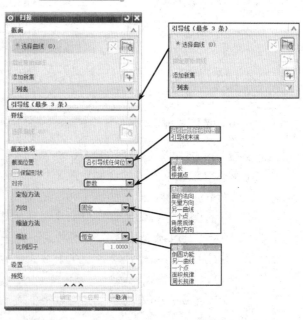

图 6-25　【扫掠】对话框

一定是相切过渡的，但必须连续。

此外，每条截面线内的曲线数量可以不同，最多可选取 150 条。在创建扫掠曲面的过程中，截面线可以分为闭口和开口两种类型，效果如图 6-26 所示。

❑ 引导线

引导线可以由多条或者单条曲线组成，控制着曲面 V 方向的范围和尺寸变化。其中，组成的曲线可以是样条曲线、实体边缘或者面的边缘等。一般情况下，引导线最多可以选取 3 条，且必须连续。现在以引导线的条数为例，分别介绍以下 3 种情况。

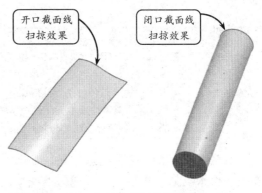

开口截面线扫掠效果

闭口截面线扫掠效果

图 6-26 开口和闭口的截面线

➢ 一条引导线

一条引导线不能完全控制所创建的扫掠曲面的大小和方向变化的趋势，需要进一步指定其变化的方向。【截面选项】面板的【方向】列表框中提供了 7 种方式，各方式的具体含义如表 6-1 所示。

表 6-1 【方向】列表框各列表项的功能及含义

选 项	功能及含义
固定	选择该方式，则不需重新定义方向。截面线将按照其所在平面的法线方向生成曲面，并沿着引导线保持这个方向
面的法向	选择该方式，系统会要求选取一个曲面，并以该曲面的向量方向和沿着引导线的方向产生曲面
矢量方向	选择该方式，系统将激活相关的矢量工具。曲面会以所定义的向量为参考方向，并沿着引导线的方向生成。如向量方向与引导线相切，则系统将显示错误信息
另一条曲线	选择该方式，则可以指定平面上的曲线或实体边线为平滑曲面的方位控制线
一个点	选择该方式，则可以利用相关的点工具定义一点，使截面沿着引导线的长度延伸到该点的方向
角度规律	该方式用于只有一条截面线的情况。用户可以利用规律子功能来控制扫掠面相对于截面线的转动
强制方向	选择该方式，则截面方向将固定为向量方向，其截面线将与引导线保持平行。当选取此选项后，系统即显示【矢量】对话框，并利用【矢量】对话框选取强制方向

此外，当指定一条引导线串时，还可以施加比例控制。这就要求沿引导线扫掠截面时，允许截面尺寸增大或缩小。【截面选项】面板的【缩放】列表框中提供了 6 种方式，各方式的含义及设置方法如表 6-2 所示。

表 6-2 【缩放】列表框中各方式含义及设置方法

列 表 项	含义及设置方法
恒定	该方式以所选取的截面为缩放基准。选择该选项，系统将打开【比例因子】文本框，用户可以在该文本框中输入截面与产生曲面的缩放比率。若将缩放比率设为 0.5，则所创建的曲面大小将会为截面的一半
倒圆功能	该方式同样以所选取的截面为缩放基准。选择该选项，虽然选取的为单一截面，但系统仍要求定义起始截面与终点截面的插补方式，当定义插补方式之后，才开始定义倒圆功能的缩放值

列　表　项	含义及设置方法
另一条曲线	选择该方式，则生成的片体将以所指定的另一曲线为一条母线沿引导线创建
一个点	选择该方式，则系统将会以截面、引导线和点 3 个对象定义产生的曲面缩放比例
面积规律	利用该方式可以通过法则曲线来定义片体的比例变化
周长规律	该方式与【面积规律】方式相同，其不同之处仅在于：使用周长规律时，曲线 Y 轴定义的终点值为所创建片体的周长，而面积规律定义为面积大小

对于上述几种定位和缩放方式，其操作方法大致类似，都是在选定截面线或引导线的基础上，通过设置参数选项来实现其功能的。现以【固定】的定位方式和【恒定】的缩放方式为例，介绍创建扫掠曲面的具体操作方法。

在【截面选项】面板中分别选择【固定】定位方法和【恒定】缩放方法，并默认系统的参数设置。然后在【截面】和【引导线】面板中依次指定截面线和一条引导线即可，效果如图 6-27 所示。

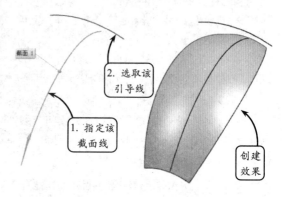

图 6-27　指定一条引导线创建扫掠曲面

➢ **两条引导线**

使用两条引导线可以确定截面线沿引导线扫掠的方向趋势，但是尺寸可以改变。首先在【截面】面板中指定截面线，然后在绘图区中依次指定两条引导线即可，效果如图 6-28 所示。

➢ **三条引导线**

如果选取 3 条引导线，则可以完全确定截面线被扫掠时的方位和尺寸变化，因而无需另外指定方向和比例。该方式可以提供截面线的剪切和不独立的轴比例，且这种效果是从 3 条彼此相关的引导线的关系中衍生出来的，效果如图 6-29 所示。

❑ **脊线**

使用脊线可以进一步控制截面线的扫掠方向，且当使用一条截面线时，脊线会影响扫掠的长度。脊线的选择多用于创建两条不均匀参数的曲线间的直纹曲面，且当脊线垂直于每条截面线时，创建效果最好。

沿脊线扫掠可以消除引导参数的影响，更好地定义曲面。通常构造脊线是在

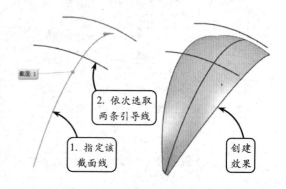

图 6-28　指定两条引导线创建扫掠曲面

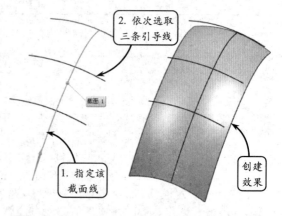

图 6-29　指定三条引导线创建扫掠曲面

某个平行方向流动来引导线，且在脊线的每个点处构造的平面为截面平面，它垂直于该点处脊线的切线。此外，该截面平面与引导线相交得到的轴矢量的端点还可以作为方向控制和比例控制。一般情况下不建议采用脊线，除非由于引导线的不均匀参数化而导致扫掠曲面形状不理想时，才使用脊线。

6.2.6 N 边曲面

利用【N 边曲面】工具可以创建一组端点相连、曲线封闭的曲面，且在创建过程中，需要选取相应的曲线或边的封闭环。用户可以利用此功能填补曲面上的孔。

在【曲面】工具栏中单击【N 边曲面】按钮，系统将打开【N 边曲面】对话框，如图 6-30 所示。该对话框中的各主要选项的功能及含义如下所述。

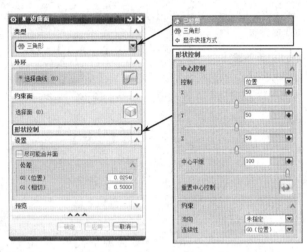

图 6-30　【N 边曲面】对话框

❑ 已修剪

选择该选项可以通过所选择的封闭边缘或封闭曲线生成一个单一的曲面。

❑ 三角形

选择该选项可以通过每个选择的边和中心点生成一个三角形的片体。

❑ 选择曲线

单击该按钮，可以选择一个封闭的曲线或者边缘。

❑ 选择面

单击该按钮，可以选择一个曲面来限制生成的曲面在边缘上相切或是具有相同的曲率。

❑ 形状控制

该面板中的 X、Y、Z 滑块分别用来控制生成 N 边曲线的 X、Y、Z 方向的形状。

现以【三角形】方式为例，介绍其具体操作方法。在【类型】列表框中选择【三角形】选项，然后在绘图区中指定一封闭的曲线，并选取一个平面作为封闭曲线的约束面。接着拖动【形状控制】面板中的【Z 向】滑块调整所创建的曲面形状即可，效果如图 6-31 所示。

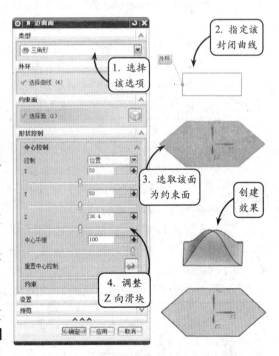

图 6-31　利用【三角形】方式创建曲面

提 示

若要选取的封闭曲线是多边形，则在选取封闭曲线时，一定要按照多边形的顺序进行选取，否则将不能创建相应的 N 边曲面。

6.2.7 桥接曲面

桥接曲面是指创建合并两个面的
片体，其可以通过指定位于不同曲面上
的两组曲线形成一桥接片体，将两个修
剪过或未修剪过的表面之间的空隙补
足或连接，且所构造的片体与两边界曲
线可以指定相切连续性或者曲率连
续性。

在【曲面】工具栏中单击【桥接】
按钮，系统将打开【桥接曲面】对话
框，如图 6-32 所示。该对话框中各主
要参数选项的含义及功能如下所述。

❑ **连续性**

在该选项组中可以定义边界的约
束条件，用以设置生成的片体在指定的

图 6-32　【桥接曲面】对话框

两边界曲线处相切或者等曲率过渡。其中，选择【相切】选项，生成的片体将沿原表面
的切线方向和另一个表面连接；选择【曲率】
选项，生成的片体将沿原表面的圆弧曲率半径
与另一个表面连接，同时也保证相切的特性。

❑ **相切幅值**

在该选项组中可以通过移动滑块来调整
生成的片体在两边界曲线处的形状大小。

❑ **边限制**

在该选项组中可以通过移动滑块来设置
生成的片体在两边界曲线处开始及结束的位
置。其中，若启用【端点到端点】复选框，则
片体将覆盖所指定的边界曲线。

单击【桥接】按钮，然后在绘图区中依
次指定要桥接的两曲面上的边界曲线，并在
【约束】面板中设置生成片体的连续性和相切
幅值，即可生成相应的桥接曲面，效果如图
6-33 所示。

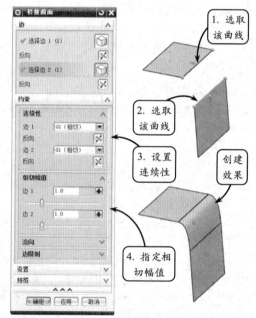

图 6-33　创建桥接曲面

6.2.8 样式圆角

样式圆角操作可以倒圆曲面，并将相切或曲率约束应用到圆角的相切曲线，从而创
建出平滑过渡的圆角曲面，其中平滑过渡的相邻面称为面链。

在【曲面】工具栏中单击【样式圆角】按钮，系统将打开【样式圆角】对话框，如图6-34所示。该对话框中各常用选项的功能及含义如下所述。

❑ 规律

在【类型】列表框中选择该选项，可以通过法则控制相切方式以产生圆角特征。

❑ 曲线

在【类型】列表框中选择该选项，可以通过指定曲线生成风格化的圆角特征。

❑ 【中心曲线】面板

在该面板中单击【曲线】按钮，可以选择圆角面所在的中心线即面链交线。

图6-34　【样式圆角】对话框

❑ 【截面方位】面板

在该面板中单击【曲线】按钮，可以选取圆角面所在的脊线。

现以【规律】方式为例，介绍创建样式圆角曲面的具体操作方法。在【类型】列表框中选择【规律】选项，然后在绘图区中依次选取面链1和面链2，并指定两面链的交线作为圆角的中心曲线和脊线，且在选取面链时要确定其法向方向。接着设置相应的参数选项即可，效果如图6-35所示。

> **提　示**
>
> 在创建样式圆角时，选取的面链可以是任意类型的曲面，也可以是实体的相邻表面，但选取的两面链的法向方向必须一致。

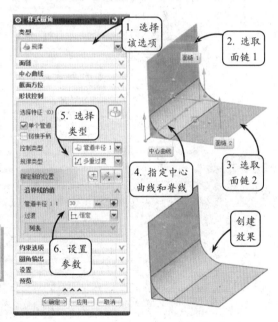

图6-35　创建样式圆角

6.3　复杂曲面造型工具

复杂曲面造型由曲面构造曲面，是在其他片体或曲面的基础上构造曲面。它是将已有的面作为基面，通过各种曲面操作再创建出一个新的曲面。利用该类工具构造的曲面大部分是参数化的，通过参数化关联，再生的曲面随着基面的改变而改变。

6.3.1　修剪和延伸曲面

修剪和延伸操作可以按距离或与另一组面的交点修剪或延伸一组面。该操作不仅可以对曲面进行相切延伸，还可以进行连续延伸。

在【曲面工序】工具栏中单击【修剪和延伸】按钮，系统将打开【修剪和延伸】对话框，如图 6-36 所示。该对话框中常用选项的含义及功能如下所述。

❑ **类型**

该面板用来选择修剪或延伸曲面的方式，具体包括以下 4 种方式。其中，【直至选定】和【制作拐角】两种方式可以实现修剪操作。

图 6-36 【修剪和延伸】对话框

➤ **按距离** 选择该方式，【延伸】面板中的【距离】文本框将被激活，用户可以通过在文本框中输入距离参数来限制延伸面的长度，效果如图 6-37 所示。

➤ **已测量百分比** 该方式与【按距离】方式相类似，不同之处在于，该方式是通过在【已测量边的百分比】文本框中输入百分比数值来限制延伸面的长度，效果如图 6-38 所示。

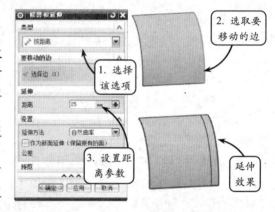

图 6-37 利用【按距离】方式延伸曲面

➤ **直至选定** 该方式是非参数化的操作，是通过选取对象为参照来限制延伸的面，常用于复杂相交曲面之间的延伸和修剪。

➤ **制作拐角** 该方式与【直至选定】方式相类似，其区别在于：该方式在修剪或延伸曲面的同时，还可以形成曲面的拐角形式。

图 6-38 利用【已测量百分比】方式延伸曲面

❑ **延伸方法**

该面板用来控制延伸后曲面与原曲面之间的连续性，包括 3 种连续方式。其中，选择【自然曲率】方式可以控制曲面延伸后与原曲面线性连续；选择【自然相切】方式可以控制曲面延伸后与原曲面相切连续；选择【镜像】方式可以控制曲面延伸后与原曲面的曲率呈镜像分布。

6.3.2　偏置曲面

　　偏置曲面操作可以将选取的已有面沿着该面的法向偏置点，通过指定距离来生成一个新的曲面。其中，选取的已有面称为基面，指定的距离称为偏置距离。该方法可以选择任何类型的单一面或多个面进行偏置操作。

　　在【曲面工序】工具栏中单击【偏置曲面】按钮，系统将打开【偏置曲面】对话框。该对话框中各主要选项的含义及功能如图6-39所示。

　　要创建偏置曲面，首先在绘图区中选取欲偏置的曲面，并设置偏置距离参数。然后指定【输出】和【相切边】方式，即可创建出相应的偏置曲面，效果如图6-40所示。

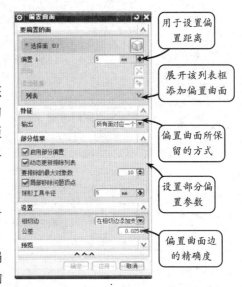

图 6-39　【偏置曲面】对话框

6.3.3　大致偏置曲面

　　大致偏置操作可以从一组面或片体上创建无自相交、陡峭边或拐角的偏置片体。该方法不同于偏置曲面操作，其可以对多个不平滑过渡的片体同时平移一定的距离，并生成单一的平滑过渡片体。

　　在【曲面工序】工具栏中单击【大致偏置】按钮，系统将打开【大致偏置】对话框，如图6-41所示。该对话框中包含多个单选按钮和参数文本框，其含义及设置方法可以参照表6-3。

图 6-40　偏置曲面

图 6-41　【大致偏置】对话框

表 6-3 【大致偏置】对话框各单选按钮及选项的设置方法和含义

单选按钮和选项	设 置 方 法
偏置面/片体	单击该按钮，可以选择要平移的面或者片体
偏置 CSYS	单击该按钮，可以指定工作坐标系
CSYS 构造器	单击该按钮，系统将打开 CSYS 对话框。利用该对话框可以设置一个用户坐标系，且根据坐标系的不同可以产生不同的偏移方式
偏置距离	该文本框用来设置偏移的距离值。值为正，表示在 ZC 方向上偏移；值为负，表示在 ZC 的反方向上平移
偏置偏差	该文本框用来设置偏移距离值的变动范围。例如，当系统默认的偏距为 10，偏置偏差为 1 时，系统将认为偏移距离的范围是 9—11
步距	该文本框用来设置生成偏移曲面时进行运算时的步长，其值越大表示越精细，值越小表示越粗略。当其值小于一定的值时，系统可能无法产生曲面
曲面控制	该选项组用来指定曲面的控制方式。该选项组只有在选择了【云点】单选按钮后才会被激活

要创建大致偏置曲面，首先单击【偏置面/片体】按钮，并选取相应的曲面作为要偏置的对象。然后单击【偏置 CSYS】按钮，并继续单击激活的【CSYS 构造器】按钮，利用打开的 CSYS 对话框指定工作坐标系。最后设置相应的偏置参数，并指定生成方式即可，效果如图 6-42 所示。

注 意

在创建大致偏置曲面时，如果选择【云点】生成方法，则【曲面控制】选项组将被激活。此时若选择【用户定义】选项，则【U 向补片数】文本框将被激活。用户可以通过设置补片的数量来控制生成曲面的形状。

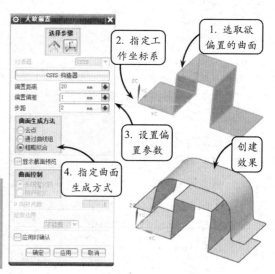

图 6-42 创建大致偏置曲面

6.3.4 拼合曲面

拼合曲面是指将多个曲面合并成一个新曲面的操作过程，其可以在曲线网格、B 曲面以及自整修曲面等相同曲面之间进行拼合操作，且可以将多个片体拼合在同一表面上。但是，性质不同的曲面将不能互相拼合。

在【特征】工具栏中单击【拼合】按钮，系统将打开【拼合】对话框，如图 6-43 所示。该对话框中各主要选项的功能及含义如下所述。

❑ **驱动类型**

该选项组用来指定拼合面的类型，拼合的曲面也被称为驱动面，其包括以下 3 种类型。

图 6-43 【拼合】对话框

- **曲线网格** 该类型可以使选择范围定义在曲线网格。在使用时需选择主要的曲线及交叉的曲线，且主要曲线必须相交于交叉曲线，同时也必须在目标表面的界限范围之内。在选择曲线时，必须选择两条以上，但是最多不得超过50条。
- **B曲面** 该类型仅用于对B曲面(贝氏曲面)进行拼合。指定该类型后，将使选择曲面的范围限定在B曲面。
- **自整修** 该类型可以使选择的曲面范围定义在近似B曲面，用于对近似B曲面进行拼合操作。

❏ 投影类型

该选项组用于指定由导向表面投影到目标表面的投影形式，其包括以下两种类型。
- **沿固定矢量** 该类型将导向表面投影到目标表面的投影形式定义为沿固定向量，用户可以利用打开的【矢量】对话框定义投影向量。
- **沿驱动法向** 该类型将导向表面沿着法线向量投影到目标表面上。当指定该类型后，可以指定投影的范围，而系统的默认值为公差值的10倍。

❏ 公差

该选项组用于决定内侧和边缘的距离公差及角度公差。公差值将影响拼合完成时的准确度，其中所有的公差值都不能小于或等于0，且角度公差值不能大于90，否则系统将无法进行拼合。
- **内部距离** 该文本框用于设置内侧表面的距离公差。
- **内部角度** 该文本框用于设置内侧表面的角度公差。
- **边距离** 该文本框用于设置表面上4个边的距离公差。
- **边角度** 该文本框用于设置表面上4个边的角度公差。

❏ 显示检查点

该复选框用于控制在投影片体处是否显示投影点，这些投影点表示拼合曲面的范围。启用该复选框，则在产生拼合面的过程中将显示投影点。

❏ 检查重叠

该复选框用于控制系统检查拼合面与目标表面是否重叠。如不启用该复选框，则系统将略过中间的目标表面，只投影在底层的目标表面；如启用该复选框，系统将检查是否重叠，且会延长运算时间。

现以B曲面为例，来介绍拼合曲面的具体操作方法。在【拼合】对话框中指定驱动和投影类型，并设置相应的公差参数。然后在绘图区中选取驱动面，并依据提示指定YC轴的负方向作为投影轴向。接着选取其余的曲面作为投影的目标面即可，效果如图6-44所示。

6.4 编辑曲面

在整个建模过程中，编辑曲面是主要的曲面修改方式，且起着决定性的作用。它可以通过重定义曲面特征参数来更改曲面形状，也可以通过扩大和修剪等非参数化操作来实现曲面的编辑功能，从而创建出风格多变的自由曲面造型，以满足不同的产品设计需求。

6.4.1 剪断曲面

剪断曲面操作可以在指定点处分割曲面或剪断曲面中不需要的部分，其在一定程度上可以替代修剪曲面的功能。在【曲面工序】工具栏中单击【剪断曲面】按钮 ⬡，系统将打开【剪断曲面】对话框，如图 6-45 所示。该对话框中各主要选项的功能及含义如下所述。

❑ **类型**

该列表框包含 4 种剪断曲面的方式，用户可以选择相应的方式并指定曲线或曲面作为修剪边界进行剪断操作。

❑ **投影方向**

在该列表框中可以定义修剪参照的方向。

❑ **整修控制**

在该面板中可以对修剪后的曲面样式进行设置。

❑ **分割**

启用该复选框，可以保留曲面修剪后的两侧部分。

❑ **切换区域**

单击该按钮可以对曲面修剪后的保留部分进行切换。

现以常用的【用曲线剪断】方式为例，介绍剪断曲面的具体操作方法。在【类型】列表框中选择【用曲线剪断】选项，并指定相应的投影方向和整修方法。然后在绘图区中依次选取要剪断的曲面，并指定剪断曲线即可，效果如图 6-46 所示。

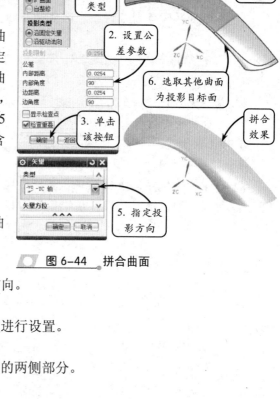

图 6-44　拼合曲面

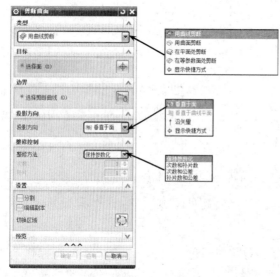

图 6-45　【剪断曲面】对话框

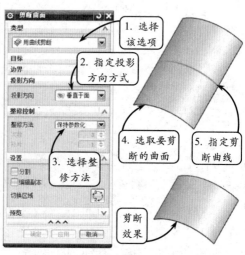

图 6-46　剪断曲面

6.4.2 扩大曲面

扩大曲面是一种参数化修改曲面的方式，主要用来更改未修剪的片体或面的大小。在【编辑曲面】工具栏中单击【扩大】按钮◈，系统将打开【扩大】对话框，如图 6-47 所示。该对话框中各主要选项的功能及含义如下所述。

❑ **起点/终点**

这 4 个文本框主要用来设置曲面 U、V 方向的变化比例，也可以通过拖动滑块来修改变化程度。

❑ **全部**

启用该复选框后，U 向起点百分比、U 向终点百分比、V 向起点百分比和 V 向终点百分比 4 个文本框将同时增加或减少相同的比例。

❑ **重置调整大小参数**

单击该按钮，系统将自动恢复设置，即生成一个与原曲面同样大小的曲面。

图 6-47 【扩大】对话框

❑ **线性**

在【设置】面板中选择该单选按钮，只可以对选取的曲面或片体按照一定的方式进行扩大，不能进行缩小操作。

❑ **自然**

在【设置】面板中选择该单选按钮，既可以创建一个比原曲面大的曲面，也可以创建一个小于该曲面的片体。

❑ **编辑副本**

启用该复选框，可以在原曲面不被删除的情况下生成一个编辑后的曲面。

单击【扩大】按钮◈，并在【设置】面板中选择【自然】模式。然后在绘图区中选取要扩大的曲面，并在相应的文本框中设置扩大参数即可，效果如图 6-48 所示。

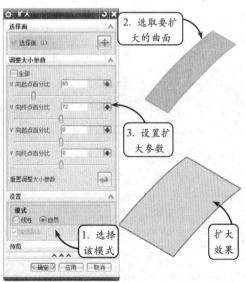

2. 选取要扩大的曲面

3. 设置扩大参数

1. 选择该模式

扩大效果

图 6-48 扩大曲面

6.4.3 片体变形

片体变形操作可以通过拉长、折弯、歪斜、扭转和移位等操作来动态地修改曲面。在【编辑曲面】工具栏中单击【使曲面变形】按钮，系统将打开【使曲面变形】对话框，如图 6-49 所示。

该对话框包含两种编辑曲面的方式，其中若选择【编辑原片体】方式，系统将在原片体上进行编辑；若选择【编辑副本】方式，则系统将在生成的原片体的复制对象上进行编辑，并保留原有片体。

现以【编辑原片体】方式为例，介绍其具体操作方法。指定曲面的变形方式为【编辑原片体】，并选取要变形的曲面。此时，系统将打开新的【使曲面变形】对话框。在该对话框中指定曲面的变形方向，并拖动对话框中的相应滑块进行变形操作即可，效果如图 6-50 所示。

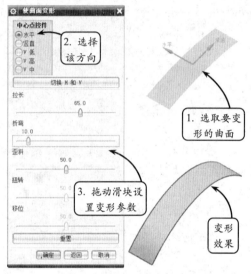

图 6-49　【使曲面变形】对话框　　　　图 6-50　片体变形

6.5　课堂实例 6-1：创建可乐瓶造型

本实例设计一个可乐瓶造型，效果如图 6-51 所示。可乐瓶不仅是盛装可乐等碳酸饮料的容器，同时又是该饮料产品外在形式上的一种形象代言，因此在造型设计上除了要方便使用，还要美观大方。

该可乐瓶主要由瓶底、瓶身和瓶口，以及装饰凸台和瓶底槽组成。在创建该可乐瓶实体模型时，可以利用旋转工具创建其瓶体主体轮廓造型，然后在此基础上创建其他细节特征，即可完成可乐瓶的创建。在创建的过程中，重点是利用曲面创建实体或者修剪实体达到所需的设计效果，同时在创建该模型曲线时，还需要注意准确绘制模型轮廓曲线。

图 6-51　可乐瓶造型效果

操作步骤：

1　新建一个名称为 Keleping.prt 的文件。然后单击【草图】按钮，选取 XC–ZC 平面为草图平面。进入草绘环境后，利用【直线】

和【艺术样条】工具绘制如图 6-52 所示尺寸的图形。接着单击【完成草图】按钮，退出草绘环境。

UG NX 9 中文版标准教程

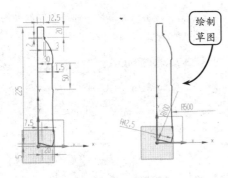

图 6-52 　绘制草图

2　单击【旋转】按钮 🔲 ，将打开【旋转】对话框。然后选择上步绘制的草图轮廓为截面曲线，指定 YC 轴为指定矢量，并选取原点为指定点。接着设置旋转角度参数为 360° ，并单击【确定】按钮，即可完成旋转特征的创建，效果如图 6-53 所示。

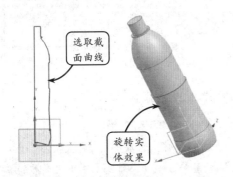

图 6-53 　创建旋转实体

3　利用【草图】工具选取 XC-ZC 平面为草图平面。进入草绘环境后，利用【直线】和【圆】工具绘制如图 6-54 所示尺寸的草图轮廓。然后单击【完成草图】按钮 🔲 ，退出草绘环境。

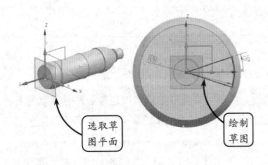

图 6-54 　绘制草图

4　将创建的旋转实体隐藏。然后单击【曲线】工具栏中的【圆弧/圆】按钮 🔲 ，依次选取如图 6-55 所示的两个交点为圆弧的两个端点，并输入半径数值为 R35，绘制空间圆弧。

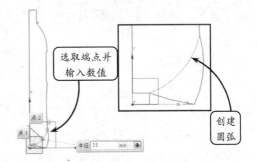

图 6-55 　绘制圆弧

5　单击【艺术样条】按钮 🔲 ，指定【类型】为【通过点】，并在打开的对话框中设置次数为 3，然后依次指定点 A、点 B 和点 C，绘制样条曲线，效果如图 6-56 所示。

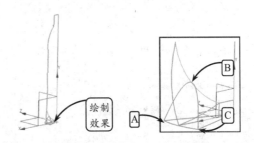

图 6-56 　绘制样条曲线

6　单击【扫掠】按钮 🔲 ，选取上步绘制的样条曲线为截面线，并选取第 4 步绘制的圆弧为引导线，创建扫掠曲面特征，效果如图 6-57 所示。

7　显示创建的旋转实体。然后选择【编辑】|【移动对象】选项，选取上步创建的扫掠曲面特征为移动对象，并设置运动类型为【角度】。接着指定 YC 轴为矢量，指定原点为轴点，并输入角度数值为 72° 。最后选择【复制原先的】单选按钮，并单击【确定】即可，效果如图 6-58 所示。

8　重复利用【移动对象】工具，依次选取上步移动复制的曲面为移动对象，利用相同的方法移动复制其他曲面,效果如图6-59所示。

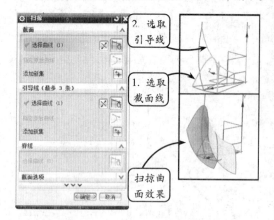

图6-57 创建扫掠曲面特征

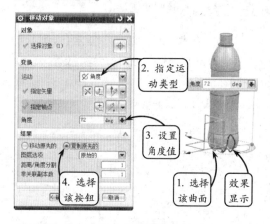

图6-58 移动复制曲面

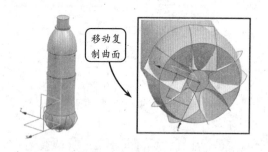

图6-59 移动复制其他曲面

9 单击【修剪体】按钮，在打开的【修剪体】对话框中依次选取旋转体为目标体,并选取创建的扫掠曲面为工具体,对瓶体进行修剪操作,效果如图6-60所示。

10 按照同样的方法依次选取旋转体为目标体,并选取其他移动复制的曲面为工具体,对瓶

体进行修剪操作。然后将移动复制的曲面隐藏,效果如图6-61所示。

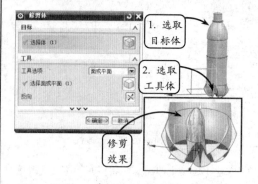

图6-60 创建修剪体特征

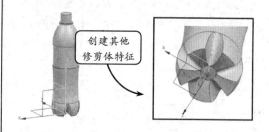

图6-61 创建修剪体特征

11 单击【基准平面】按钮，将打开【基准平面】对话框。然后指定创建类型为【按某一距离】,并选取 YC-ZC 平面为参考平面。接着输入偏置距离为40,并单击【确定】按钮,创建基准平面,效果如图6-62所示。

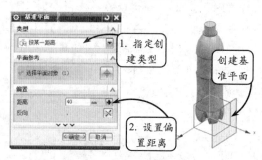

图6-62 创建基准平面

12 利用【草图】工具选取创建的基准平面为草图平面,进入草绘环境后,利用【圆弧】工具按照如图6-63所示尺寸绘制草图。然后单击【完成草图】按钮，退出草绘环境。

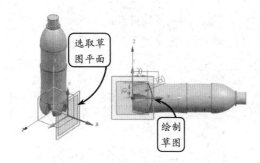

图 6-63 绘制草图

13 利用【基准平面】工具指定创建类型为【按某一距离】，并选取 XC-ZC 平面为参考平面。然后输入偏置距离为 30，并单击【确定】按钮，创建基准平面，效果如图 6-64 所示。

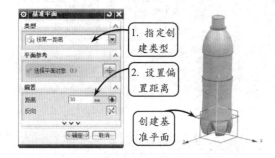

图 6-64 新建基准平面

14 单击【投影曲线】按钮，将打开【投影曲线】对话框。然后选取第 12 步绘制的草图曲线为要投影的曲线，并指定瓶体为要投影的对象。接着选择投影方向为-XC 轴方向，选择【投影选项】方式为【投影两侧】，创建投影曲线特征，效果如图 6-65 所示。

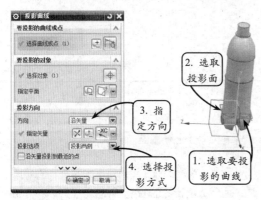

图 6-65 投影曲面

15 将瓶体隐藏，然后单击【直纹】按钮，将打开【直纹】对话框。接着依次选取上步创建的两条投影曲线分别为两条截面线串，创建直纹曲面，效果如图 6-66 所示。

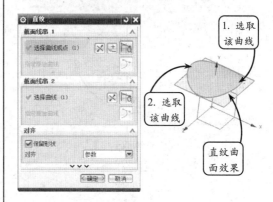

图 6-66 创建直纹曲面

16 选取第（13）步创建的基准平面为参考平面，利用【曲线】工具栏中的【圆弧/圆】工具，依次选取如图 6-67 所示的两条投影曲线的端点为圆弧的两个端点，绘制半径为 *R*30 的空间圆弧。接着利用相同的方法绘制另一条圆弧。

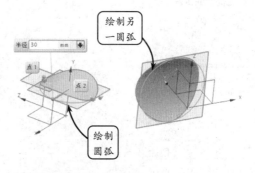

图 6-67 绘制圆弧

17 利用【直纹】工具依次选取如图 6-68 所示的两条曲线为截面线串，创建相应的直纹曲面特征。

18 继续利用【直纹】工具，依次选取另一侧的两条曲线为截面线串，创建另一直纹曲面特征，效果如图 6-69 所示。

19 单击【有界平面】按钮，将打开【有界平面】对话框。然后依次选取底部曲线轮廓，并单击【确定】按钮，即可创建有界平面特征，效果如图 6-70 所示。

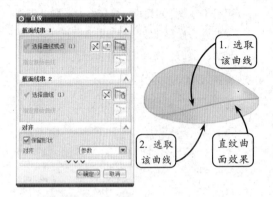

图 6-68 创建直纹曲面

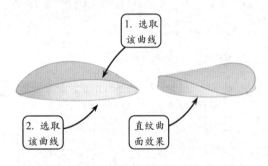

图 6-69 创建另一直纹曲面

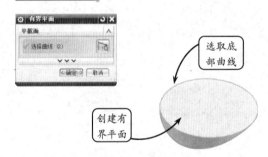

图 6-70 创建有界平面

20 单击【缝合】按钮，将打开【缝合】对话框。然后在该对话框的【类型】下拉列表中选择【片体】选项，并依次选取如图 6-71 所示的目标片体和工具片体，将所有片体缝合为一个整体。

21 利用【基准平面】工具，并指定创建类型为【成某一角度】。然后选取 YC-ZC 平面为参考平面，输入角度为-30°，创建相应的基准平面特征。继续利用该工具，并指定类型为【按某一距离】，选取创建的平面为参考

平面，并输入偏置距离为 40，创建另一基准平面，效果如图 6-72 所示。

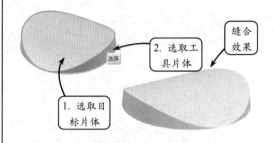

图 6-71 缝合片体为实体

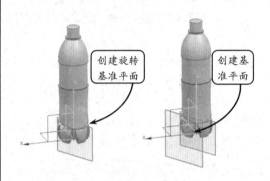

图 6-72 创建基准平面

22 利用【草图】工具选取上步创建的偏移基准平面为草图平面，进入草绘环境后，单击【轮廓】按钮，按照如图 6-73 所示尺寸绘制草图。然后单击【完成草图】按钮，退出草绘环境。

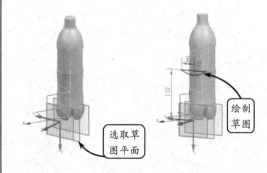

图 6-73 绘制草图

23 利用【投影曲线】工具选取上步绘制的草图曲线为要投影的曲线，并指定投影方向为沿基准平面的法向方向，向瓶身实体创建投影

曲线特征，效果如图 6-74 所示。

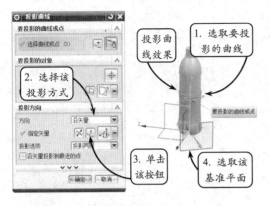

图 6-74 投影曲线

24 将瓶身隐藏，然后重复上面的方法，分别利用【直纹】和【有界平面】工具创建各个曲面，并利用【缝合】工具将所有片体缝合为整体，效果如图 6-75 所示。

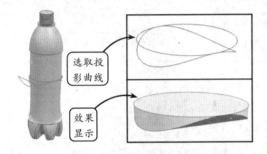

图 6-75 创建曲面并缝合为整体

25 利用【基准平面】工具并指定创建类型为【按某一距离】，并选取 XC-ZC 平面为参考平面。然后输入偏置距离为 110，并单击【确定】按钮，创建基准平面，效果如图 6-76 所示。

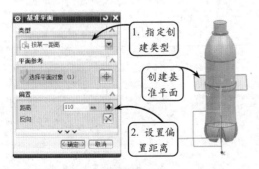

图 6-76 创建基准平面

26 单击【拆分体】按钮，将打开【拆分体】对话框。然后选取两个基准平面为工具，将瓶体拆分为三部分，效果如图 6-77 所示。

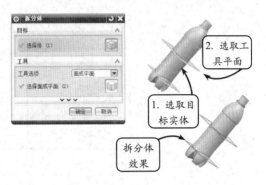

图 6-77 拆分体

27 单击【偏置面】按钮，将打开【偏置面】对话框。然后选取如图 6-78 所示的瓶身中段曲面为要偏置的面，并设置偏置距离为 -1.5，创建偏置面特征。

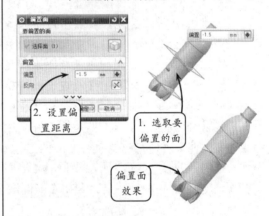

图 6-78 偏置面

28 单击【边倒圆】按钮，选取如图 6-79 所示的边为要倒圆的边，并设置边倒圆半径为 R5，单击【确定】按钮，创建边倒圆特征。

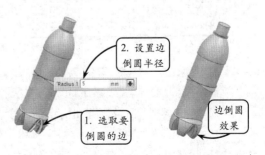

图 6-79 创建边倒圆特征

第 6 章 曲面建模

169

29 利用相同的方法，依次选取瓶底其他相应的
边为要倒圆的边，创建边倒圆特征，效果如
图 6-80 所示。

话框中选择螺纹的生成方式为【详细】。然
后选取瓶口的表面为螺纹的生成面，并设置
相应的螺纹参数，创建螺纹特征，效果如图
6-81 所示。

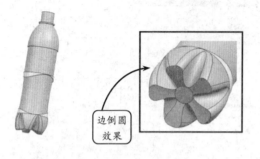

边倒圆
效果

图 6-80　创建其他边倒圆特征

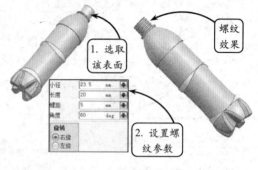

1. 选取
该表面

螺纹
效果

2. 设置螺
纹参数

图 6-81　创建螺纹特征

30 单击【螺纹】按钮，在打开的【螺纹】对

6.6　课堂实例 6-2：创建油壶模型

　　本实例创建油壶模型，效果如图 6-82 所示。该油壶
模型主要结构由壶底、壶身、壶把手和壶盖所组成。

　　创建该油壶时，首先利用【草图】和【桥接曲线】
工具绘制壶身轮廓，并利用【通过曲线网格】和【镜像
特征】工具创建壶身特征。然后利用【草图】、【扫掠】
和【拉伸】工具创建壶盖主体特征，并利用【镜像几何
体】和【拉伸】工具完成壶盖特征的创建。接着利用【有
界平面】工具创建壶底特征，并利用【沿引导线扫掠】
等工具创建壶把手特征。最后利用【面倒圆】和【加厚】
工具完成油壶模型的创建即可。

图 6-82　油壶实体模型效果

操作步骤：

1 新建一个名称为 YouHu.prt 的文件。然后单
击【草图】按钮，将打开【草图】对话框。
此时选取 XC-ZC 平面为草图平面，进入草
绘环境后，按照如图 6-83 所示尺寸要求绘
制草图。接着单击【完成草图】按钮，退
出草绘环境。

2 利用【草图】工具选取 XC-ZC 平面为草图
平面，进入草绘环境后，按照如图 6-84 所
示尺寸要求绘制草图。然后单击【完成草图】
按钮，退出草绘环境。

3 继续利用【草图】工具选取 XC-YC 平面为
草图平面，进入草绘环境后，按照如图 6-85

所示尺寸要求绘制圆弧。然后单击【完成草
图】按钮，退出草绘环境。

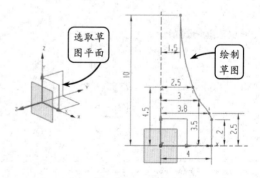

选取草
图平面

绘制
草图

图 6-83　绘制草图

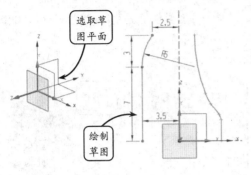

图 6-84 绘制草图

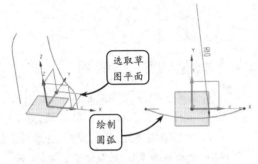

图 6-85 绘制圆弧

4. 单击【基准平面】按钮 □，将打开【基准平面】对话框。然后指定创建类型为【按某一距离】，并选取 XC-YC 平面为参考平面。接着输入距离为 10，并单击【确定】按钮，创建基准平面，效果如图 6-86 所示。

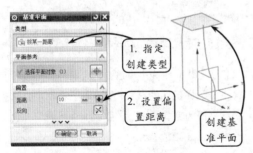

图 6-86 创建基准平面

5. 利用【草图】工具选取上步创建的基准平面为草图平面，进入草绘环境后，按照如图 6-87 所示尺寸要求绘制圆弧。然后单击【完成草图】按钮 ❀，退出草绘环境。

6. 单击【通过曲线网格】按钮 ☜，选取竖直方向的两条轮廓曲线为主曲线，并选取两段圆弧为交叉曲线。然后单击【确定】按钮，创

建曲线网格特征，效果如图 6-88 所示。

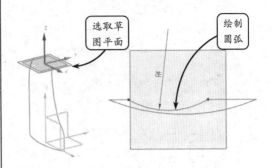

图 6-87 绘制圆弧

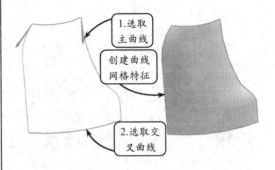

图 6-88 创建曲线网格特征

7. 利用【基准平面】工具并指定创建类型为【按某一距离】。然后选取 XC-ZC 平面为参考平面，并输入距离为 1.75。接着单击【确定】按钮，创建基准平面，效果如图 6-89 所示。

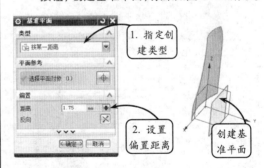

图 6-89 创建基准平面

8. 单击【镜像特征】按钮 ☜，选取创建的曲线网格为镜像对象，并选取上步创建的基准平面为镜像平面，创建镜像特征，效果如图 6-90 所示。

9. 单击【桥接曲线】按钮 ☜，并依次选取如图 6-91 所示的两段圆弧为起始和终止对象。

然后设置桥接曲线的参数，并单击【确定】
按钮，创建桥接曲线特征。

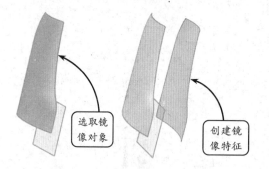

图 6-90 创建镜像特征

选取镜像对象

创建镜像特征

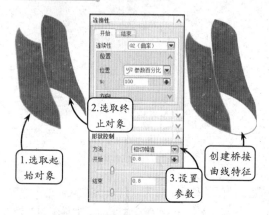

1.选取起始对象

2.选取终止对象

创建桥接曲线特征

3.设置参数

图 6-91 创建桥接曲线特征

10 利用【桥接曲线】工具选取上端的两段圆弧
为起始和终止对象，并设置桥接曲线的参数，
创建桥接曲线特征，效果如图 6-92 所示。

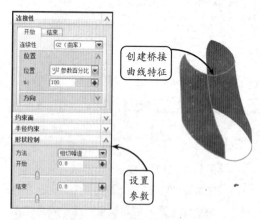

创建桥接曲线特征

设置参数

图 6-92 创建桥接曲线特征

11 继续利用【桥接曲线】工具选取相应的圆弧
为起始和终止对象，并设置桥接曲线的参

数，创建其他两条桥接曲线特征，效果如图
6-93 所示。

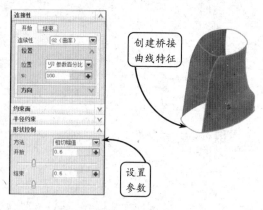

创建桥接曲线特征

设置参数

图 6-93 创建桥接曲线特征

12 利用【基准平面】工具并指定创建类型为【按
某一距离】。然后选取 XC-YC 平面为参考
平面，并输入距离为 2。接着单击【确定】
按钮，创建基准平面，效果如图 6-94 所示。

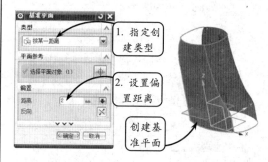

1. 指定创建类型

2. 设置偏置距离

创建基准平面

图 6-94 创建基准平面

13 单击【截面曲线】按钮，选取两个曲线网
格面为要剖切的对象，并选取上步创建的基
准平面为剖切平面，创建截面曲线特征，效
果如图 6-95 所示。

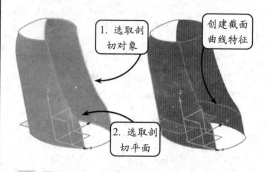

1.选取剖切对象

创建截面曲线特征

2.选取剖切平面

图 6-95 创建截面曲线特征

14 利用【桥接曲线】工具选取上步创建的两段
截面曲线为起始和终止对象，并设置桥接曲
线的参数，创建桥接曲线特征，效果如图
6-96 所示。

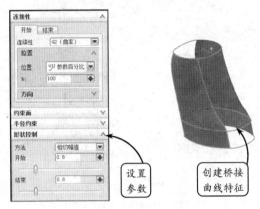

15 利用【通过曲线网格】工具选取如图 6-97
所示的两条轮廓曲线为主曲线，并选取上下
两段桥接曲线为交叉曲线。然后单击【确定】
按钮，创建曲线网格特征。

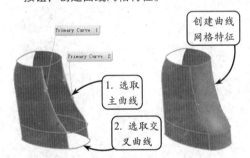

16 继续利用【通过曲线网格】工具选取如图
6-98 所示的两条轮廓曲线为主曲线，并选
取上下两段桥接曲线为交叉曲线。然后单击
【确定】按钮，创建曲线网格特征。

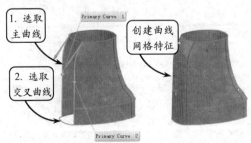

17 利用【草图】工具选取镜像平面为草图平面，
进入草绘环境后，按照如图 6-99 所示尺寸
要求绘制直线。然后单击【完成草图】按钮
，退出草绘环境。

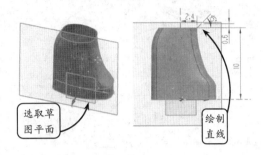

18 单击【扫掠】按钮，选取上步绘制的直线
为扫掠对象。然后选取壶体上部封闭的曲线
环为引导线，并设置扫掠的体类型为片体，
创建扫掠片体特征，效果如图 6-100 所示。

19 单击【拉伸】按钮，选取扫掠片体上部的
封闭曲线环为拉伸对象，并按照如图 6-101 所
示设置拉伸参数。然后指定体类型为【片体】，
并单击【确定】按钮，创建拉伸片体特征。

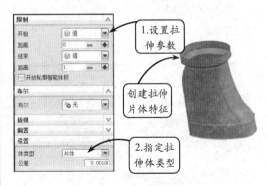

20 利用【基准平面】工具并指定创建类型为【按某一距离】。然后选取 XC–YC 平面为参考平面，并输入距离为 12.6。接着单击【确定】按钮，创建基准平面，效果如图 6-102 所示。

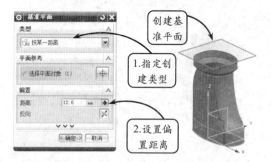

图 6-102　创建基准平面

21 利用【草图】工具选取上步创建的基准平面为草图平面，进入草绘环境后，按照如图 6-103 所示尺寸要求绘制圆。然后单击【完成草图】按钮，退出草绘环境。

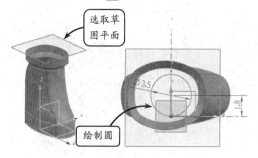

图 6-103　绘制圆

22 单击【点】按钮＋，指定创建类型为【交点】。然后选取镜像平面为选择对象，选取上步绘制的圆为选择曲线，创建点特征。继续利用相同的方法创建其他三个点特征，效果如图 6-104 所示。

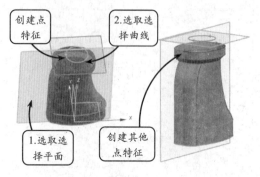

图 6-104　创建点特征

23 单击【直线】按钮／，依次连接上步创建的圆和封闭曲线环上的点，绘制一条直线。继续利用相同的方法绘制另一条直线，效果如图 6-105 所示。

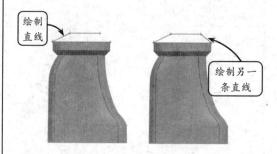

图 6-105　绘制直线

24 利用【通过曲线网格】工具选取上步绘制的两条直线为主曲线，并选取如图 6-106 所示的圆和封闭曲线环为交叉曲线，创建曲线网格特征。

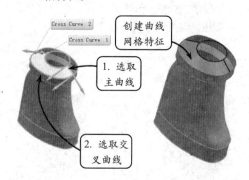

图 6-106　创建曲线网格特征

25 单击【镜像几何体】按钮，选取上步创建的曲线网格为选择体，并选取如图 6-107 所示的基准平面为镜像平面，创建镜像体特征。

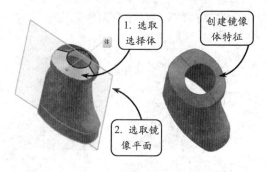

图 6-107　创建镜像几何体特征

26 利用【拉伸】工具选取镜像体上的圆为拉伸对象，并按照如图 6-108 所示设置拉伸参数。然后指定体类型为【片体】，并单击【确定】按钮，创建拉伸片体特征。

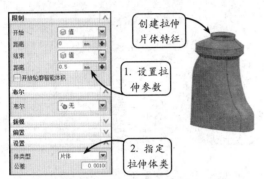

1. 设置拉伸参数

2. 指定拉伸体类

创建拉伸片体特征

图 6-108 创建拉伸片体特征

27 利用【草图】工具选取 XC-YC 平面为草图平面，进入草绘环境后，按照如图 6-109 所示尺寸要求绘制草图。然后单击【完成草图】按钮，退出草绘环境。

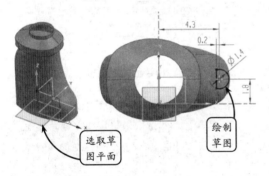

选取草图平面

绘制草图

图 6-109 绘制草图

28 单击【有界平面】按钮，依次选取底面上的 4 段曲线。然后单击【确定】按钮，创建有界平面特征，效果如图 6-110 所示。

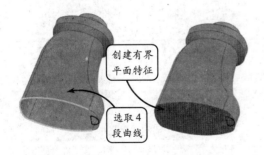

创建有界平面特征

选取 4 段曲线

图 6-110 创建有界平面特征

29 利用【草图】工具选取镜像平面为草图平面。进入草绘环境后，单击【偏置曲线】按钮，选取如图 6-111 所示直线为要偏置的曲线，并输入偏置距离为 0.15，创建偏置曲线。然后单击【完成草图】按钮，退出草绘环境。

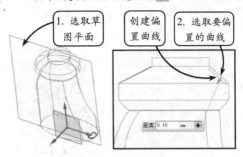

1. 选取草图平面

创建偏置曲线

2. 选取要偏置的曲线

距离 0.15 mm

图 6-111 创建偏置曲线

30 继续利用【草图】工具选取镜像平面为草图平面。进入草绘环境后，按照如图 6-112 所示尺寸绘制直线。然后单击【完成草图】按钮，退出草绘环境。

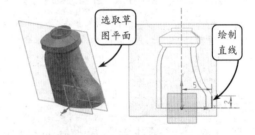

选取草图平面

绘制直线

图 6-112 绘制直线

31 利用【桥接曲线】工具选取偏置曲线和上步绘制的直线为起始和终止对象，并设置桥接曲线的参数，创建桥接曲线特征，效果如图 6-113 所示。

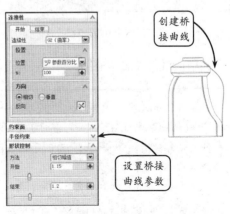

创建桥接曲线

设置桥接曲线参数

图 6-113 创建桥接曲线特征

32 单击【沿引导线扫掠】按钮，选取第（27）步绘制的草图为截面。然后选取上步创建的桥接曲线为引导线，并设置扫掠的体类型为片体，创建扫掠片体特征，效果如图 6-114 所示。

设置扫掠的体类型

创建扫掠片体特征

图 6-114 创建扫掠片体特征

33 单击【面倒圆】按钮，并指定类型为【两个定义面链】。然后选取壶体周身 4 个曲面为面链 1，并选取壶底面为面链 2。接着设置面倒圆参数，创建面倒圆特征，效果如图 6-115 所示。

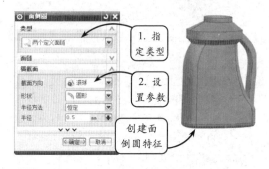

1. 指定类型

2. 设置参数

创建面倒圆特征

图 6-115 创建面倒圆特征

34 利用【面倒圆】工具并指定类型为【两个定义面链】。然后选取如图 6-116 所示的曲面为面链 1 和面链 2。接着输入面倒圆的半径为 $R0.3$，创建面倒圆特征。继续利用相同的方法创建另一个半径为 $R0.2$ 的面倒圆特征。

35 利用【面倒圆】工具并指定类型为【两个定义面链】。然后选取如图 6-117 所示的曲面

为面链 1 和面链 2。接着输入面倒圆的半径为 $R0.3$，创建面倒圆特征。继续利用相同的方法创建另一个半径为 $R0.5$ 的面倒圆特征。

2. 选取面链 2

3. 选取面链 1

面链 1

1. 选取面链 1

4. 选取面链 2

图 6-116 创建面倒圆特征

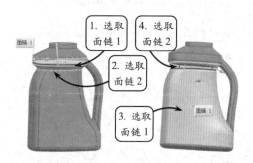

1. 选取面链 1

4. 选取面链 2

面链 1

2. 选取面链 2

3. 选取面链 1

面链 1

图 6-117 创建面倒圆特征

36 利用【面倒圆】工具并指定类型为【两个定义面链】。然后选取如图 6-118 所示的曲面为面链 1 和面链 2。接着输入面倒圆的半径为 $R0.3$，创建面倒圆特征。继续利用相同的方法创建另一个半径为 $R0.1$ 的面倒圆特征。

2. 选取面链 2

4. 选取面链 2

面链 1

3. 选取面链 1

1. 选取面链 1

图 6-118 创建面倒圆特征

37 利用【面倒圆】工具并指定类型为【两个定

义面链】。然后选取如图 6-119 所示的曲面
为面链 1 和面链 2。接着输入面倒圆的半径
为 R0.2，创建面倒圆特征。

图 6-119 创建面倒圆特征

38 单击【加厚】按钮，框选整个壶体面为选
择面，并设置厚度参数。然后单击【确定】
按钮，创建加厚特征，效果如图 6-120 所示。

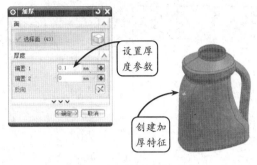

图 6-120 创建加厚特征

6.7 课堂实例 6-3：创建头盔

本案例创建一个头盔造型，效果如图 6-121 所示。头盔主要由盔体、通风孔、面罩、
衬垫、颈圈和耳塞组成，是一种用于头部免受伤害的
防护器具，具有很好的吸震作用。

在创建该头盔时，其主体曲面轮廓是创建的关键，
可以首先创建其一侧的曲线轮廓，利用【通过曲线网
格】和【拉伸】工具以曲线创建曲面。然后镜像得到
另一侧的曲面，即可完成主体轮廓曲面。

对于头盔面罩，可以创建位于头盔前部的投影曲
线，并创建桥接曲线将投影曲线断开的部分连接，即
可完成面罩形状控制线的创建。然后以该曲线对头盔
主体曲面进行修剪，并对修剪后的片体进行加厚即可。
接着利用【扫掠】工具创建面罩衬垫和头盔底部的颈
圈。最后利用投影曲线、垫块和回转等工具创建一侧
的固定板和耳塞，并镜像得到另一侧，即可完成该头盔模型的创建。

图 6-121 头盔造型

操作步骤：

1 单击【草图】按钮，在绘图区中选取
XC-YC 平面为草绘平面，绘制如图 6-122
所示尺寸的草图轮廓。

2 继续利用【草图】工具选取 YC-ZC 平面为
草绘平面，绘制如图 6-123 所示尺寸的草
图轮廓。

3 单击【曲线】工具栏中的【直线】按钮，
选取如图 6-124 所示的交点为起点，沿 ZC
轴方向绘制距离为 59 的直线 1。继续利用

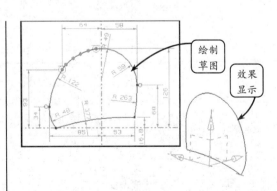

图 6-122 绘制草图

【直线】工具选取上步所绘草图曲线的交点为起点，沿 XC 轴方向绘制距离为-44 的直线 2。

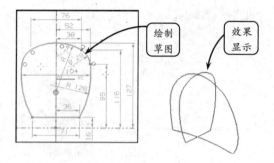

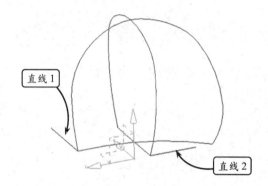

图 6-124　绘制直线

4　单击【曲线】工具栏中的【桥接曲线】按钮 ，选取上步绘制的直线 1 为起始曲线，并选取上步绘制的直线 2 为终止曲线，创建约束类型均为相切的桥接曲线，效果如图 6-125 所示。

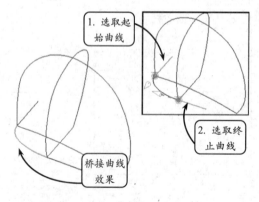

图 6-125　创建桥接曲线

5　利用【直线】工具选取如图 6-126 所示的交点为起点，沿 ZC 轴方向绘制距离起点为 45 的直线 3。

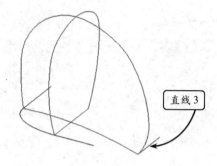

图 6-126　绘制空间直线

6　利用【桥接曲线】工具依次选取上步绘制的直线 3 和第（4）步创建的桥接曲线作为起始曲线和终止曲线，创建约束类型均为相切的桥接曲线，效果如图 6-127 所示。

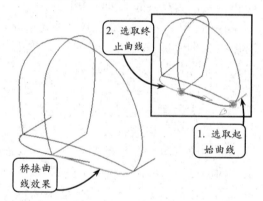

图 6-127　创建桥接曲线

7　单击【曲线】工具栏中的【镜像曲线】按钮 ，选取上步创建的桥接曲线和第（4）步创建的桥接曲线为镜像对象，并指定 XC-YC 平面为镜像平面，进行镜像操作。然后将多余的直线隐藏并观察效果，如图 6-128 所示。

8　利用【草图】工具选取 XC-YC 平面为草绘平面，绘制如图 6-129 所示的草图轮廓。然后单击【特征】工具栏中的【拉伸】按钮 ，将该草图曲线沿 XC 轴的负方向拉伸

193，创建拉伸曲面特征。

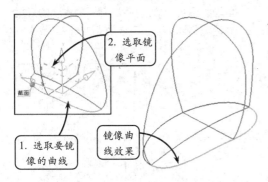

图 6-128   创建镜像曲线

1. 选取要镜像的曲线
2. 选取镜像平面
镜像曲线效果

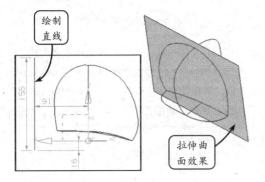

图 6-129   创建拉伸曲面特征

绘制直线
拉伸曲面效果

9 利用【基准平面】工具创建距离 XC-ZC 平面为 68 的基准平面。然后单击【相交曲线】按钮，依次选取该基准平面和上步创建的拉伸曲面，在两者间创建相交曲线 1，效果如图 6-130 所示。

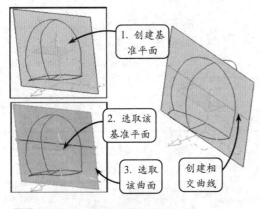

图 6-130   创建相交曲线 1

1. 创建基准平面
2. 选取该基准平面
3. 选取该曲面
创建相交曲线

10 利用【草图】工具选取 YC-ZC 基准面为草绘平面，绘制如图 6-131 所示的草图轮廓。

然后利用【拉伸】工具将该草图曲线沿 ZC 轴正方向拉伸 114，创建拉伸曲面特征。

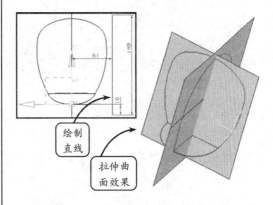

图 6-131   创建拉伸曲面特征

绘制直线
拉伸曲面效果

11 利用【相交曲线】工具依次选取第（9）步创建的基准平面和上步创建的拉伸曲面，在两者间创建相交曲线 2，效果如图 6-132 所示。

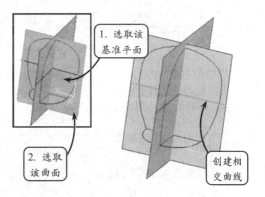

图 6-132   创建相交曲线 2

1. 选取该基准平面
2. 选取该曲面
创建相交曲线

12 将第（8）和第（10）步创建的拉伸曲面隐藏。然后利用【直线】工具选取相交直线 2 与第（2）步绘制曲线的交点为起点，沿 XC 轴方向绘制距离为-130 的直线 4。继续利用【直线】工具选取相交曲线 1 与第（2）步绘制曲线的交点为起点，沿 ZC 轴方向绘制距离为 115 的直线 5，效果如图 6-133 所示。

13 利用【桥接曲线】工具依次选取直线 4 和直线 5 作为起始曲线和终止曲线，创建约束类型均为相切类型的桥接曲线，效果如图 6-134 所示。

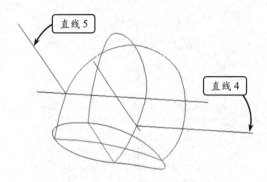

图 6-133　绘制直线

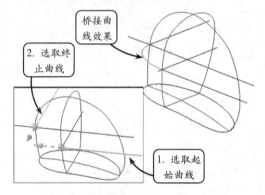

图 6-134　创建桥接曲线

14 利用【直线】工具选取第（9）步创建的相交曲线 1 与第（2）步绘制的草图曲线的交点为起点，沿 ZC 轴方向绘制距离为 43 的直线 6。继续利用【直线】工具选取第（12）步绘制直线 4 的端点为起点，沿 XC 轴方向绘制距离为 44 的直线 7，效果如图 6-135 所示。

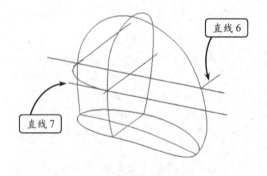

图 6-135　绘制直线

15 利用【桥接曲线】工具依次选取直线 6 和直

线 7 作为起始曲线和终止曲线，创建约束类型均为相切的桥接曲线。然后将多余的直线隐藏观察效果，如图 6-136 所示。

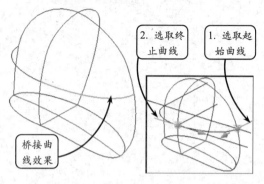

图 6-136　创建桥接曲线

16 利用【镜像曲线】工具选取上步创建的桥接曲线和第（13）步创建的桥接曲线为镜像对象，并指定 XC-YC 平面为镜像平面，进行镜像操作，效果如图 6-137 所示。

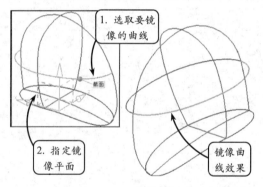

图 6-137　创建镜像曲线

17 利用【拉伸】工具选取如图 6-138 所示的曲线为拉伸对象，将其沿 ZC 轴的负方向拉伸 30，创建拉伸曲面特征。

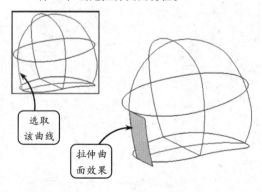

图 6-138　创建拉伸曲面特征

18 单击【曲线】工具栏中的【圆弧/圆】按钮，依次选取如图 6-139 所示的两个交点作为圆弧的起点和终点，绘制半径为 R118 的圆弧。然后利用【拉伸】工具将该圆弧沿 XC 轴的负方向拉伸 30，创建拉伸曲面特征。

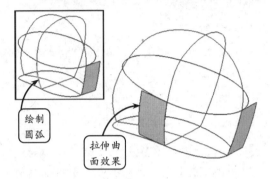

图 6-139   创建拉伸曲面特征

19 单击【曲面】工具栏中的【通过曲线网格】按钮，依次选取如图 6-140 所示的曲线为主曲线，并选取第（6）步和第（17）步创建的桥接曲线为交叉曲线创建网格曲面。

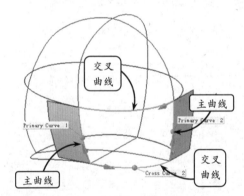

图 6-140   选取主曲线和交叉曲线

20 此时，为保证曲面的连续效果，可在【连续性】面板中设置第一主线串和最后主线串的连续性均为【相切】，并依次选取第（18）步和第（17）步创建的拉伸曲面作为第一相切面和最后相切面，曲面的创建效果如图 6-141 所示。

21 将第（17）步和第（18）步创建的拉伸曲面隐藏。然后利用【拉伸】工具选取如图 6-142 所示的曲线为拉伸截面曲线，将其沿 ZC 轴的负方向拉伸 30，创建拉伸曲面特征。

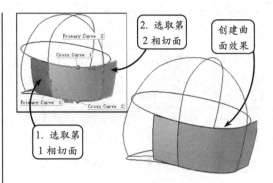

图 6-141   通过曲线网格创建曲面

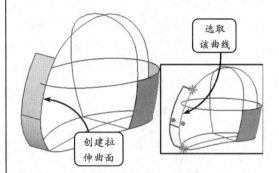

图 6-142   创建拉伸曲面特征

22 利用【通过曲线网格】工具选取上步创建的拉伸曲面的边，以及第（20）步创建的曲面的边为主曲线，并选取如图 6-143 所示的曲线为交叉曲线，创建网格曲面。

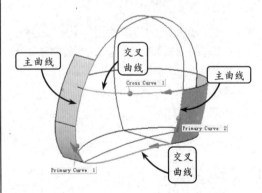

图 6-143   选取主曲线和交叉曲线

23 此时，为保证曲面的连接效果，可在【连续性】面板中设置第一主线串和最后主线串的连续性均为【相切】，并依次选取第（21）步创建的拉伸曲面和第（20）步创建的曲面作为第一相切面和最后相切面，曲面的创建效果如图 6-144 所示。

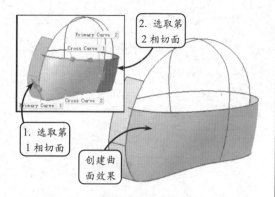

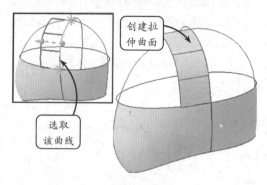

曲线为拉伸截面曲线，将其沿 XC 轴的负方向拉伸 30，创建拉伸曲面特征。

图 6-144　通过曲线网格创建曲面

24 将第（21）步创建的拉伸曲面隐藏。然后单击【曲线】工具栏中的【复合曲线】按钮，将第（1）步绘制的草图曲线进行复制，效果如图 6-145 所示。

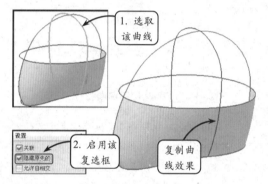

图 6-147　创建拉伸曲面特征

27 按照第（24）步的方法，利用【复合曲线】工具复制第（1）步绘制的草图曲线。然后利用【分割曲线】工具选取如图 6-148 所示的曲线为分割对象，并选取第（2）步绘制的草图曲线为分割边界，进行分割操作。

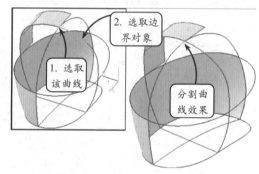

图 6-145　复制曲线

25 单击【编辑曲线】工具栏中的【分割曲线】按钮，选取如图 6-146 所示的曲线为分割对象，并选取第（23）步创建的曲面上的边为分割边界，进行分割操作。

图 6-148　分割曲线

28 利用【拉伸】工具选取如图 6-149 所示的曲线为截面曲线，将其沿 ZC 轴的负方向拉伸 30，创建拉伸曲面特征。

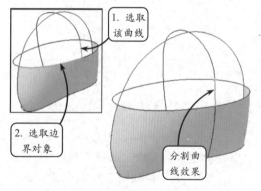

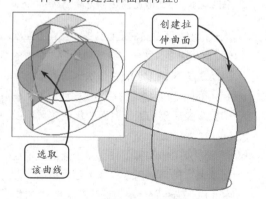

图 6-146　分割曲线

26 利用【拉伸】工具选取如图 6-147 所示的

图 6-149　创建拉伸曲面特征

UG NX 9 中文版标准教程

29 利用【通过曲线网格】工具依次选取第（20）步创建的曲面上的边和第（1）步与第（2）步绘制曲线的交点为主曲线，并选取第（26）步和第（28）步创建的拉伸曲面的边为交叉曲线，效果如图 6-150 所示。

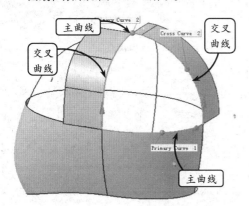

图 6-150 选取主曲线和交叉曲线

30 此时，为保证曲面的连接效果，可在【连续性】面板中设置第一主线串的连续性为【相切】，并选取第（20）步创建的曲面为相切面。然后设置第一和最后交叉曲线的连续性均为【相切】，并依次选取第（26）步和第（28）步创建的拉伸曲面分别为第一相切面和最后相切面，曲面的创建效果如图 6-151 所示。

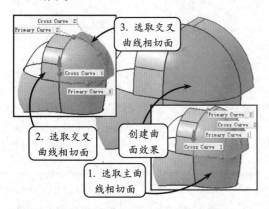

图 6-151 通过曲线网格创建曲面

31 将第（26）步和第（28）步创建的拉伸曲面隐藏。然后利用【拉伸】工具选取如图 6-152 所示的曲线为截面曲线，将其沿 ZC 轴的负方向拉伸 30，创建拉伸曲面特征。

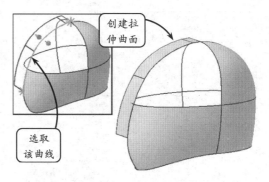

图 6-152 创建拉伸曲面特征

32 利用【通过曲线网格】工具依次选取第（23）步创建的曲面上的边和第（1）步与第（2）步绘制的草图曲线的交点为主曲线，并选取上步创建的拉伸曲面的边和第（30）步创建的曲面边为交叉曲线，效果如图 6-153 所示。

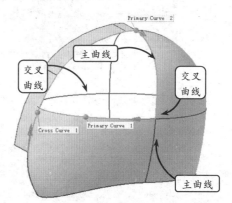

图 6-153 选取主曲线和交叉曲线

33 此时，在【连续性】面板中设置第一主线串的连续性为【相切】，并选取第（23）步创建的曲面为相切面。然后设置第一和最后交叉曲线的连续性均为【相切】，并依次选取第（31）步创建的拉伸曲面和第（30）步创建的曲面作为第一相切面和最后相切面，曲面的创建效果如图 6-154 所示。

34 将第（31）步创建的拉伸曲面隐藏。然后单击【特征】工具栏中的【镜像特征】按钮，选取如图 6-155 所示的曲面为要镜像的曲面，并指定 XC-YC 基准面为镜像平面，创建镜像特征。

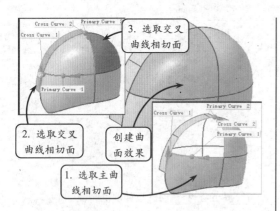

图 6-154　通过曲线网格创建曲面

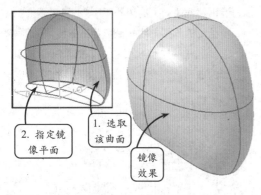

图 6-155　镜像曲面

35　单击【特征】工具栏中的【缝合】按钮█，在打开的对话框中选择【类型】列表框中的【片体】选项，然后依次选取如图 6-156 所示的目标片体和工具片体，创建缝合特征。

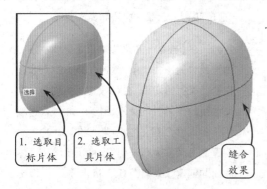

图 6-156　缝合曲面

36　利用【基准平面】工具创建距离 XC-ZC 基准面为 47 的基准平面。然后利用【草图】工具选取该基准平面为草绘平面，绘制如图

6-157 所示尺寸的草图轮廓。

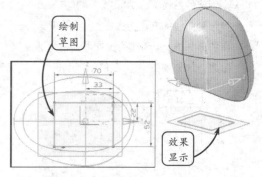

图 6-157　绘制草图

37　单击【曲线】工具栏中的【投影曲线】按钮█，然后选取上步绘制的草图曲线为要投影的曲线，将其沿 YC 轴正方向进行投影，效果如图 6-158 所示。

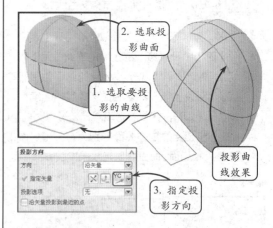

图 6-158　投影曲线

38　单击【特征】工具栏中的【修剪片体】按钮█，选取上步创建的投影曲线为修剪的边界对象，对第（35）步创建的缝合曲面进行修剪，效果如图 6-159 所示。

39　利用【通过曲线网格】工具依次选取如图 6-160 所示的曲线作为主曲线和交叉曲线，并设置各线串的连续性均为【相切】，创建网格曲面。

40　利用【缝合】工具选取如图 6-161 所示的曲面为目标片体，并选取上步创建的网格曲面为工具片体，创建缝合特征。

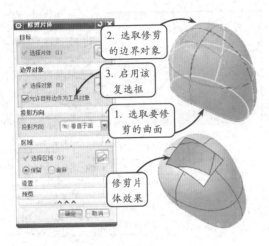

2. 选取修剪的边界对象

3. 启用该复选框

1. 选取要修剪的曲面

修剪片体效果

图 6-159　修剪片体

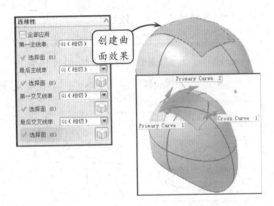

创建曲面效果

图 6-160　通过曲线网格创建曲面

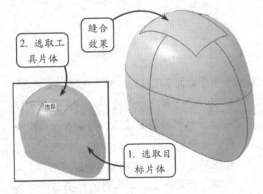

2. 选取工具片体

缝合效果

1. 选取目标片体

图 6-161　缝合曲面

41　利用【草图】工具选取 XC-YC 基准面为草绘平面，绘制如图 6-162 所示尺寸的草图。然后利用【投影曲线】工具选取该草图曲线为要投影的曲线，将其沿 ZC 轴正反两方向进行投影。

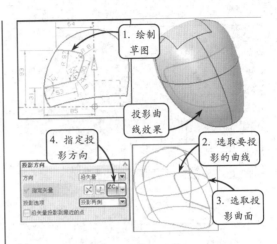

1. 绘制草图

投影曲线效果

4. 指定投影方向

2. 选取要投影的曲线

3. 选取投影曲面

图 6-162　绘制草图并创建投影曲线

42　利用【桥接曲线】工具依次选取如图 6-163 所示的曲线作为起始曲线和终止曲线，创建约束类型均为【相切】的桥接曲线。

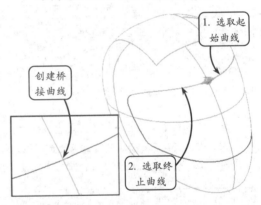

1. 选取起始曲线

创建桥接曲线

2. 选取终止曲线

图 6-163　创建桥接曲线

注　意

由于上面创建的投影曲线中间是断开的，因此这里创建一桥接曲线将其相连。

43　利用【修剪片体】工具，以第（41）步创建的投影曲线和上步创建的桥接曲线为修剪的边界对象，对第（40）步创建的缝合曲面进行修剪，效果如图 6-164 所示。

44　利用【草图】工具选取 YC-ZC 基准面为草绘平面，绘制如图 6-165 所示尺寸的草图。然后利用【扫掠】工具选取该草图曲线为截面线，并选取片体的底边为引导线，创建扫掠实体特征。

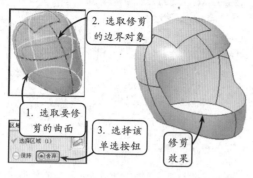

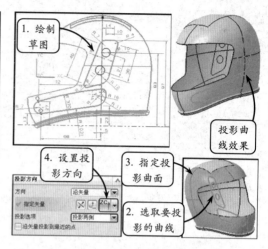

图 6-164　修剪片体

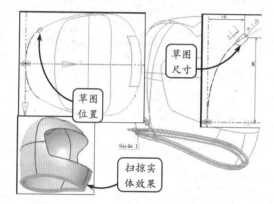

图 6-165　创建扫掠实体特征

45　单击【特征】工具栏中的【加厚】按钮，选取如图 6-166 所示的片体为要加厚的对象，并设置偏置参数，将片体加厚为实体。

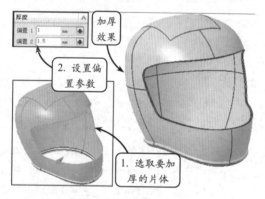

图 6-166　加厚片体

46　利用【草图】工具选取 XC-YC 基准面为草绘平面，绘制如图 6-167 所示尺寸的草图。然后利用【投影曲线】工具选取该草图曲线为要投影的曲线，将其沿 ZC 轴正反两方向进行投影。

图 6-167　绘制草图并创建投影曲线

47　利用【拉伸】工具选取如图 6-168 所示的曲线为拉伸截面曲线，将其沿 ZC 轴正方向拉伸 3，创建拉伸曲面特征。然后将其他的实体特征隐藏，观察创建效果。

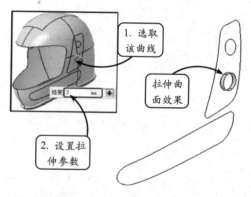

图 6-168　创建拉伸曲面特征

48　单击【曲面】工具栏中的【直纹】按钮，然后依次选取上步创建的拉伸曲面的底部各边作为两条截面线串，创建直纹曲面特征，效果如图 6-169 所示。

49　继续利用【直纹】工具依次选取第（47）步创建的拉伸曲面的顶部各边作为两条截面线串，创建直纹曲面特征，效果如图 6-170 所示。

50　利用【缝合】工具选取第（47）步创建的拉伸曲面为目标片体，并选取上步和第（48）步创建的直纹曲面为工具片体，创建缝合特征，效果如图 6-171 所示。

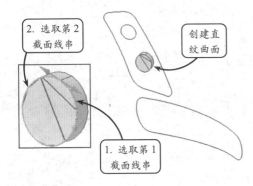

图 6-169　创建直纹曲面

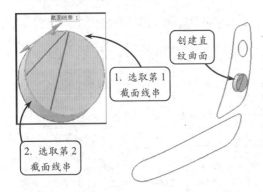

图 6-170　创建直纹曲面

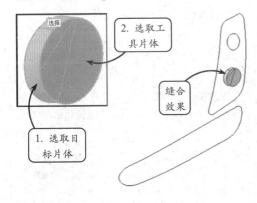

图 6-171　缝合片体

51　单击【特征】工具栏中的【边倒圆】按钮，选取上步创建的缝合特征上的外轮廓边为要倒圆的对象，并设置圆角半径参数，创建边倒圆特征，效果如图 6-172 所示。

52　利用【直纹】工具依次选取如图 6-173 所示的曲线作为两条截面线串，创建直纹曲面特征。

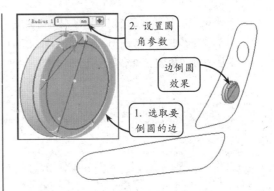

图 6-172　创建边倒圆特征

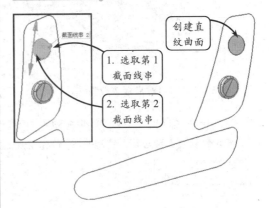

图 6-173　创建直纹曲面

53　利用【基准平面】工具创建距离 XC-ZC 平面为 83 的基准平面，并在该基准平面上绘制如图 6-174 所示尺寸的草图。然后单击【特征】工具栏中的【旋转】按钮，选取该草图截面为回转截面，创建旋转实体特征。

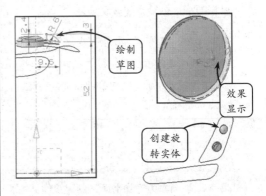

图 6-174　创建旋转实体特征

54　将图中的实体全部显示。然后单击【垫块】

按钮 ，在打开的【垫块】对话框中单击【常规】按钮，并按照如图 6-175 所示依次选取放置面和放置面轮廓曲线，创建常规垫块特征。

制草图轮廓。

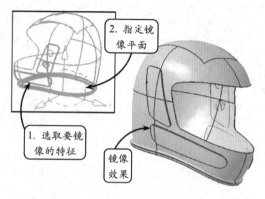

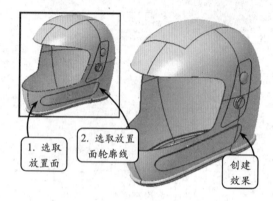

55　继续利用【垫块】工具依次选取如图 6-176 所示的放置面和放置面轮廓曲线，创建常规垫块特征。

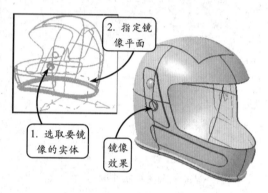

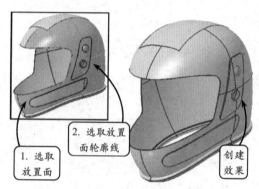

56　利用【镜像特征】工具选取上述创建的两个常规垫块为要镜像的特征，并指定 XC-YC 基准面为镜像平面，创建镜像特征，效果如图 6-177 所示。

57　单击【特征】工具栏中的【镜像体】按钮 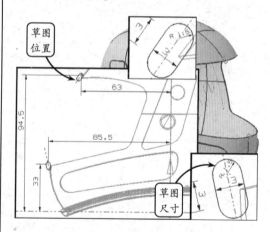，选取第（50）步创建的缝合实体和第（53）步创建的回转实体为要镜像的实体，并指定 XC-YC 基准面为镜像平面，创建镜像体特征，效果如图 6-178 所示。

58　利用【草图】工具选取 XC-YC 基准面为草绘平面，按照图 6-179 所示的尺寸要求绘

59　利用【扫掠】工具依次选取上步绘制的两条草图曲线作为截面线 1 和截面线 2，并选取第（41）步创建的投影曲线和第（42）步创建的桥接曲线为引导线，创建扫掠实体特征，效果如图 6-180 所示。

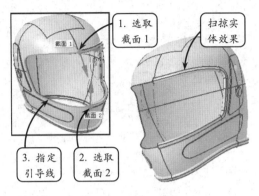

图 6-180 创建扫掠实体特征

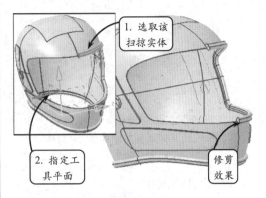

图 6-181 创建修剪体特征

60 利用【修剪体】工具选取 XC-YC 基准面为修剪工具平面,对上步创建的扫掠实体进行修剪,效果如图 6-181 所示。

61 利用【扫掠】工具选取第(58)步绘制的两个草图曲线为截面线,并选取第(41)步创建的投影曲线和第(42)步创建的桥接曲线为引导线,创建扫掠实体特征,效果如图6-182 所示。

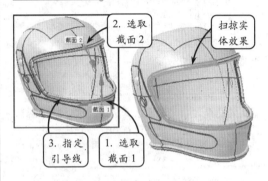

图 6-182 创建扫掠实体特征

6.8 思考与练习

一、填空题

1. 在 UG NX 中,很多曲面都是由不同方向中大致的点或曲线来定义的。通常把 U 方向称为_____,V 方向称为_____。因此,曲面也可以看作是 U 方向的轨迹引导线对很多 V 方向的截面线做的一个扫描。

2. _____是指通过两条曲线轮廓生成的片体或实体,其主要表现为在线性过渡的两个截面之间创建曲面。

3. _____是将曲线轮廓以规定的方式沿空间特定的轨迹移动而形成的曲面,是所有创建曲面方法中最强大的一种。

4. _____可以通过指定位于不同曲面上的两组曲线形成一片体,将两个修剪过或未修剪过的表面之间的空隙补足或连接。

5. 在创建样式圆角时,选取的面链可以是任意类型的曲面,也可以是实体的相邻表面,但其_____必须一致。

二、选择题

1. _____操作可以将选取的已有面沿着该面的法向偏置点,通过指定距离来生成一个新的曲面。

   A. 桥接曲面

   B. 偏置曲面

   C. N 边曲面

   D. 拼合曲面

2. 利用_____工具不仅可以对曲面进行相切延伸,还可以进行连续延伸。

   A. 修剪和延伸

   B. 扩大曲面

   C. 片体变形

   D. 片体边界

3. _____是一种动态修改曲面的方式,其通过选择不同的方位,进行相应的拉长、折弯、歪斜、扭转和位移等操作。

   A. X 成形

B．扩大曲面
C．片体变形
D．等参数修剪

三、问答题

1．简述创建直纹面的操作方法。
2．简述创建样式圆角曲面的操作方法。
3．区分剪断曲面和修剪片体的不同之处。

四、上机练习

1．创建电话听筒

本练习创建一个电话听筒的壳体模型，效果如图 6-183 所示。电话听筒一般具有光滑的外曲面效果，且造型一般具有灵巧、精致、美观和适用等特点。在此模型中，外曲面表面是光滑度适中的 B 类曲面，侧面轮廓呈不规则的弯曲线形状，最关键的是顶面与侧面之间的过渡面，除了圆角曲面过渡外，还要求由已有的曲线轮廓创建月牙形曲面，以显示曲面之间的平滑自然过渡的效果。

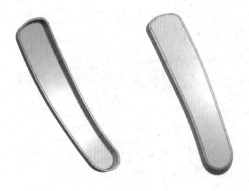

◻ **图 6-183** 电话听筒

电话听筒属于造型特殊的实体，不但具有曲面要求的光顺度，而且也具有实体特征创建的直

观性。在创建此类模型时，要首先从创建实体特征的角度去分析其外轮廓，然后由外向里，涉及个体时，再提取其鲜明的轮廓造型，选用相应的工具创建。

2．创建 MP3 手表曲面造型

本练习设计一个 MP3 手表模型，效果如图 6-184 所示。由于该产品是手表和 MP3 的结合体，因此除了本身手表机械运作的机械结构外，还融合了 MP3 运作的电路结构。MP3 手表具有普通手表和普通 MP3 的功能，能在欣赏音乐的同时很方便地掌握时间。

◻ **图 6-184** MP3 手表造型设计效果

在设计 MP3 手表时，可将该模型分为三部分进行创建，即首先创建表体结构，然后创建一侧表带结构，最后通过镜像特征获得表体的另一侧。其中，表体是产品设计的主要部位，由多个不规则的曲面和实体组成，在设计该表体结构时首先获取表体主要外形结构特征，并对该主体结构进行后续修整；其次在设计空腔结构时，需要考虑的是要将 MP3 运作的电路结构，以及手表机械运作的机械结构安装固定在表体中，并且考虑 MP3 输入/输出设备传输孔，即 USB 插孔。

第 7 章

工程图建模

在机械加工过程中，零件的制造一般都是依据二维工程图来完成的。因此，在三维建模环境中完成零件设计后，创建该零件模型的二维工程图并添加相关的标注是极其必要的。在 UG NX 中，利用工程制图模块可以方便得到与实体模型相一致的二维工程图。且由于该工程图与三维实体模型是完全关联的，当改变实体模型时，工程图尺寸会同步自动更新，保证了二维工程图的准确性。

本章将重点介绍 UG 工程图的建立和编辑方法，具体包括工程图的参数预设置、图纸操作、添加视图，以及编辑和标注工程图等内容。

本章学习目的：

➢ 熟悉工程图基本参数的设置
➢ 掌握工程图的图纸操作
➢ 熟练掌握视图的添加操作
➢ 掌握工程图的编辑和标注方法

7.1 工程图的管理

工程图是设计部门提供给生产部门用于生产制造和检验零部件的重要技术文件。在 UG NX 中，任何一个三维模型都可以用不同的投影方法、不同的图样尺寸和不同的比例在工程图模块中创建多张二维工程图，而所创建的这些工程图都是由工程图管理功能完成的。

●---7.1.1 工程图简介---、

UG 制图是指将利用实体建模功能创建的零件和装配主模型引用到制图模块，快速生成二维工程图的过程。从严格意义上说，UG 的制图功能并非传统意义上的二维绘图，而是由三维模型投影得到二维图形。

1. 工程图特点

从 UG NX 的其他模块界面进入制图模块的过程是基于已建的三维实体模型的基础上的。因此，创建的工程图具有以下显著的特点：

❑ 工程图与三维模型之间具有完全相关性，三维模型的改变会反映在二维工程图上。

❑ 可以快速地建立具有完全相关性的剖视图，并可以自动产生剖面线。

❑ 具有自动对齐视图功能。此功能允许用户在图纸中快速放置视图，而不必考虑它们之间的对应关系。

❑ 能够自动隐藏不可见的线条。

❑ 可以在同一对话框中编辑大部分的工程标注（如尺寸、符号等）。

❑ 设计功能的充分柔性化，使概念设计变为现实。

在 UG NX 中，工程图的创建可以分为 4 个步骤，如图 7-1 所示。其中，创建工程图的核心部分是添加基本视图。

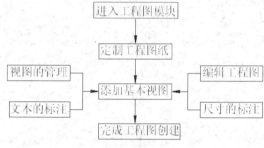

图 7-1 工程图创建流程

2. 工程图环境

在 UG NX 中，工程图环境是创建工程图的基础。用户可以将创建的各类实体模型都引用到工程图环境中，并且可以利用工程图模块中提供的各种操作工具创建不同的、符合设计需求的二维工程图，还可以对其进行编辑、复制和移动等操作。

调出【应用模块】选项卡，然后在该选项卡中单击【制图】按钮，即可进入工程图模块环境，其界面如图 7-2 所示。

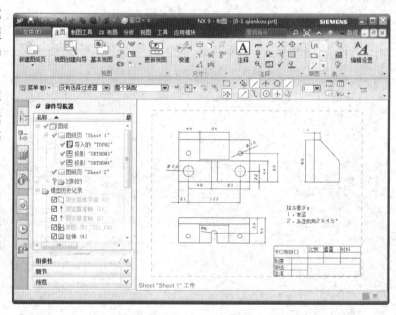

图 7-2 工程设计界面

3. 工程图参数预设置

在工程图环境中，为了更准确、有效地创建工程图，还可以根据需要进行相关参数的预设置，如线宽、隐藏线的显示、视图边界线的显示和颜色的设置等。

进入工程图模块后，选择【首选项】|【制图】选项，系统将打开【制图首选项】对话框，如图 7-3 所示。

在该对话框的【常规】选项卡中，可以进行图纸版次、图纸工作流、图纸设置及栅格设置；在【注释】选项卡中，可以设置对象在工程图中的显示参数（颜色、线型和线宽）。其中，【视图】选项卡是最常用的，其各主要选项的含义如下所述。

❑ 边界

利用该选项组中的【颜色】工具，可以设置视图边界的颜色；而【显示】复选框则控制着是否显示视图边界。如图 7-4 所示就是启用【显示】和禁用【显示】复选框的图形显示效果。

❑ 抽取的边

该选项组用于控制是否可以在工程图中选择视图表面。选择【显示和强调】选项，可以选取实体表面；选择【仅曲线】选项，则只能选取曲线。

❑ 加载组件

该选项组包含【视图选择时】和【原有视图更新时】两个复选框，用于自动加载组件的详细几何信息。其中，前者是指当标注尺寸或生成详细视图时，系统自动载入详细几何信息；后者是指当执行更新操作时，载入几何信息。

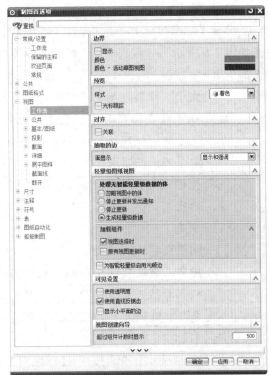

图 7-3 【制图首选项】对话框

7.1.2 建立工程图

建立工程图就是新建图纸页。该操作是进入工程图环境的第一步操作，在三维建模中创建的三维模型都将在这里生成符合设计要求的工程图。

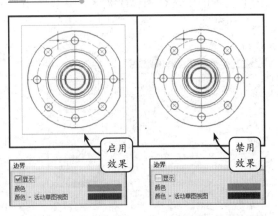

图 7-4 启用和禁用【显示边界】复选框

进入工程图环境，单击【新建图纸页】按钮，系统将打开【图纸页】对话框，如图 7-5 所示。该对话框的【大小】面板中包括 3 种类型的图纸建立方式，现分别介绍如下。

❑ 使用模板

选择【使用模板】单选按钮，【图纸页】对话框将展开如图 7-6 所示的参数选项。此时，用户可以直接在【大小】面板下方的列表框中选择相应的图纸型号，并单击【确定】

按钮将其应用于当前的工程图中。

❑ **标准尺寸**

选择【标准尺寸】单选按钮，【图纸页】对话框将展开如图 7-6 所示的参数选项。该对话框中各主要选项的含义如下所述。

➢ **大小** 该列表框用于指定图样的尺寸规格。用户可以直接在其下拉列表中选择与工程图相适应的图纸规格，且图纸的规格随选择的工程单位不同而不同。

➢ **比例** 该列表框用于设置工程图中各类视图的比例大小。一般情况下，系统默认的图纸比例是 1∶1。

图 7-5 【图纸页】对话框

➢ **图纸页名称** 该文本框用于输入新建工程图的名称。系统会自动按顺序排列。

➢ **投影** 该选项组中提供了两种用于设置视图投影视角的方式，即第一象限角投影和第三象限角投影。按照我国的制图标准，应选择第一象限角投影和毫米公制选项。

❑ **定制尺寸**

选择【定制尺寸】单选按钮，【图纸页】对话框将展开如图 7-7 所示的参数选项。此时，用户可以在【高度】和【长度】文本框中设置新建图纸的高度和长度，还可以在【比例】文本框中选择当前工程图的比例。其他选项与【标准尺寸】方式中的选项相同，这里不再赘述。

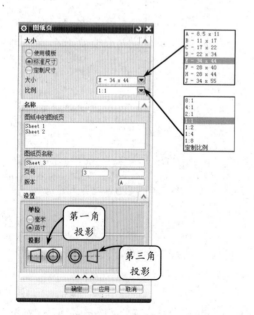

图 7-6　利用【标准尺寸】方式建立工程图

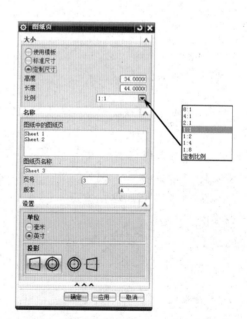

图 7-7　利用【定制尺寸】方式建立工程图

7.1.3 打开和删除工程图

在 UG NX 中,对于同一个实体模型,若采用不同的投影方法、不同的图样幅面尺寸和视图比例建立了多张二维工程图,当需要编辑其中一张工程图时,必须先在绘图区中将其工程图打开。

此时,用户可以在图纸导航器中选择要打开的图纸名称,并单击鼠标右键,在快捷菜单中选择【打开】选项即可,效果如图 7-8 所示。

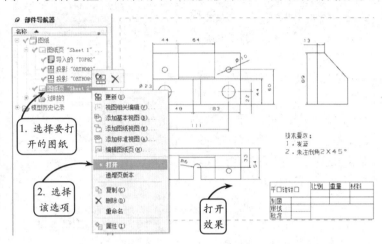

图 7-8　打开工程图

若要删除工程图,可在图纸导航器中选择要删除的图纸名称,并单击鼠标右键,在打开的快捷菜单中选择【删除】选项即可,如图 7-9 所示。

此外,用户也可以在绘图区中右键单击图纸的边界,在打开的快捷菜单中选择【删除】选项,即可删除该工程图,如图 7-10 所示。

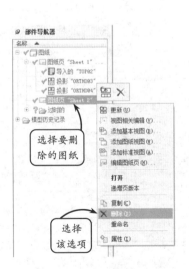

图 7-9　删除指定的工程图

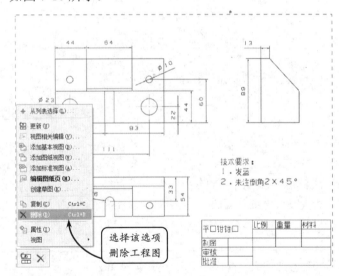

图 7-10　删除工程图

7.1.4 编辑图纸页

在工程图设置过程中,如果发现原来设置的工程图参数不符合设计要求(如图幅、比例不符合设计要求），可以对已有工程图的有关参数进行编辑修改。

要编辑图纸页，可以在图纸导航器中选择所需的图纸名称并单击右键，在打开的快捷菜单中选择【编辑图纸页】选项，系统即可打开【图纸页】对话框，如图 7-11 所示。

此时，用户可以在该对话框中按照上述介绍的建立工程图的方法进行设置，如编辑已存在的工程图的名称、尺寸、比例以及单位等参数。完成编辑后，单击【确定】按钮，系统即可以新的工程图参数显示工程图。

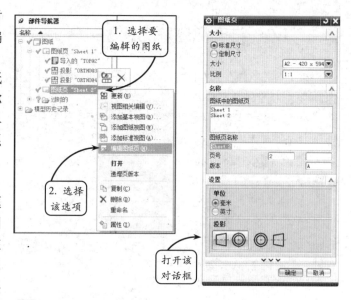

图 7-11　编辑图纸页

7.2　添加视图

在工程图中，视图是组成工程图的最基本的元素。图纸空间内的视图都是模型视图的复制，且仅存在于所显示的视图上。添加视图操作就是一个生成模型视图的过程，即向图纸空间中放置各种视图。一个工程图中可以包含若干个视图，这些视图可以是基本视图、投影视图或剖视图等，通过这些视图的组合可以清楚地对三维实体模型进行描述。

7.2.1　添加基本视图

基本视图是指将零件向基本投影面投影所得的图形，其包括零件模型的主图、后视图、仰视图、左视图、右视图和等轴测图等。一个工程图中至少包含一个基本视图，因此在建立工程图时，应尽量添加能反映实体模型主要形状特征的基本视图。

在【视图】工具栏中单击【基本视图】按钮，系统将打开【基本视图】对话框，如图 7-12 所示。该对话框中各主要选项的含义和功能如下所述。

□ 部件

该面板用于选择需要建立工程图的

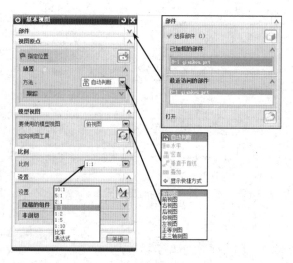

图 7-12　【基本视图】对话框

模型文件。

❑ **放置**

该选项组用于指定基本视图的放置方法。

❑ **模型视图**

该面板用于选择添加基本视图的种类。

❑ **比例**

该列表框用于设置添加基本视图的比例。

单击【基本视图】按钮🗔，并在【模型视图】面板中选择要添加的基本视图名称，然后在绘图区中的合适位置放置该基本视图即可，效果如图 7-13 所示。

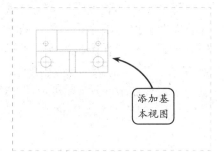

图 7-13 添加基本视图

7.2.2 添加投影视图

一般情况下，单一的基本视图是很难将一个复杂实体模型的形状表达清楚的，在添加完成基本视图后，还需要添加相应的投影视图才能够完整地将实体模型的形状和结构特征表达清楚。其中投影视图是从父项视图产生的正投影视图。

在建立基本视图的过程中，当完成一个基本视图的建立后，此时继续拖动鼠标，还可添加基本视图的其他投影视图。若已退出添加基本视图操作，可以在【视图】工具栏中单击【投影视图】按钮🗔，系统将打开【投影视图】对话框，如图 7-14 所示。

图 7-14 【投影视图】对话框

此时，系统将自动捕捉原基本视图作为父视图对象，用户可以在图纸中指定合适的投影位置，单击鼠标左键确认，即可创建相应的投影视图，效果如图 7-15 所示。

> **提 示**
>
> 在【投影视图】对话框中，用户可以对投影视图的放置位置、放置方法，以及反转投影方向等进行设置。其各参数选项的含义和功能与【基本视图】对话框相类似，这里不再赘述。

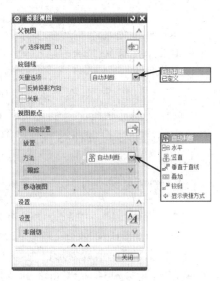

7.2.3 添加局部放大图

图 7-15 添加投影视图

当机件上某些细小结构在视图中表达不够清楚或者不便标注尺寸时，可将该部分结构用大于原图的比例显示，得到的图形称为局部放大图。局部放大图的边界可以定义为圆形，也可以定义为矩形。

在【视图】工具栏中单击【局部放大图】按钮🗔，系统将打开【局部放大图】对话框，如图 7-16 所示。

第 7 章 工程图建模

要创建局部放大图，首先在【局部放大图】对话框中指定放大视图的边界类型，然后在图纸中指定要放大处的中心点，并指定放大视图的边界点，最后设置放大比例，并在图纸中的适当位置放置该视图即可，效果如图 7-17 所示。

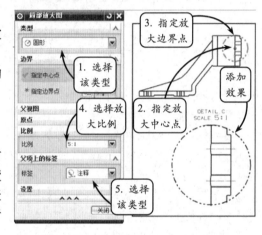

图 7-16　【局部放大图】对话框

7.2.4　添加剖视图

当零件的内部结构较为复杂时，视图中就会出现较多的虚线，致使图形表达不清楚，给看图、作图以及标注尺寸带来了困难。此时，就可以利用 UG 软件中提供的剖切视图工具创建相应的剖视图，以便更清晰、更准确地表达零件内部的结构特征。

1. 添加全剖视图

全剖视图是以一个假想平面为剖切面，对视图进行整体剖切的操作。当零件的内形比较复杂、外形比较简单或外形已在其他视图上表达清楚时，可以利用全剖视图工具对零件进行剖切。

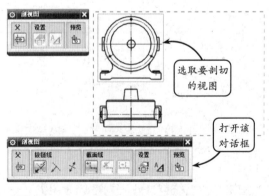

图 7-17　添加局部放大图

要创建全剖视图，可以在【视图】工具栏中单击【剖视图】按钮，系统将打开【剖视图】对话框。然后在图纸中单击选取要剖切的基本视图，即可将打开新的【剖视图】对话框，如图 7-18 所示。

此时，在基本视图上指定剖切位置，并拖动鼠标在绘图区的适当位置放置全剖视图即可，效果如图 7-19 所示。

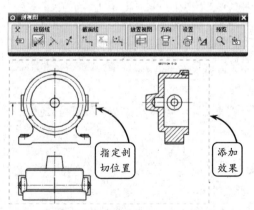

图 7-18　【剖视图】对话框　　　图 7-19　添加全剖视图

2. 添加半剖视图

半剖视图是指当零件具有对称平面时，向垂直于对称平面的投影面上投射所得到的图形。由于半剖视图既充分表达了机件的内部形状，又保留了机件的外部形状，所以常采用它来表达内、外部形状都比较复杂的对称机件。当机件的形状接近于对称，且不对称的部分已另有图形表达清楚时，也可以利用半剖视图来表达。

在【视图】工具栏中单击【半剖视图】按钮，系统将打开【半剖视图】对话框。然后在图纸中选取要剖切的基本视图，即可打开新的【半剖视图】对话框，如图 7-20 所示。

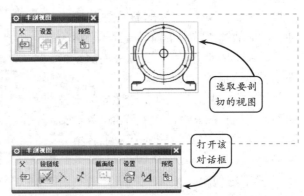

图 7-20 【半剖视图】对话框

此时，利用系统提供的矢量功能指定铰链线位置，并指定剖切位置，最后拖动鼠标将创建的半剖视图放置至图纸中的合适位置即可，效果如图 7-21 所示。

3. 添加旋转剖视图

用两个成一定角度的剖切面（两平面的交线垂直于某一基本投影面）剖开机件，以表达具有回转特征机件的内部形状的视图，称为旋转剖视图。该剖视图可以包含 1～2 个支架，每个支架可由若干个剖切段、弯着段等组成，且它们相交于一个旋转中心点。该剖视图的剖切线都围绕同一个旋转中心旋转，且所有的剖切面将展开在一个公共平面上。该功能常用于生成多个旋转截面上的零件剖切结构。

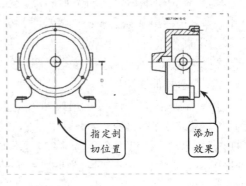

图 7-21 添加半剖视图

在【视图】工具栏中单击【旋转剖视图】按钮，系统将打开【旋转剖视图】对话框。然后在图纸中选取要剖切的基本视图，即可打开新的【旋转剖视图】对话框，如图 7-22 所示。

此时，在基本视图中选择旋转点，并在旋转点的两侧分别指定剖切位置，最后拖动鼠标将创建的旋转剖视图放置至适当的位置即可，效果如图 7-23 所示。

4．添加局部剖视图

局部剖视图是指用剖切平面局部地剖开机件所得到的视图。该剖视图是一种灵活的表达方法，可以用剖视部分表达机件的内部结构，用不剖的部分表达机件的外部形状。对一个视图采用局部剖视图表达时，剖切的次数不宜过多，否则会使图形过于破碎，影响图形的整体性和清晰性。局部剖视图常用于轴、连杆、手柄等实心零件上的小孔、槽、凹坑等局部结构需要表达内形的零件上。

在【视图】工具栏中单击【局部剖视图】按钮，系统将打开【局部剖】对话框，如图 7-24 所示。该对话框中各主要按钮的含义及功能如下所述。

❑ **选择视图**

打开【局部剖】对话框后，【选择视图】按钮将自动激活。此时，可在图纸中选取已建立局部剖视边界的视图作为要操作的视图对象。

❑ **指出基点**

基点是指用于指定剖切位置的点。选取视图后，【指出基点】按钮将被激活。此时可选取一点来指定局部剖视的剖切位置。但是，基点不能选择局部剖视图中的点，而要选择其他视图中的点。

❑ **指出拉伸矢量**

指定了基点位置后，【指出拉伸矢量】按钮将被激活，对话框的视图列表框会变为如图 7-25 所示的矢量选项形式。此时，图纸中会显示缺省的投影方向，用户可以接受缺省方向，也可用矢量功能选项指定其他方向作为投影方向。

❑ **选择曲线**

这里的曲线指的是局部剖视图的剖切范围。在指定了剖切基点和拉伸矢量后，【选择曲线】按钮被激活，对话框的视图列表框会变为如图 7-26 所示的形式。此时，用户可以直接在图形中选取曲线，当选取错误时，可利用【取消选择上一个】选项来取消前一次选择。如果选取的剖切边界符合要求，单击【应用】按钮，系统

UG NX 9 中文版标准教程

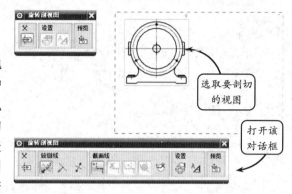

图 7-22　【旋转剖视图】对话框

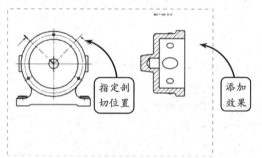

图 7-23　添加旋转剖视图

图 7-24　【局部剖】对话框

图 7-25　【局部剖】对话框

即可自动生成局部剖视图。

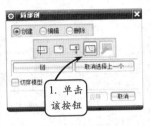

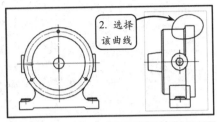

❑ **修改边界曲线**

选取局部剖视图边界后，【修改边界曲线】按钮将被激活，其相关选项包含【捕捉作图线】

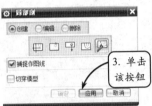

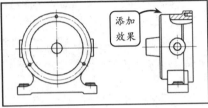

图 7-26 添加局部剖视图

和【切穿模型】两个复选框。如果选取的边界不理想，可在该步骤中对其进行编辑修改。在编辑边界曲线时，如启用【捕捉作图线】复选框，则在编辑过程中，系统会自动捕捉构造线；用户也可启用【切穿模型】功能选项来修改边界和移动边界位置。完成边界的编辑后，系统会在选择的视图中生成新的局部剖视图。

7.3 编辑工程图

工程图的绘制不是一蹴而就的，尤其是在工程图中添加各类视图后，如果发现原来设置的工程图参数无法满足要求，就可以利用 UG NX 软件提供的视图编辑功能调整视图的位置、边界或改变视图的参数等。这些编辑功能在实际操作中起着至关重要的作用。

7.3.1 移动/复制视图

在 UG NX 中，工程图中任何视图的位置都是可以改变的，其中移动和复制视图操作都可以改变视图在图形窗口中的位置。两者的不同之处是：前者是将原视图直接移动到指定的位置，后者是在原来视图的基础上新建一个副本，并将该副本移动到指定的位置。

要移动和复制视图，在【视图】工具栏中单击【移动/复制视图】按钮，系统将打开【移动/复制视图】对话框，如图 7-27 所示。该对话框中各主要选项的功能及含义如下所述。

❑ **视图列表框**

用于显示和选择当前图纸中的视图。

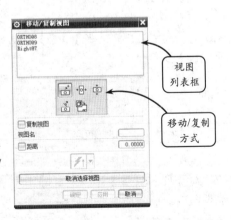

图 7-27 【移动/复制视图】对话框

❏ **复制视图**

该复选框用于选择移动或复制视图。

❏ **视图名**

在该文本框中可以编辑视图的名称。

❏ **距离**

启用该复选框，可以在文本框中设置移动或复制视图的距离。

❏ **取消选择视图**

单击该按钮，可以取消已经选择的视图。

❏ **至一点** 📐

选取要移动（或复制）的视图后，单击【至一点】按钮📐，该视图的一个虚拟边框将随着鼠标的移动而移动。当移动至合适位置后单击鼠标左键，即可将视图移动或复制到该位置。

❏ **水平** ⬚

选取需要移动（或复制）的视图后，单击【水平】按钮⬚，此时系统将沿水平方向移动（或复制）该视图。

❏ **垂直** ⬚

选取需要移动（或复制）的视图后，单击【垂直】按钮⬚，此时系统将沿竖直方向移动（或复制）该视图。

❏ **垂直于直线** 📐

选取需要移动（或复制）的视图后，单击【垂直于直线】按钮📐，此时系统将沿垂直于一条直线的方向移动（或复制）该视图。

❏ **至另一图纸** 📑

选取需要移动（或复制）的视图后，单击【至另一图纸】按钮📑，此时所选的视图将会移动（或复制）到指定的另一张图纸页中去。

现以【水平】方式复制视图为例，介绍其具体操作方法。在视图列表框中选择要复制的视图名称，然后单击【水平】按钮⬚，并启用【复制视图】复选框。接着在【距离】文本框中设置移动距离，并在图纸中指定移动方向即可，效果如图 7-28 所示。

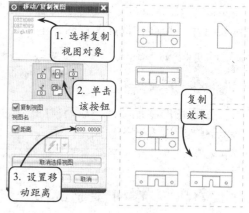

图 7-28　水平复制视图

7.3.2　对齐视图

对齐视图是指选择一个视图作为参照，使其他视图以参照视图为基准，进行水平或竖直方向对齐。在【视图】工具栏中单击【视图对齐】按钮🗔，系统将打开【视图对齐】对话框，如图 7-29 所示。

图 7-29　【视图对齐】对话框

该对话框提供了【自动判断】、【水平】、【竖直】、【垂直于直线】、【叠加】和【铰链】6 种对齐视图的方式。现以【水平】方式为例，介绍其具体操作方法。

选择要对齐的视图，然后在【视图对齐】对话框中选择【水平】对齐方法，并指定【模型点】对齐基准方式。接着在相应的目标视图中选择一基准点，系统即可根据选择的基点对齐视图，效果如图 7-30 所示。

其中，当选择【水平】、【竖直】、【垂直于直线】和【叠加】4 种对齐方法时，【视图对齐】对话框中将新展开【对齐】列表框。该列表框中的对齐基准选项用于设置对齐时的视图参考点，共包括 3 种基准方式：【模型点】选项用于选取模型中的一点作为基准点进行对齐；【至视图】选项可以将所选取的视图中心点作为基准点；【点到点】选项要求用户在要对齐的各视图中分别指定基准点，然后按照指定的点进行对齐。

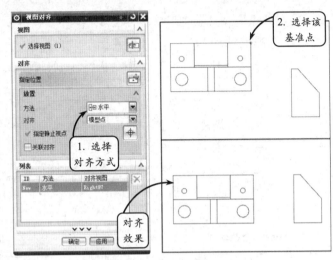

图 7-30　水平对齐视图

7.3.3　定义视图边界

定义视图边界主要是为视图定义一个新的边界类型，以改变视图在图纸中的显示状态。在创建工程图的过程中，经常会遇到定义视图边界的情况，例如在创建局部剖视图的边界曲线时，需要将视图边界进行放大操作等。

在【视图】工具栏中单击【视图边界】按钮，系统将打开【视图边界】对话框，如图 7-31 所示。该对话框中各主要选项的含义及功能如下所述。

❑　视图列表框

该列表框用于选择要定义边界的视图。在进行定义视图边界操作前，用户先要选择所需的视图。选择视图的方法有两种：一种是在视图列表框中选择视图；另一种是直接在图纸中选择视图。当视图选择错误时，还可以单击【重置】按钮重新选择。

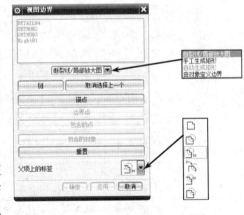

图 7-31　【视图边界】对话框

❑　视图边界类型

在该下拉列表框中可以选择视图边界的类型，主要有以下 4 种。

➤　**断裂线/局部放大图**　当选择的视图中含有断裂线或局部放大图时，该选项被激活。选择该选项后，可以在视图中选取已定义的断裂线或局部视图的边界线。此时，该视图将只显示被定义的边界曲线围绕的视图部分。

> **手工生成矩形** 当选择该选项定义视图边界时，可以通过在选择的视图中按住鼠标左键并拖曳鼠标来生成矩形的边界。该边界也可随模型的更改而自动调整。

> **自动生成矩形** 选择该选项，系统将自动生成一个矩形的边界，且该边界同样可随模型的更改而自动调整。

> **由对象定义边界** 该选项通过选择要包围的对象来定义视图的范围。选择该选项后，可以单击【包含的点】或【包含的对象】按钮，在视图中选择要包围的点或线生成相应的边界，效果如图 7-32 所示。

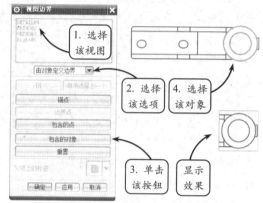

图 7-32 由对象定义边界

❑ **按钮选项组**

在定义视图边界时，单击按钮区中的相关按钮可以进行指定对象的类型、定义视图边界的包含对象等操作。

> **链** 该按钮用于选择链接曲线。单击该按钮，可以按顺时针方向选取曲线的开始段和结束段，且此时系统会自动完成整条链接曲线的选择。该按钮仅在选择了【断裂线/局部放大图】选项时才被激活。

> **取消选择上一个** 该按钮用于取消前一次所选择的曲线，该按钮同样仅在选择了【断裂线/局部放大图】选项时才被激活。

> **锚点** 锚点是将视图边界固定在视图中指定对象的相关联的点上，使边界随指定位置的变化而变化。若没有指定锚点，模型修改时，视图边界中的部分图形对象可能发生位置变化，使视图边界中所显示的内容不是希望的内容。反之，若指定与视图对象关联的固定点，当模型修改时，即使产生了位置变化，视图边界会跟着指定点进行移动。

> **边界点** 该按钮用于以指定点的方式定义视图的边界范围。

> **包含的点** 该按钮用于选择视图边界要包围的点，其仅在选择【由对象定义边界】选项时才会被激活。

> **包含的对象** 该按钮用于选择视图边界要包围的对象，且其同样只在选择【由对象定义边界】选项时才被激活。

> **重置** 该按钮用于放弃所选的视图，以便重新选择其他视图。

❑ **父项上的标签**

当选择的视图为局部放大图时，该下拉列表框被激活，用来确定父视图中局部放大视图标签的显示状态。共包含以下 6 种显示方式。

> **无** 选择该选项,在局部放大图的父视图中将不显示放大部位的边界,效果如图 7-33 所示。

> **圆** 选择该选项,父视图中的放大部位无论是什么形状的边界,都将以圆形边界来显示,效果如图 7-34 所示。

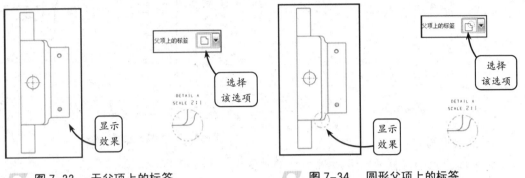

图 7-33　无父项上的标签 　　　　　　　　图 7-34　圆形父项上的标签

> **注释** 选择该选项,在局部放大图的父视图中将同时显示放大部位的边界和标签,效果如图 7-35 所示。

> **标签** 选择该选项,不仅可以在父视图中将显示放大部位的边界与标签,还可以利用箭头从标签指向放大部位的边界,效果如图 7-36 所示。

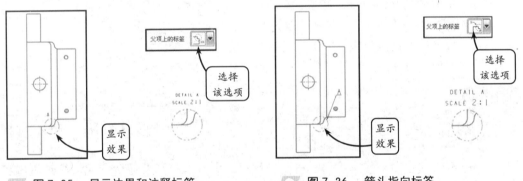

图 7-35　显示边界和注释标签 　　　　　　图 7-36　箭头指向标签

> **内嵌** 选择该选项,可以在父视图中显示放大部位的边界与标签,并将标识嵌入放大边界曲线中,效果如图 7-37 所示。

> **边界** 选择该选项,在父视图中只能显示放大部位的原有边界,而不显示放大部位的标签,效果如图 7-38 所示。

7.3.4　视图相关编辑

前面介绍的有关操作都是对工程图的宏观操作,而视图的相关编辑属于细节操作,其主要作用是对视图中的几何对象进行编辑和修改。在【视图】工具栏中单击【视图相关编辑】按钮,系统将打开【视图相关编辑】对话框,如图 7-39 所示。该对话框中各主要选项和按钮的含义及功能如下所述。

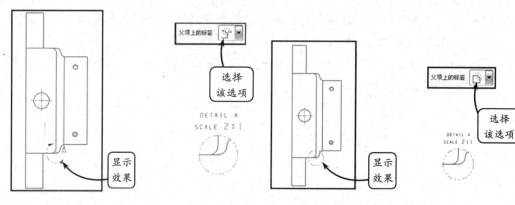

图 7-37　内嵌标签　　　　　　　　　　图 7-38　显示原有边界

□　添加编辑

该选项组用于选择要进行哪种类型的视图编辑操作，系统提供了如下 5 种视图编辑操作的方式。

➤　擦除对象 　该按钮用于擦除视图中选择的对象。选择相应的视图后，该按钮才会被激活。此时，用户可以在视图中直接选取要擦除的对象。擦除对象不同于删除操作，擦除操作仅仅是将所选取的对象隐藏起来，不进行显示，效果如图 7-40 所示。

图 7-39　【视图相关编辑】对话框

注　意

利用该方式擦除视图对象时，无法擦除有尺寸标注和与尺寸标注相关的视图对象。

➤　编辑完整对象 　该按钮用于编辑视图中所选对象的显示方式，编辑的内容包括颜色、线型和线宽。单击该按钮，并在【线框编辑】面板中设置颜色、线型和线宽参数。然后单击【应用】按钮，并在视图中选取需要编辑的图形对象即可，效果如图 7-41 所示。

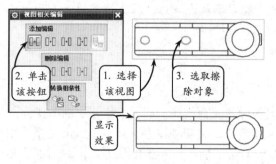

图 7-40　擦除孔特征

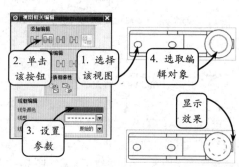

图 7-41　将轮廓线显示为虚线

UG NX 9 中文版标准教程

> 编辑着色对象▦ 该按钮用于编辑视图中某一部分的显示方式。单击该按钮后，可在视图中选取需要编辑的对象，然后在【着色编辑】面板中设置颜色、局部着色和透明度参数，并单击【应用】按钮即可。

> 编辑对象段▦ 该按钮用于编辑视图中某个片段的显示方式。单击该按钮，并在【线框编辑】面板中设置颜色、线型和线宽参数，然后在视图中选取需要编辑的对象即可。

> 编辑剖视图背景▦ 该按钮用于编辑剖视图的背景。选取要编辑的剖视图，并单击该按钮，然后利用打开的【类选择】对话框选取剖视图中的对象，最后单击【确定】按钮即可。

❑ 删除编辑

该选项组用于删除前面所进行的某些编辑操作，系统共提供了3种删除编辑操作的方式。

> 删除选定的擦除▦ 该按钮用于删除前面所进行的擦除操作，使删除的对象重新显示出来。单击该按钮，系统将打开【类选择】对话框，已擦除的对象会在视图中加亮显示。此时，在视图中选取删除对象，则所选对象将重新显示在视图中。

> 删除选定的编辑▦ 该按钮用于删除所选视图进行的某些修改操作，使编辑的对象回到原来的显示状态。单击该按钮，系统将打开【类选择】对话框，且已编辑的对象会在视图中加亮显示。此时，选取编辑的对象，所选对象将会以原来的颜色、线型和线宽在视图中显示出来。

> 删除所有编辑▦ 该按钮用于删除所选视图先前进行的所有编辑，所有编辑过的对象全部回到原来的显示状态。单击该按钮，系统将打开【删除所有编辑】对话框。此时确定是否要删除所有的编辑操作即可。

❑ 转换相依性

该选项组用于控制对象在视图与模型之间进行转换。

> 模型转换到视图▦ 该按钮用于将模型中存在的单独对象转换到视图中。单击该按钮，然后根据打开的【类选择】对话框选取要转换的对象，此时所选对象即可转换到视图中。

> 视图转换到模型▦ 该按钮用于将视图中存在的单独对象转换到模型中。单击该按钮，然后根据打开的【类选择】对话框选取要转换的对象，此时所选对象即可转换到模型中。

7.3.5 显示和更新视图

在创建工程图的过程中，当需要进行工程图和实体模型之间切换，或者需要去掉不必要的显示部分时，可以应用视图的显示和更新操作。

1. 视图的显示

单击【显示图纸页】按钮▦，系统将自动在建模环境和工程图环境之间进行切换，以方便实体模型和工程图之间的对比观察等操作。

2. 视图的更新

所有的视图被更新后将不会有高亮的视图边界；反之，未更新的视图会有高亮的视图边界。需要注意的是：手工定义的边界只能用手工的方式来更新。

在【视图】工具栏中单击【更新视图】按钮，系统将打开【更新视图】对话框，如图 7-42 所示。该对话框中各选项的含义及功能如下所述。

❑ **选择视图**

单击该按钮，可以在图纸中选取要更新的视图。选择视图的方式有多种：可以在视图列表框中选择，也可以在图纸中用鼠标直接选取。

❑ **显示图纸中的所有视图**

图 7-42　【更新视图】对话框

该复选框用于控制视图列表框中所列出的视图种类。启用该复选框时，列表框中将列出所有的视图；若禁用该复选框，将不显示过时视图，需要手动选择需更新的过时视图。

❑ **选择所有过时视图**

该按钮用于选择工程图中所有的过时视图。

❑ **选择所有过时自动更新视图**

该按钮用于自动选择工程图中所有过时的视图。

提　示

过时视图是指由于实体模型的改变或更新而需要更新的视图。如果不进行更新，将不能反映实体模型的最新状态。

7.4　标注工程图

尺寸标注用于表达对象尺寸值的大小。仅含有基本视图的工程图，只能表达零件的基本形状以及装配位置关系等信息，当对工程图进行标注后，即可完整地表达出零件的尺寸、形位公差和表面粗糙度等重要信息。此时，工程图才可以作为生成加工的依据。因此，工程图的标注在实际生产中起着至关重要的作用。

7.4.1　设置尺寸样式

在标注工程图尺寸时，可以根据设计需要，对与尺寸相关的尺寸精度、箭头类型、尺寸位置及单位等参数进行设置。

在【尺寸】工具栏中单击任意按钮，并在打开的相应对话框中单击【设置】按钮，系统将打开【设置】对话框，如图 7-43 所示。在该对话框中切换至相应的选项卡，即可进行相应的尺寸样式设置，这里不再赘述。

7.4.2　尺寸标注

尺寸标注用于表达实体模型尺寸值的大小。在 UG NX 中，工程图模块和建模模块是相关联的，在工程图中标注的尺寸就是所对应实体模型的真实尺寸，因此在工程图环境中无法任意修改尺寸。只有在实体模型中修改了某个尺寸参数，工程图中的相应尺寸才会自动更新，从而保证了工程图与实体模型的一致性。

选择【插入】|【尺寸】子菜单中的相应选项，或者在【尺寸】工具栏中单击相应的按钮，都可以对工程图进行尺寸标注，其【尺寸】子菜单和【尺寸】工具栏如图7-44所示。

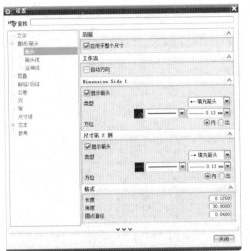

图 7-43　【设置】对话框

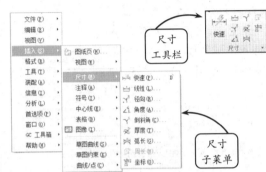

图 7-44　【尺寸】子菜单和【尺寸】工具栏

在进行尺寸标注时，首先要选择相应的标注类型，各类型的含义可以参照表7-1。

表 7-1　标注类型含义

按钮	名　称	含义和使用方法
	快速	根据选定对象和光标的位置，自动判断尺寸类型来创建一个尺寸
	线性	在两个对象或点位置之间创建线性尺寸
	径向	创建圆形对象的半径或直径尺寸
	角度	在两条不平行的直线之间创建角度尺寸
	倒斜角	在倒斜角曲线上创建倒斜角尺寸
	厚度	创建一个厚度尺寸，测量两条曲线之间的距离
	弧长	创建一个弧长尺寸来测量圆弧周长
	周长尺寸	创建周长约束以控制选定直线和圆弧的集体长度
	纵坐标	创建一个坐标尺寸，测量从公共点沿一条坐标基线到某一位置的距离

7.4.3　标注/编辑文本

一张完整的图纸，不仅包括了用于表达实体模型具体结构的各类视图，还包括了用于表达零件形状大小的基本尺寸，同时包括了用于技术要求等有关说明的文本标注，以及用于表达特殊结构的尺寸、定位部分的制图符号和形位公差等。

1. 文本标注

标注文本主要是对图纸上的相关内容做进一步说明，如零件的加工技术要求和标题

栏中的有关文本注释等。在【注
释】工具栏中单击【注释】按钮
Ⓐ，系统将打开【注释】对话框，
如图 7-45 所示。

要标注文本，可以在该对话
框的【文本输入】面板中输入要
标注的文本内容，并可以在【符
号】面板中插入相应的符号。完
成文本内容的输入后，还可以在
【编辑文本】面板中对其进行编
辑，在【格式化】面板中选择相
应的字体和字体的大小。最后在
视图中的适当位置放置该文本
即可。

2．文本编辑

编辑文本是对已经存在的
文本进行编辑和修改，使其符合
注释的要求。上述介绍的【注释】
对话框只能对所标注的文本作
简单的文本编辑，当需要对文本做更为详
细的编辑时，可以利用【文本编辑器】进
行相应的操作。

在【注释】工具栏中单击【编辑文本】
按钮Ⓐ，系统将打开【文本】对话框。此
时，单击该对话框中的【文本编辑器】按
钮Ⓐ，即可打开【文本编辑器】对话框，
如图 7-46 所示。

该对话框的文本编辑选项组中的各工
具用于文本类型的选择、文本高度的编辑
等操作；附加文本框是一个标准的多行文
本输入区，使用标准的系统位图字体，用
于输入文本和系统规定的控制字符；文本
符号选项卡中包含了 5 种类型的选项卡，
用于编辑文本符号。

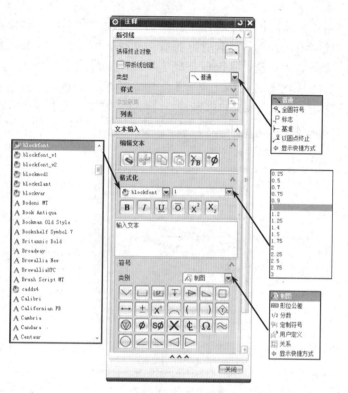

图 7-45　【注释】对话框

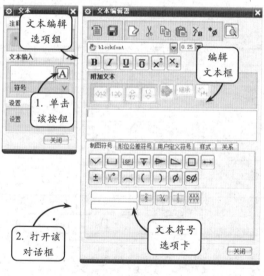

图 7-46　【文本编辑器】对话框

7.4.4　标注符号

在标注工程图的过程中，对于机械类的加工零件，还需要标注相应的表面粗糙度和形位公差等符号，使其符合实际生产的技术要求，现分别介绍如下。

1. 表面粗糙度

表面粗糙度是指加工表面具有的较小间距和微小峰谷不平度，其两波峰或两波谷之间的距离（波距）很小（在 1mm 以下），用肉眼很难区别，属于微观几何形状误差。在绘制工程图时，零部件的配合表面、基准面或要求较为严格的加工表面，都需要进行表面粗糙度的标注。

在【注释】工具栏中单击【表面粗糙度符号】按钮√，系统将打开如图 7-47 所示的【表面粗糙度】对话框。该对话框用于在视图中对所选对象进行表面粗糙度的标注。

在标注表面粗糙度时，首先在对话框的【除料】下拉列表框中选择相应的类型，然后在对话框的中部依次设置该粗糙度类型的文本尺寸和相关参数选项。指定各项参数后，在对话框下部的【设置】面板

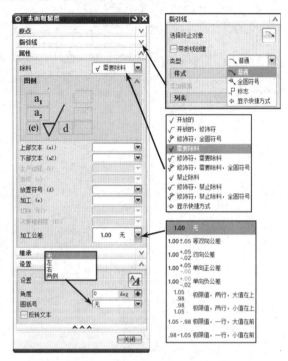

图 7-47　【表面粗糙度】对话框

中设置文本尺寸的样式和倾斜角度。最后在视图中选择标注的对象，确定粗糙度符号的添加位置即可。

2. 形位公差

形位公差是指形状和位置尺寸所允许的上下偏差之和，用于表示标注对象与参考基准之间的关系。在创建单个零件或装配体等实体工程图时，一般都需要对基准、加工表面进行有关基准或公差项目符号的标注。

在【文本编辑器】对话框中单击【形位公差符号】按钮，即可切换至【形位公差符号】选项卡，如图 7-48 所示。该选项卡列出了各种用于标注的形位公差符号、基准符号和标注格式，以及公差标准类型。

在视图中标注形位公差时，首先要在【框架种类】选项组中选择公差框架格式，并设定公差标准类型。然后指定形位公差符号，并输入相关公差参数。如果是位置公差，还应该选择隔离线和基准符号。设置后的公差框会在预览窗口中显示，如果不符合要求，

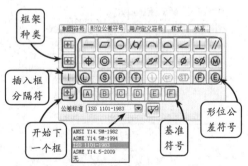

图 7-48　【形位公差符号】选项卡

可以在编辑窗口中进行修改。完成公差框的设置后，将其定位在视图中即可。

本实例创建台虎钳口的零件工程图，效果如图7-49所示。该零件是台虎钳上的活动钳口，一般由钳体、固定孔和U形槽等特征组成，主要起夹持工件的作用。其中，固定孔用来固定该钳口本体，U形槽可以通过螺栓调整活动钳口相对于夹紧工间的位移增量。

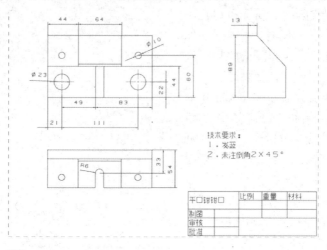

图7-49　钳口工程图

在绘制钳口工程图时，可以先添加表达其主要形状特征的3个视图，然后分别进行尺寸和文本的标注，即可完成该零件工程图的创建。

操作步骤：

1　打开需要创建工程图的钳口原模型，并进入UG NX的制图模块。然后单击【新建图纸页】按钮，创建一张大小为A2，比例为1∶1，投影方式为第一角投影的图纸页，如图7-50所示。

图7-50　定义图纸页

2　单击【视图】工具栏中的【基本视图】按钮，按照如图7-51所示添加相应的视图对象。

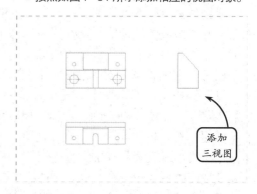

图7-51　添加基本视图

3　选择【首选项】|【制图】选项，切换至【尺寸】选项卡，按照如图7-52所示设置尺寸样式。

4　切换至【直线/箭头】选项卡，按照如图7-53所示设置直线和箭头的标注样式。

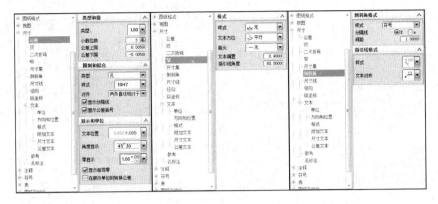

图 7-52　设置尺寸样式

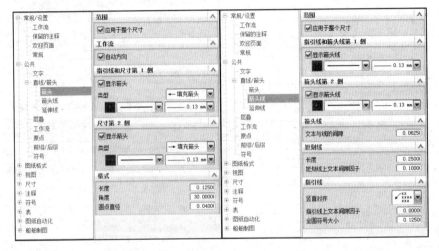

图 7-53　设置直线和箭头的标注样式

5　切换至【文字】选项卡，按照如图 7-54 所示设置文字的标注样式。

6　分别切换至【单位】和【径向】选项卡，按照如图 7-55 所示设置相关的标注样式。

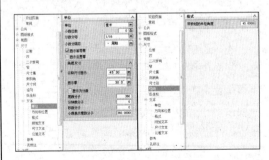

图 7-55　设置尺寸单位形式和径向标注样式

7　单击【尺寸】工具栏中的【线性】按钮，对各视图进行如图 7-56 所示的尺寸标注。

8　单击【尺寸】工具栏中的【径向】按钮，进行钳口的直径和半径尺寸标注，效果如图

图 7-54　设置文字标注样式

7-57 所示。

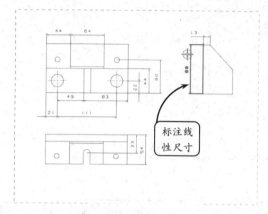

图 7-56　标注线性尺寸

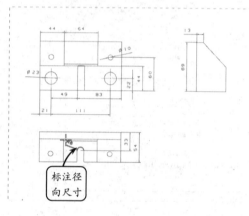

图 7-57　标注径向尺寸

9　在【表】工具栏中单击【表格注释】按钮 🔲，在图中插入表格，并对其进行相应的编辑，效果如图 7-58 所示。

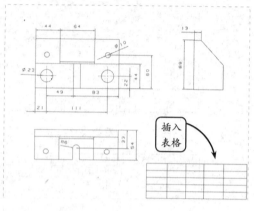

图 7-58　插入表格

10　在【注释】工具栏中单击【注释】按钮 **A**，标注图纸中的技术要求。然后双击相应的表格单元，添加标题栏中的文本，效果如图7-49 所示。至此，钳口工程图创建完成。

7.6　课堂实例 7-2：创建转动手柄工程图

　　本实例创建一个转动手柄工程图，效果如图 7-59 所示。它主要由压杆和压把组成，其中压把部分是和手直接接触的部分，为了在使用时手感舒适，在设计时采用固定式设计，且其表面常采用镀铬和抛光处理。转动手柄常用于车床、摇臂钻床等机器设备中。通常情况下，在车床中可通过调整手柄控制刀架的移动方向，利用刀架的移动来控制刀的进给量和切削量等。

　　由图 7-59 可知，该转动手柄工程

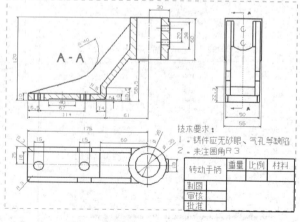

图 7-59　转动手柄工程图

图由三个视图组成。其中主视图为全剖视图，俯视图和左视图是以主视图为依据的正投影视图。因此，在创建工程图时，首先添加基本视图以及投影视图，然后将基本视图删除并添加全剖视图。接着对视图的有关参数进行编辑和修改。最后在该工程图中添加尺寸标注、文本标注以及标题栏即可。

操作步骤：

1 打开需要创建工程图的转动手柄原模型，并进入 UG NX 的制图模块。然后单击【新建图纸页】按钮🗋，创建一张大小为 A2，比例为 1∶1，投影方式为第一角投影的图纸页，如图 7-60 所示。

图 7-60　定义图纸页

2 在【视图】工具栏中单击【基本视图】按钮🖼，并在打开的对话框中选择【要使用的模型视图】列表框中的【右视图】选项作为基本视图，即主视图，效果如图 7-61 所示。

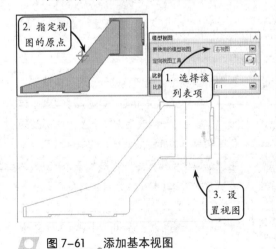

图 7-61　添加基本视图

3 在【视图】工具栏中单击【投影视图】按钮◈，然后以主视图作为父视图，在主视图的右侧和下侧选取合适位置放置左视图和俯视图，效果如图 7-62 所示。

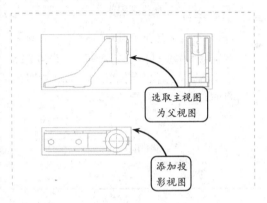

图 7-62　添加投影视图

4 选取主视图，单击鼠标右键，然后在打开的快捷菜单中选择【删除】选项，将主视图删除，效果如图 7-63 所示。

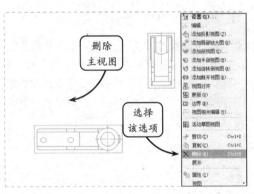

图 7-63　删除主视图

5 在【视图】工具栏中单击【剖视图】按钮⬭，然后选取左视图为剖切的父视图，并在左视图中指定铰链线的位置。接着在左视图左侧的适当位置放置剖视图即可，效果如图 7-64 所示。

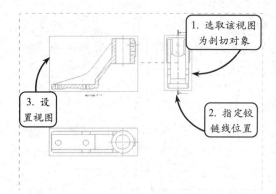

图 7-64 添加全剖视图

6 选择【首选项】|【制图】选项，在打开的
对话框中切换至【视图】选项卡，禁用【边
界】面板中的【显示】复选框，取消视图边
界的显示，效果如图 7-65 所示。

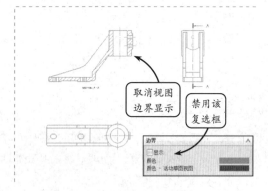

图 7-65 取消视图边界显示

7 依次选取全剖视图、左视图以及俯视图的视
图边界，单击标鼠右键，然后选择【设置】
选项。此时，在【可见线】选项卡设置线框
颜色为黑色，并在【常规】选项卡中设置视
图比率为 1.4，如图 7-66 所示。

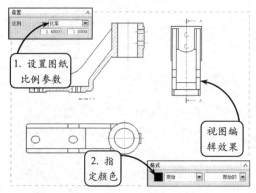

图 7-66 编辑视图显示

8 依次选取全剖视图的剖面线和其他视图的
中心线，然后单击鼠标右键，并在打开的快
捷菜单中选择【编辑显示】选项。接着在打
开的【编辑对象显示】对话框中修改线型的
颜色显示，效果如图 7-67 所示。

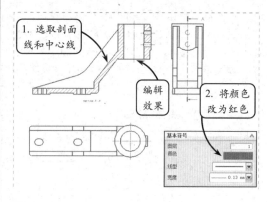

图 7-67 编辑剖面线及中心线显示

9 选取剖切符号，并单击鼠标右键，然后在打
开的快捷菜单中选择【设置】选项，并在打
开的对话框中按照如图 7-68 所示设置参
数，改变剖切符号的显示。

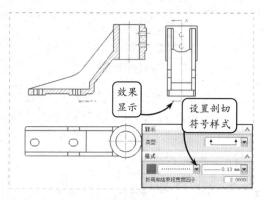

图 7-68 编辑剖切符号

10 选取全剖视图的视图标签，然后单击鼠标右
键，并在打开的快捷菜单中选择【设置】选
项。接着在打开的对话框中调整视图标签的
位置和显示内容，效果如图 7-69 所示。

11 继续选取全剖视图中的视图标签，单击鼠标
右键，并选择【样式】选项。然后在打开的
【注释样式】对话框中切换至【文字】选项
卡，设置标签注释的字符大小和类型，效果

如图 7-70 所示。

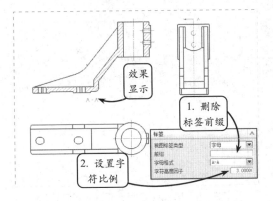

图 7-69　编辑视图标签样式

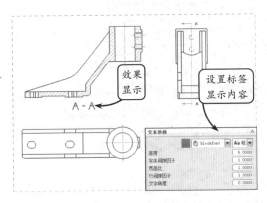

图 7-70　编辑剖视图标签显示

12　双击要编辑的剖面线,系统将打开【剖面线】
对话框。在该对话框中的【距离】文本框和
【角度】文本框中分别设置距离参数和角度
参数,效果如图 7-71 所示。

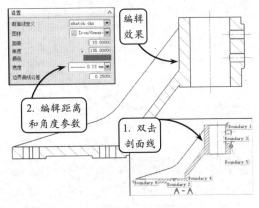

图 7-71　编辑剖面线显示

13　在【注释】工具栏中单击【2D 中心线】按
钮⊕,然后在视图中依次选取要创建中心线
的曲线对象,添加相应的中心线,效果如图
7-72 所示。

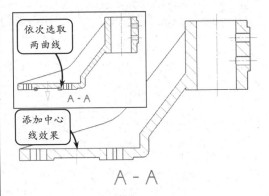

图 7-72　添加视图中心线

14　选取左视图并按住鼠标左键不松开,将其拖
动至适当的位置。然后拖动视图标签至适当
的位置,效果如图 7-73 所示。

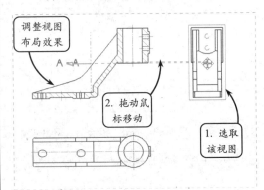

图 7-73　调整视图布局

15　选择【首选项】|【制图】选项,切换至【尺
寸】选项卡,按照如图 7-74 所示设置尺寸
样式。

16　切换至【直线/箭头】选项卡,按照如图 7-75
所示设置直线和箭头的标注样式。

17　切换至【文字】选项卡,按照如图 7-76 所
示设置文字的标注样式。

18　在【尺寸】工具栏中单击【线性】按钮⊣,
然后在视图中依次选取水平和竖直边线进
行线性尺寸标注,效果如图 7-77 所示。

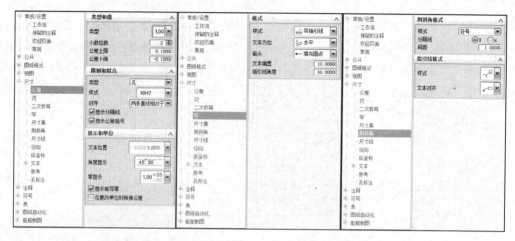

图 7-74　设置尺寸样式

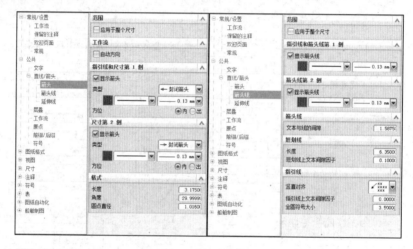

图 7-75　设置直线和箭头的标注样式

图 7-76　设置文字标注样式

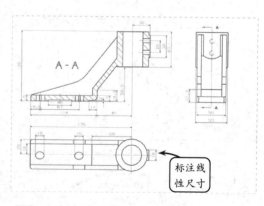

图 7-77　标注线性尺寸

19 在【尺寸】工具栏中单击【径向】按钮 ，然后依次选取视图中的圆弧和圆进行标注，效果如图 7-78 所示。

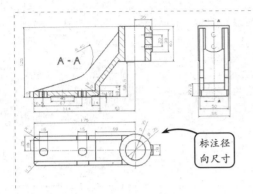

図 7-78　标注径向尺寸

20 在【表】工具栏中单击【表格注释】按钮
   ，然后在视图的右下角适当位置插入表格，效
   果如图 7-79 所示。

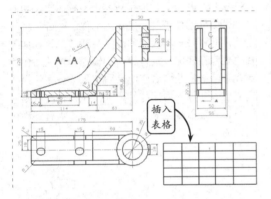

插入表格

图 7-79　插入表格

21 在【表】工具栏中单击【合并单元格】按钮
   ，选取要合并的表格，并单击鼠标右键，
   在打开的快捷菜单中选择【合并单元格】选
   项，即可合并选取的表格，效果如图 7-80
   所示。

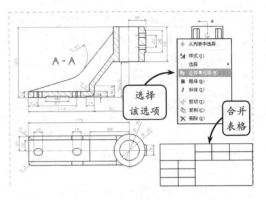

选择
该选项

合并
表格

图 7-80　编辑表格

22 在【注释】工具栏中单击【注释】按钮，
   系统将打开【注释】对话框。此时，在【文
   本输入】面板中输入相应的文本，并设置字
   符的大小、颜色以及比例等属性，效果如图
   7-81 所示。

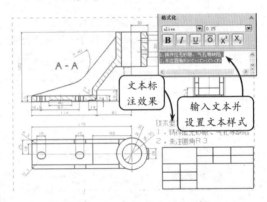

文本标
注效果

输入文本并
设置文本样式

图 7-81　标注文本

23 双击相应的表格单元，在表格中添加零件的
   名称、重量、比例以及材料等内容，效果如
   图 7-59 所示。至此，转动手柄零件工程图
   创建完成。

7.7　思考练习

一、填空题

1.＿＿＿＿＿＿是设计部门提供给生产部门
用于生产制造和检验零部件的重要技术文件。

2. 在工程图中，＿＿＿＿＿＿是组成工程图
的最基本的元素，其可以是基本视图、投影视图
或剖视图等，通过这些组合可以清楚地对三维实
体模型进行描述。

3. 当机件上某些细小结构在视图中表达不
够清楚或者不便标注尺寸时，可将该部分结构用
大于原图的比例显示，得到的图形称为
＿＿＿＿＿＿。

4.＿＿＿＿＿＿可以用剖视部分表达机件的
内部结构，用不剖的部分表达机件的外部形状。

5．在创建工程图的过程中，当需要进行工程图和实体模型之间切换，或者需要去掉不必要的显示部分时，可以应用视图的_____操作。

二、选择题

1．用剖切面局部地剖开机件，所得到的剖视图称为_____。

    A．局部剖视图

    B．旋转剖视图

    C．局部放大图

    D．半剖视图

2．在创建_____剖视图时，需要首先绘制出该剖视图的剖视范围曲线。

    A．旋转

    B．局部

    C．半剖

    D．展开

3．选择要移动或复制的视图后，利用_____工具，可以使该视图的一个虚拟边框随着鼠标的移动而移动。当移动至合适的位置后单击鼠标左键，即可将视图移动或复制到该位置。

    A．至一点

    B．水平

    C．垂直于直线

    D．至另一图纸

三、问答题

1．简述全剖视图和半剖视图的不同之处。

2．简述添加局部剖视图的基本过程。

3．如何添加并编辑文本？

四、上机练习

1．创建法兰零件工程图

本练习创建法兰零件的工程图，效果如图7-82所示。法兰管道是施工的重要连接方式，主要由管道和法兰盘两部分组成。由于法兰连接方便、密封性能好、更换方便，并能够承受较大的压力，因此被广泛应用于各种工业管道中。

创建该工程图时，可以采用主视图和左视图两个视图表达该法兰零件的结构特征。其中左视图采用半剖视图，这样将可以同时表达零件的内部和外部结构特征。

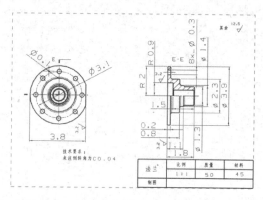

图 7-82 法兰零件的工程图效果

2．创建箱体零件工程图

本练习创建箱体零件的工程图，效果如图7-83所示。其主要功能是包容、支撑、安装和固定部件中的其他零件，并作为部件的基础与机架连接，其还是机器润滑油的主要载体。该箱体零件主要包括底座、主体箱体、轴孔、轴孔凸台和螺孔等结构。其中底座用来固定机器；主体箱体用来支撑和保护内部零件；轴孔和轴孔凸台则可以与轴和轴承端盖配套安装；而螺孔则起到连接定位的作用。

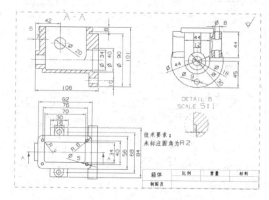

图 7-83 箱体零件的工程图效果

创建该箱体零件的工程图时，首先利用【基本视图】工具选取俯视图为对象，添加基本视图。然后在俯视图上利用【剖视图】工具创建剖视图特征，并利用【投影视图】工具添加左视图。接着利用【局部剖视图】工具在左视图上创建局部剖视图特征，并通过各种尺寸标注和文本注释等工具添加相关的尺寸和文本说明。最后利用【表格注释】和【注释】工具添加相应的文本，即可完成该箱体零件工程图的创建。

第 8 章

模具建模

模具是指通过一定方式以特定的结构形式使材料成型的一种工业产品，同时也是具备生产出批量工业产品零部件的一种生产工具。模具生产制件所具备的高精度、高一致性和高生产率是任何其他加工方法所不能比拟的。在 UG NX 9 中，Mold Wizard 模块是专门进行模具设计的模块，是一个连续的逻辑过程，其通过模拟完成整套的模具设计过程，创建出与产品参数相关的三维模具。

本章主要介绍注塑模具的工艺流程，以及初始化设置和分模前的准备操作，并通过介绍分型面的创建和分模设计等诸多操作来讲述整个模具的设计过程。

本章学习目的：

➢ 熟悉注塑模具建模的工艺流程
➢ 掌握初始化设置的方法
➢ 掌握常用模具的修补方法
➢ 掌握分型线和分型面的创建方法
➢ 掌握型腔和型芯的创建方法

8.1 注塑模具设计概述

注塑成型又称为注塑模具，是热塑性塑料制件的一种主要成型方法。其生产原理是：受热融化的材料由高压射入模腔，经冷却固化后得到成型品。该成型方法可以制作各种形状的塑料制品，具有成型周期短、加工范围广、生产效率高，且易于实现自动化生产的特点，广泛应用于塑料制件的生产中。

8.1.1 注塑成型基础知识

塑料的注塑成型过程，就是借助螺杆或柱塞的推力，将已塑化的塑料熔体以一定的压力和速度注入模具型腔内，经过冷却固化定型后开模而获得制品。注射成型是一个循环的过程，每一周期主要包括：定量加料—熔融塑化—施压注射—充模冷却—启模取件。取出塑件后又再闭模，进行下一个循环。

1. 注塑成型机构

一般注塑机包括注射装置、合模装置、液压系统和电气控制系统等部分。注射成型的基本要求是塑化、注射和成型。其中，塑化是实现和保证成型制品质量的前提；且为满足成型的要求，注射必须保证有足够的压力和速度；同时，由于注射压力很高，相应地在模腔中产生很高的压力，因此必须有足够大的合模力。由此可见，注射装置和合模装置是注塑机的关键部件。

注塑机根据塑化方式分为柱塞式注塑机和螺杆式注塑机；按机器的传动方式可以分为液压式、机械式和液压——机械（连杆）式；按操作方式可以分为自动、半自动和手动注塑机。其中应用最多的是卧式注塑机，其合模部分和注射部分处于同一水平中心线上，模具沿水平方向打开，如图 8-1 所示。

图 8-1　卧式注塑机

2. 注塑成型工艺

注塑成型的原理是：将颗粒状或粉粒状的塑料从注塑机的料斗送进加热的料筒中，经过加热融塑成为黏流状熔体。然后借助螺杆（或柱塞）的推力，将已塑化好的熔融状态（即黏流态）的塑料注射入闭合好的模腔内，经固化定型后，并开模分型获得成型塑件，如图 8-2 所示。

在生产过程中，工艺的调节是提高制品质量和产量的必要途径。注塑成型工艺

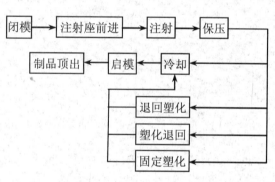

图 8-2　注塑成型工艺

主要控制各过程中的温度、压力、速度和时间等参数指标。每类塑料、每种产品及注塑机器均需不同工艺参数指标。

8.1.2　注塑模具设计流程

几乎所有的工业产品都必须依靠模具成型。模具在很大程度上决定着产品的质量和效益，以至影响着新产品的开发能力，所以模具的设计在整个生产过程中起着至关重要的作用。在使用 Mold Wizard 模块进行模具设计时，必须对其每一个流程和细节作充分的考虑，因为每个环节的设计效果，都将直接或间接地影响着制品的最终成型效果。一般来讲，进行塑模设计时，需要进行以下 4 大环节设计。

1. 初始化设置

在进行塑模设计之前，首先应该分析零件是否具有可成型性，即检查塑件的成型工艺性，以明确塑件的材料、机构和尺寸精度等方面是否符合注塑成型的工艺性条件。

在 UG NX 9 的注塑模环境中，利用项目初始化工具将参照零件导入模具环境。然后执行设置收缩率、工件和型腔布局等操作，使该零件在模具型腔中具有正确的位置和布局，效果如图 8-3 所示。

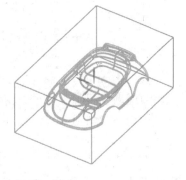

图 8-3　零件的定位和布局

2. 修补产品

由于参照零件的多样性和不规则性，例如一些孔槽或者其他机构会影响正常的分模过程，于是需要创建曲面或者实体对这些部位进行修补。

Mold Wizard 模块提供了一整套的工具来为产品模型进行实体或面的修补和分割操作，如图 8-4 所示。使用该工具可以快速地实现该模型的修补工作，为创建分型面和分割型芯、型腔作准备。

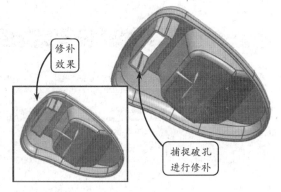

修补效果

捕捉破孔进行修补

图 8-4　修补产品

3. 分型操作

创建分型面是模具设计的最主要环节。要执行分型操作，首先在 Mold Wizard 环境中创建产品模型的分型线和分型面特征，进而提取出型芯与型腔区域，并使用该模块中的工具将该模坯执行分割操作，从而形成型芯和型腔，效果如图 8-5 所示。

4. 后续操作

完成分型操作后，可以分别执行加载标准件、创建冷却和浇注系统，以及在模具部件上挖出空腔位，用来放置有关的模具部件。同时为了方便加工，在型腔和型芯上加工的区域可以做成镶件形式，以及生成材料清单和绘制零件工程图来辅助模具加工，如图 8-6 所示。

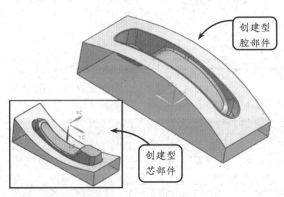

创建型腔部件

创建型芯部件

图 8-5　创建型芯和型腔

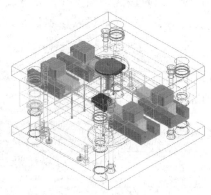

图 8-6　创建标准模架和标准件

8.1.3　注塑模设计操作界面

要使用 Mold Wizard 模块进行注塑模设计，首先需要进入该模块的操作环境。用户可以使用新建模型文件的方法进入建模环境，或者通过打开文件的方式进入建模环境。然后通过右键快捷菜单调出【注塑模向导】选项卡，即可进入如图 8-7 所示的注塑模设计环境。

在该模块的操作环境中，包含着注塑模设计的专业工具，即【注塑模向导】选项卡，如图 8-8 所示。这个选项卡包括注塑模设计所需的全部工具，其设计的每个环节都是使用这些工具实现的。

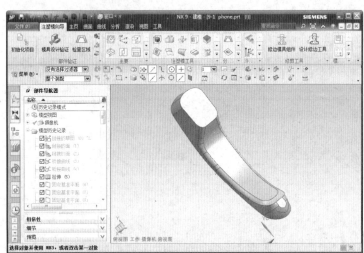

图 8-7　Mold Wizard 操作界面

图 8-8　【注塑模向导】选项卡工具

该选项卡包括注塑模设计 3 个阶段的操作工具，第一个阶段为初始化设置阶段，该阶段的使用工具由【初始化项目】和【收缩率】等工具组成；第二个阶段为分型阶段，该阶段的使用工具包括【注塑模工具】和【模具分型工具】组成；第三个阶段为辅助设计阶段，该阶段的使用工具包括【模架库】和【标准部件库】等工具组成。其中前两个阶段常用工具的含义可以参照表 8-1。

表 8-1　【注塑模向导】对话框常用按钮含义

按　　钮	含　　义
初始化项目	用于加载产品模型，执行该操作是进行模具设计的第一步。系统允许多次单击该按钮，在一副模具中放置多个产品
多腔模设计	适用于要成型不同产品时的多腔模。只有被选作当前产品时，才能对其进行模坯设计和分模等操作
模具 CSYS	使用该工具可以方便地设置模具坐标系，因为所加载进来的产品坐标系与模具坐标系不一定相符，这样就需要调整坐标系
收缩率	由于产品注塑成型后会产生一定程度的收缩，因此需要设定一定的收缩率来补偿由于产品收缩而产生的误差

按　钮	含　义
工件⬡	依据产品的形状设置合理的工件，分型后成为型芯和型腔，自动识别产品外形尺寸并预定义模坯的外形尺寸
型腔布局⊞	适用于成型同一种产品时模腔的布置。系统提供了矩形排列和圆形排列两种模具型腔排列方式

8.2　初始化设置

进行模具设计时，首先需要对产品模型进行初始化设置。该阶段包括执行加载产品并项目初始化、设置模具的坐标和收缩率、创建成型工具并完成型腔布局等操作，为后续的分型、分模设计做好准备。初始化设置是否合理直接影响后续设置，必须引起足够的重视。

8.2.1　项目初始化

使用 Mold Wizard 模块进行注塑模设计时，首先将设计模型载入当前注塑模设计环境，并进行相关的初始化设置。此时，系统将自动生成一个包含构成模具所必需的标准元件的模具装配结构。

要进行项目初始化操作，首先要打开设计模型，然后在【注塑模向导】选项卡中单击【初始化项目】按钮📋，系统将打开【初始化项目】对话框，如图 8-9 所示。在该对话框中可以对相关参数进行设置，现分别介绍如下。

❏ **路径**

路径即放置模具文件的子目录。用户可以单击【浏览】按钮📁，在打开的对话框中指定模具文件的路径。

❏ **收缩**

该文本框用来修改材料的收缩率。用户可以直接在其中输入参数值来定义收缩率。

❏ **项目单位**

该列表框用来确定项目初始化的投影单位。选择【毫米】选项，则选取的投影单位为毫米。一般情况下，系统默认单位为英寸。

图 8-9　【初始化项目】对话框

❏ **重命名组件**

在模具装配体中，可以利用这个复选框灵活地控制各个部件的名称。一般情况下，在项目初始化时，禁用【设置】面板中的【重命名组件】复选框。如启用该复选框，并单击【确定】按钮，系统将打开【部件名管理】对话框，如图 8-10 所示。

在该对话框中，用户可以灵活地控制模具装配中各部件的名称，并且可以设置装配顶层部件的名称，即 top 节点下的节点名称：选中 top 选项，并单击【设置所选的名称】按钮➡即可。

8.2.2　模具 CSYS

产品在模具的设计过程中需要重新定位，使其被放置在模具装配中的正确位置。利用【模具 CSYS】工具可以将产品只装配原来的工作坐标转移到模具装配的绝对坐标位置，并以该绝对坐标作为模具坐标。且通常情况下，模具坐标系的原点就是放置模架的中心点，X-Y 平面就是分型面，Z 轴正向就是脱模方向。

图 8-10　【部件名管理】对话框

要定义模具的坐标系，在【注塑模向导】选项卡中单击【模具 CSYS】按钮，系统将打开【模具 CSYS】对话框，如图 8-11 所示。该对话框中包含 3 个单选按钮，各个单选按钮的含义介绍如下。

❑ **当前 WCS**

选择该单选按钮，系统将指定部件当前的坐标系作为模具 CSYS。

❑ **产品实体中心**

选择该单选按钮，系统将指定产品体的中心点作为模具 CSYS 的原点。

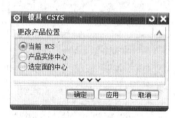

图 8-11　【模具 CSYS】
对话框

❑ **选定面的中心**

选择该单选按钮，系统将指定所选面的中心点作为模具 CSYS 的原点。

其中，当选择【产品实体中心】和【选定面的中心】单选按钮时，该对话框将激活相应的面板选项，如图 8-12 所示。在新对话框的【锁定 XYZ 位置】面板中，包含 3 个新增复选框，各个复选框的含义如下所述。

➢ **锁定 X 位置**　如启用该复选框，则系统允许重新放置模具坐标系，且保持被锁定的 YC-ZC 平面的位置不变。

➢ **锁定 Y 位置**　如启用该复选框，则系统允许重新放置模具坐标系，且保持被锁定的 XC-ZC 平面的位置不变。

图 8-12　【模具 CSYS】
对话框

➢ **锁定 Z 位置**　如启用该复选框，则系统允许重新放置模具坐标系，且保持被锁定的 XC-YC 平面的位置不变。

注　意

在某些情况下，产品模具坐标系 Z 轴的正方向不一定就是模具的顶出方向。此时可以选择【格式】|【WCS】|【旋转】选项，旋转坐标轴，以获得正确的顶出方向。

8.2.3　收缩率

塑料的收缩率是指塑料制件在成型温度下，从模具中取出冷却至室温后尺寸之差的百分比。它反映的是塑料制件从模具中取出冷却后尺寸缩减的程度，其大小因塑料品种、成型条件和模具结构的不同而改变，且同一个型号的材料也会因成型工艺的不同而发生相应的改变。

要进行产品的收缩率设置，可以在【注塑模向导】选项卡中单击【收缩】按钮 ⬚，系统将打开【缩放体】对话框，如图 8-13 所示。该对话框包含以下 3 种类型的收缩方式。

❑ **均匀**

均匀收缩适用于参照模型类似于正方形的情况，其中 3 个坐标轴方向上的尺寸值将按照相同的比例均匀放大。这种收缩方式不同于项目初始化时的收缩率，此时的缩放点可以任意指定。

❑ **轴对称**

轴对称收缩适用于参照模型类似于圆柱形的情况，其是指在不同的轴方向上设置不同的比例因子进行比例缩放。选择该方式后，产品在坐标系指定方向上的收缩率将不同于其他方向上的收缩率。

图 8-13　【缩放体】对话框

❑ **常规**

常规收缩是指在 X 轴、Y 轴和 Z 轴三个方向上分别设置不同的比例因子进行比例缩放。

现以常用的【均匀】方式为例，介绍其具体操作方法。在【类型】列表框中选择【均匀】选项，并默认坐标系原点为缩放点。然后在【均匀】文本框中设置相应的比例因子即可，效果如图 8-14 所示。

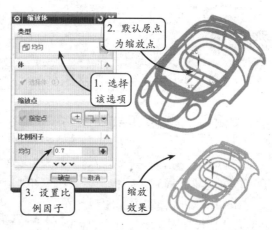

图 8-14　均匀缩放效果

8.2.4　成型工件

工件是用来定义模具组件的体积，并最终决定加工零件的形状，其大小决定了型腔、型芯和其他组件的大小。工件将参照模型完全包容在内，并保留一定的间隙。成型工件的位置取决于参照模型的坐标，而工件的方向由模具模型或模具组件坐标系（模具原点）决定。

在【注塑模向导】选项卡中单击【工件】按钮 ⬚，系统将打开【工件】对话框，如图 8-15 所示。该对话框的【工件方法】列表框中包含 4 个下拉列表项，分别表示创建成型工件的 4 种方法。现以常用的【用户定义的块】为例，介绍其具体操作方法。

在【工件方法】列表框中选择【用户定义的块】选项，并分别设置 ZC 轴方向的开始和结束参数，然后单击【确定】按钮，即可获得自定义的模坯，效果如图 8-16 所示。

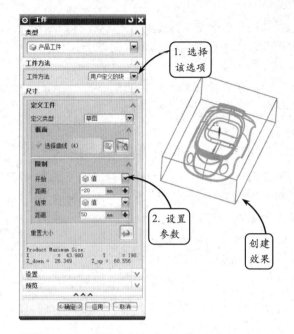

1. 选择该选项

2. 设置参数

创建效果

图 8-15 【工件】对话框   图 8-16 用户定义成型工件

提 示

使用【用户定义的块】工件方法时，系统附带的子元素将切除模板上的多余材料，从而建立腔体，使成型工件得以嵌入其中。

8.2.5 型腔布局

型腔布局是指模具中型腔的个数及其排列方式，根据型腔数目的多少，型腔布局一般可以分为单腔模和多腔模。在大批量生产中，为了提高生产效率，膜具常采用一腔多模。Mold Wizard 模块中的【型腔布局】工具是针对多腔模设计的，利用该工具可以为每个零件的成型工件提供准确的定位方式，从而确定零件在模具中的相对位置，使设计者方便地确定模腔的个数和排列方式。

在【注塑模向导】选项卡中单击【型腔布局】按钮⊡，系统将打开【型腔布局】对话框，如图 8-17 所示。

在该对话框中，用户可以在【型腔数】列表框中设置创建型腔的数量，可以在相应的【缝隙距离】文本框中设置各个型腔之间的距离。当完成参数设置后，在【生成布局】面板中单击【开始布局】按钮⊡，可以使工件按照设置的参数进行布局；若单击【编辑布局】

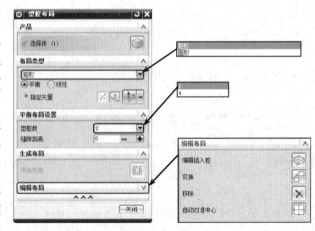

图 8-17 【型腔布局】对话框

面板中的【移除】按钮⊠，则系统将移除之前指定的型腔布局。该对话框包含 4 种型腔布局的方式，现分别介绍如下。

❑ 矩形平衡布局

利用矩形平衡方式进行布局时，可以将成型工件复制，并使其沿 X-Y 面上任意方向移动或旋转。该方式适用于每个型腔、型芯都使用同种浇道、浇口、冷却管道和拐角倒圆的情况。

要创建这类布局，首先选择【矩形】选项，并选择【平衡】单选按钮。然后单击【矢量对话框】按钮，指定布局方向，并设置型腔数目和距离参数。最后单击【开始布局】按钮即可，效果如图 8-18 所示。

在设置矩形平衡布局参数时，【型腔数】列表框中包含两个选项，当指定【型腔数】为 4 时，除了可以设置型腔之间的第一个距离，即两个工件在第一个选择方向上的距离，同时还可以设置第二个距离，即两个工件在垂直于选择方向上的距离。

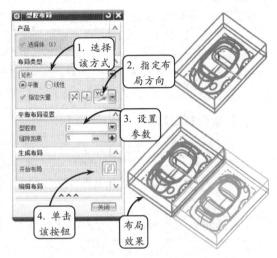

图 8-18　创建矩形平衡布局

提 示

创建布局时，可以使用【编辑布局】面板中的各工具重新定位布局。以自动对准中心为例，单击【自动对准中心】按钮⊞，模具坐标系将位于整个布局的中心位置。

❑ 矩形线性布局

利用矩形线性方式进行布局时，模腔的数目没有限制，但成型工件只作位置上的移动，其自身不作旋转调整。该方式适合于多模腔的非平衡布局。

要创建这类布局，首先选择【矩形】选项，并选择【线性】单选按钮。然后分别设置 X 向和 Y 向上的型腔数和距离参数值，最后单击【开始布局】按钮即可，效果如图 8-19 所示。

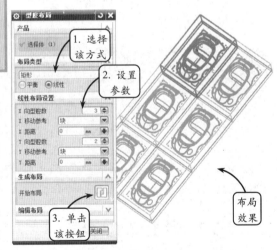

图 8-19　创建矩形线性布局

在设置该类布局时，【X 移动参考】和【Y 移动参考】下拉列表中包含【块】和【移动】两个选项。当选择【块】选项时，可以指定各工件之间在 X 或 Y 方向上的距离；当选择【移动】选项时，可以指定各型腔之间的绝对移动距离。

❑ 圆形径向布局

利用圆形径向方式进行布局时，模腔将以圆周状的形式均匀环绕于布局中心。各个模腔本身也会作相应的调整，使得模腔上的浇口位置到布局中心的距离相等。

要创建该类布局，首先选择【圆形】选项，并选择【径向】单选按钮。然后指定布局中心点的位置，并设置相关的布局参数，最后单击【开始布局】按钮![]即可，效果如图8-20所示。

❏ **圆形恒定布局**

该方式与圆形径向方式类似，只是各个模腔的方向与第一个模腔保持一致。该方式适用于浇口方向或型腔非平衡布局的情况。

要创建该类布局，首先选择【圆形】选项，并选择【恒定】单选按钮。然后指定布局中心点的位置，并设置相关的布局参数，最后单击【开始布局】按钮![]即可，效果如图8-21所示。

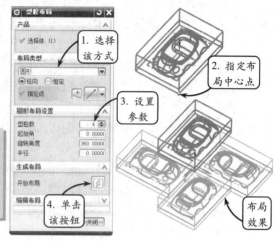

图 8-20　创建圆形径向布局

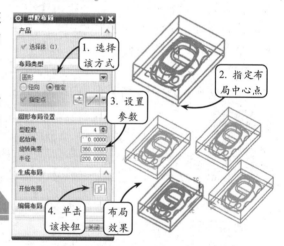

图 8-21　创建圆形恒定布局

8.3　分模前准备工作

在进行分型操作过程中，参照模型上的一些孔槽或其他机构会影响正常的分型过程。如果产品模型在拔模方向上存在孔洞，则分型面将不能完全分割型腔，这就需要对破孔（内部环）进行填补。在制作外部分型曲面之前，可以使用 Mold Wizard 提供的模具工具对产品模型的内部开口部分进行填充，其中包括实体修补和片体修补。

●--8.3.1　修补破孔概述

在进行分型操作之前，需首先对参照模型上的孔槽或其他结构执行修补操作，即封闭参照模型的所有内部开口，以保证分型操作的顺利进行。执行分型操作的目的是便于从密闭的模腔内取出塑件、安放嵌件或取出浇注系统，从而形成型腔和型芯部件，获得分割成型工件。

分型过程就是创建分割成型工件的分型曲面，用该曲面将工件分成型芯和型腔两个部分。为了让分型曲面能够被软件完全识别出来，首先需要覆盖面上开放的孔和槽，那些要覆盖的孔和槽就是所谓的破孔特征。如图8-22所示模型中间为开口区域，可将其修补为完整的分型曲面。

8.3.2 实体修补

实体修补就是在产品或成型零件上创建加材料或减材料特征，特别适用于当产品模型上的有些孔或槽不适合用曲面修补工具进行修补的情况。在 Mold Wizard 模块中，用户可以利用【创建方块】、【分割实体】和【实体补片】等工具对实体进行修补操作，各工具的适用范围如下所述。

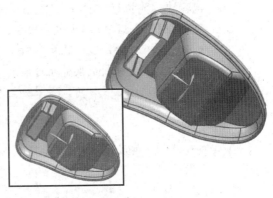

图 8-22　修补破孔

❑ 创建方块

在 UG 中，通过实体创建工具所创建的规则长方体特征称为方块。方块不仅可以作为模胚使用，还可以用来修补产品的破洞。用户可以利用【创建方块】工具方便地构建滑块面和抽芯头来修补实体。

❑ 分割实体

分割实体操作是指用一个面、基准平面或其他几何体去分离一个实体，且对得到的两个实体保留所有的参数。利用该工具可以获取滑块和镶件等特征。

❑ 实体补片

实体补片就是创建一个实体来封闭产品模型上的孔特征，并将这个实体特征定义为 Mold Wizard 模块下默认的补片。这个实体在型芯、型腔分割后，按作用的不同既可以与型芯或型腔合并成一个整体，还可以作为抽芯滑块或成型小镶块。

图 8-23　【创建方块】对话框

现以常用的【创建方块】工具为例，介绍修补实体的具体操作方法。要创建方块结构，在【注塑模工具】工具栏中单击【创建方块】按钮，系统将打开【创建方块】对话框，如图 8-23 所示。该对话框包含【一般方块】和【包容块】两种创建方式，现分别介绍如下。

> ➤ 一般方块　要执行该操作，首先在【类型】列表框中选择【一般方块】选项，然后在要修补的实体上指定所创建方块的中心点，并分别设置该方块的长度参数即可，效果如图 8-24 所示。

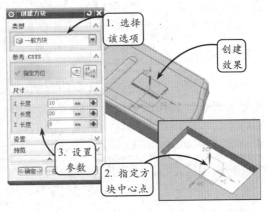

图 8-24　利用【一般方块】方式修补实体

> **包容块** 要执行该操作，首先在
> 【类型】列表框中选择【包容块】
> 选项，并设置相应的边界参数
> 值。然后在要修补的实体上选取
> 要创建方块的区域即可，效果如
> 图 8-25 所示。

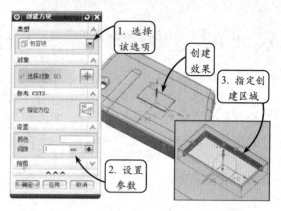

图 8-25 利用【包容块】方式修补实体

8.3.3 片体修补

片体修补，就是允许用户用片体特征来执行实体模型相关表面的补片操作，实现对实体表面的修补。该实体表面具体包括实体模型上的封闭开口区域、孔面，以及封闭的区域或边界。片体修补方法具体包括曲面补片和边补片等操作，现分别介绍如下。

1．曲面补片

曲面补片是最简单的修补方法，用来填充单个面内的孔特征。该方法的修补对象为单个平面或圆弧面内的孔。若一个孔特征位于两个面的交接处，则不能使用该工具进行修补。

要执行该操作，在【分型刀具】工具栏中单击【曲面补片】按钮 ◈ ，系统将打开【边修补】对话框。此时，在【类型】列表框中选择【体】选项，系统将自动捕捉实体上的孔特征。然后在【设置】面板中指定补片的颜色，并单击【确定】按钮即可，效果如图 8-26 所示。

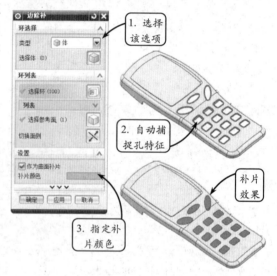

图 8-26 曲面补片效果

2．边修补

边修补操作是指通过选择一个闭合的曲线或边界环生成片体来修补曲面上的开口区域。该方法应用范围较广，尤其适用于曲面形状特别复杂的开口区域的修补，且生成的修补面光顺，适合机床加工。

要执行该操作，在【注塑模工具】工具栏中单击【边修补】按钮 ▣ ，系统将打开【边修补】对话框，如图 8-27 所示。该

图 8-27 【边修补】对话框

对话框包含【面】、【体】和【移刀】3 种方式。其中，当选择【面】或【体】方式时，该工具的操作方法同【曲面补片】工具类似，这里不再赘述；当选择【移刀】方式时，利用该工具可以修补曲面形状复杂的开口区域。

现以【移刀】方式为例，介绍其具体操作方法。在【类型】列表框中选择【移刀】选项，然后在要修补的曲面上选取闭合曲线或边界环的任一线段时，系统将高亮显示该封闭环的整个轮廓线。此时，单击【切换侧面】按钮⊠，指定修补的区域即可，效果如图 8-28 所示。

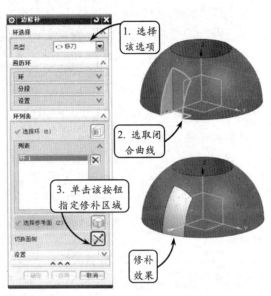

图 8-28 边修补效果

8.3.4 片体编辑

为了使创建的片体特征更加符合预期要求，在对产品模型进行大体上的修补后，还需要对各种补片特征进行相关的编辑操作，为后续的分模操作打下良好的基础。编辑片体的方法具体包括扩大曲面、拆分面和参考圆角等操作，现分别介绍如下。

1. 扩大曲面

扩大曲面操作是指将产品模型中的已有曲面作为复制并扩展，从而创建分型面特征，并可以通过控制获取面的边界来动态修补曲面上的孔。一般情况下，该操作用来修补形状简单的平面或曲面上的破孔特征。

要执行该操作，在【注塑模工具】工具栏中单击【扩大曲面补片】按钮，将打开【扩大曲面补片】对话框，如图 8-29 所示。

在该对话框的【设置】面板中，包含【更改所有大小】和【切换边界】两个复选框。用户可以通过选择这两个复选框来设置扩大曲面的边界，以修补相应边界面内的孔特征。

在打开的【扩大曲面补片】对话框中，启用【切到边界】复选框。然后选取要扩大的曲面，并通过拖动该曲面的边界，使其覆盖要修补的区域，接着依次选取该修补区域的闭合边界。最后单击【区域】按钮，选取相应的修补区域，并选择【保留】单选按钮，即可完成修补操作，效果如图 8-30 所示。

图 8-29 【扩大曲面补片】对话框

2. 拆分面

拆分面操作就是将一面拆分成两个或更多的面。在 Mold Wizard 模块中，【拆分面】工具与建模模块中的【分割面】工具作用相同，但【拆分面】工具功能更为强大，主要体现在拆分类型选择范围的增加。

要执行该操作，在【注塑模工具】工具栏中单击【拆分面】按钮 ，将打开【拆分面】对话框，如图 8-31 所示。

该对话框包含【曲线/边】、【平面/面】、【交点】和【等斜度】4 种类型，拆分类型相比较建模模块中的拆分类型明显扩大。现以常用的【平面/面】类型为例，介绍其具体操作方法。

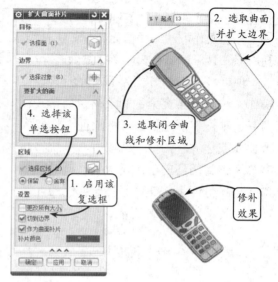

图 8-30 扩大曲面修补孔特征

在该对话框的【类型】面板中，选择【平面/面】选项，然后依次选取要分割的曲面和分割面对象，并单击【确定】按钮即可，效果如图 8-32 所示。

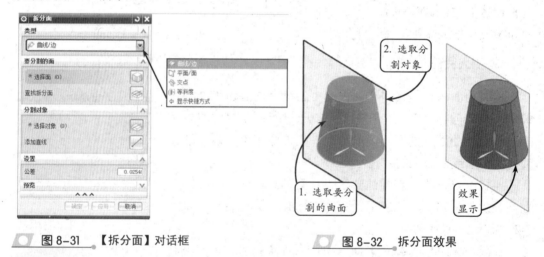

图 8-31 【拆分面】对话框   图 8-32 拆分面效果

提 示

选取要分割的面后，也可以单击【添加基准平面】按钮 ，指定相应的基准平面作为分割面对象，同样可以获得拆分面效果。

3. 参考圆角

参考圆角操作就是创建引用圆角或面的半径的圆角特征，实际上该操作也是将棱角边替换成圆角面的过程。

在【注塑模工具】工具栏中单击【参考圆角】按钮 ，将打开【参考圆角】对话框。然后依次选取参考面对象和要倒圆的边即可，效果如图 8-33 所示。

8.4 分型设计

注塑模具的设计核心就是模具的型芯、型腔设计，型芯、型腔设计的关键在于产品的分型及分模技术。在模具设计过程中，必须使用分型面将模具分成两个或几个部分。而创建分型面并将其完全分割成型腔和型芯的过程就称为分模设计。分型及分模的好坏，直接影响着模具结构复杂与否、加工的难易和产品的质量。

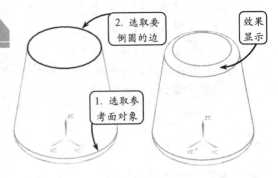

图 8-33 参考圆角效果

8.4.1 分模设计基础知识

分模是一个基于塑胶产品模型创建型芯和型腔的过程，利用分型工具可以快速执行操作并保持相关性。在完成工件的设计之后，即可使用分型功能分割工件。如图 8-34 所示是分型过程中所涉及的对象。

在 UG NX 9 中，Mold Wizard 的分模操作是基于修剪的分型操作，其基本步骤概述如下。

❑ **确认产品模型的合理性**

使用区域分析检验产品模型，设置模具的开模方向，确认产品模型有正确的拔模斜度，考虑如何设计合理的分型线，是否已经添加工件。

❑ **内部分型**

带有内部开口的产品模型需要使用封闭几何体来分割工件材料，此时使用 Mold Wizard 的实体和片体功能都可以用于封闭这些开口区域。

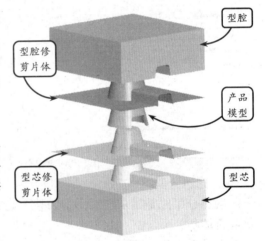

图 8-34 分模过程

❑ **外部分型**

由外部分型线延伸到工件远端的曲面，首先要设置顶出方向，并创建必要的修补几何体。如果采用自动拉伸、扩大或扫掠面等分型面创建方法不适合，还可以采用手动创建自由形状的分型面。

8.4.2 分型线

产品模型的分型线是塑件与模具相接触的边界线，且与脱模方向有关。分型线向成型镶件外延伸就形成了产品模型的分型面。在模具分型时，系统将首先搜索分型线，进而创建分型面。

要创建分型线，可以在【分型刀具】工具栏中单击【设计分型面】按钮，系统将打开【设计分型面】对话框，如图 8-35 所示。

该对话框包含【选择分型线】和【遍历分型线】两种创建分型线的方式，其中【遍历分型线】方式还可以对创建的分型线进行相关的编辑操作，现分别介绍如下。

❑ **选择分型线**

该方式通过手动选取模型外形的边界线作为主分型线。在【编辑分型线】面板中单击【选择分型线】按钮，然后在模型上依次选取连续的封闭边界线即可，效果如图 8-36 所示。

图 8-35　【设计分型面】对话框　　图 8-36　选择分型线

❑ **遍历分型线**

遍历分型线是指从产品模型的某个边界线开始，引导搜索功能将搜索候选的曲线/边界添加到分型线中。

在【编辑分型线】面板中单击【遍历分型线】按钮，系统将打开【遍历分型线】对话框。此时，在【设置】面板中要禁用【按面的颜色遍历】复选框，然后在模型上选取要创建的某一段边界线，该对话框中【分段】面板上的各个按钮将被激活。

在【分段】面板中单击【接受】按钮，系统将自动搜索下一段分型线；如果发现边界路径错误，可以单击【上一个分段】按钮，后退进行修改；单击【循环候选项】按钮，系统将显示不同方向的分型线供用户选择。选取完成后，单击【确定】按钮即可，效果如图 8-37 所示。

【遍历分型线】方式比【选择分型

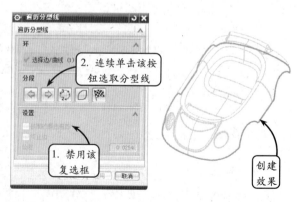

图 8-37　创建分型线

线】方式功能更为强大，用户可以在选取分型线的过程中，对相关分型线进行添加和删除的编辑操作，使创建分型线的过程更加便捷、高效。

8.4.3 引导线

引导线是由分型线过渡点或曲线将分型线环分成的线段，其中每一段分型线都将用于定义分型面。

要执行引导线操作，可以在创建完分型线后，在【设计分型面】对话框中单击【编辑引导线】按钮，系统将打开【引导线】对话框，如图 8-38 所示。

在该对话框中，【方向】列表框包括【法向】、【相切】、【捕捉到 WCS 轴】和【矢量】4 个选项。其中，如果选取相应的分型线段后选择【法向】选项，则生成的引导线将是选取线的法向线；选择【相切】选项，生成的引导线将是选取线的切线；选择【捕捉到 WCS 轴】选项，生成的引导线将按照 WCS 坐标系方向显示；选择【矢量】选项，生成的引导线将按照指定的矢量方向显示。该对话框中的其他各主要按钮的含义如下所述。

❑ 选择分型或引导线

在【引导线】面板中设置要生成的引导线的相关参数，并单击【选择分型或引导线】按钮，此时将鼠标移动至某一段分型线上，该分型线的两端将显示双向箭头。选取该段分型线，则系统将在该分型线上添加一条引导线，效果如图 8-39 所示。

❑ 自动创建引导线

创建分型线之后，在【编辑引导线】面板中单击【自动创建引导线】按钮，然后在模型上依次选取各段分型线，则系统将根据需要自动创建多条引导线，效果如图 8-40 所示。

❑ 删除引导线

创建引导线后，选取要删除的多余引导线，并单击【删除选定的引导线】按钮，则可以将其删除，效果如图 8-41 所示。此

图 8-38 【引导线】对话框

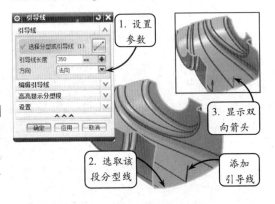

图 8-39 添加引导线

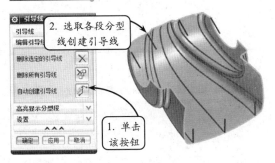

图 8-40 自动创建引导线

外，若单击【删除所有引导线】按钮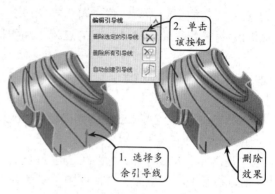，则可以删除之前创建的所有引导线。

8.4.4 分型面

分型面是指模具上用以取出塑件和浇注系统凝料的可分离的接触表面，其在很多情况下都是一组由分型线向模坯四周按照一定方式扫描、延伸和扩展而形成的一组连续封闭曲面，用于分割工件形成型芯和型腔体积块。

图 8-41　删除引导线

1．创建分型面

完成分型线和引导线的创建后，可以单击【设计分型面】按钮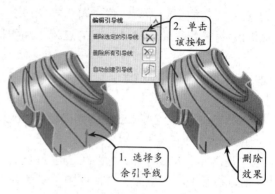，系统将打开【设计分型面】对话框，如图 8-42 所示。此时，该对话框将新增【创建分型面】面板，其包含了 4 种创建方法，现分别介绍如下。

❑ 拉伸

完成分型线和引导线的创建后，再次单击【设计分型面】按钮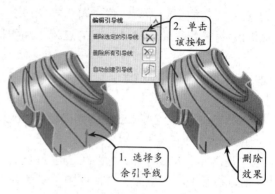，并选取要拉伸的分型线。然后在【创建分型面】面板中单击【拉伸】按钮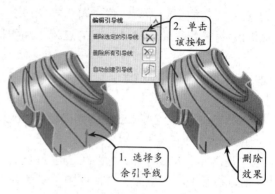，指定拉伸方向，并设置延伸距离参数值即可，效果如图 8-43 所示。

图 8-42　【设计分型面】对话框

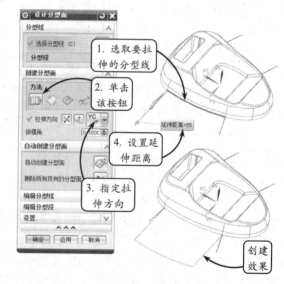

图 8-43　创建拉伸分型面

❑ 扫掠

完成分型线和引导线的创建后，再次单击【设计分型面】按钮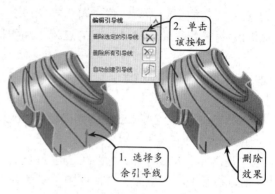，并选取要扫掠的分型线。然后在【创建分型面】面板中单击【扫掠】按钮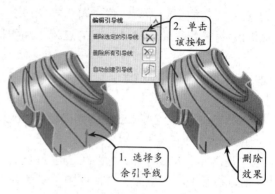，指定扫掠的第一和第二方向，并设置延伸距离参数值即可，效果如图 8-44 所示。

❑ **扩大的曲面**

该方法就是以高亮显示的分型线所在的平面或曲面为基准面，通过拖动该基准面边界来控制创建的分型面的尺寸，效果如图 8-45 所示。

❑ **条带曲面**

条带曲面就是无数条平行于 XY 坐标平面的曲线沿着一条或多条相连的引导线而生成的面。

单击【条带曲面】按钮，系统将自动捕捉创建的分型线。此时，拖动【延伸距离】滑动条来设置分型面的尺寸值，即可创建条带状的曲面特征，效果如图 8-46 所示。

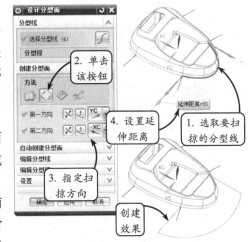

图 8-44 创建扫掠分型面

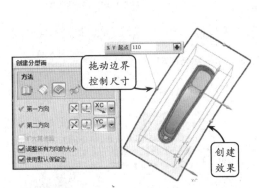

图 8-45 扩大曲面

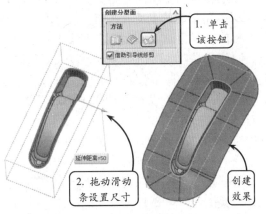

图 8-46 创建条带曲面

2．编辑分型面

在创建分型面的过程中，如果创建的单个分型面不符合设计要求，则可以直接将其删除，然后指定相应的方式重新创建分型面。

创建分型面后，可以再次单击【设计分型面】按钮，重新进入【设计分型面】对话框。此时，在【分型段】面板中选取要进行编辑的分型面，单击鼠标右键选择【删除分型面】选项，然后指定相应的创建方式重新创建新的分型面即可，效果如图 8-47 所示。

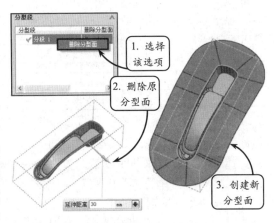

图 8-47 编辑分型面

8.4.5 区域分析

区域分析主要用来分析产品的拔模面、型腔和型芯的区域面，以及分型面的属性检查和分型线的控制等。由于【检查区域】工具的功能是面向产品的，因此它既可以在 Mold Wizard 模块中使用，也可以在其他模块中使用。

要执行该操作，在【分型刀具】工具栏中单击【检查区域】按钮 🔲，系统将打开【检查区域】对话框，如图 8-48 所示。该对话框包含【计算】、【面】、【区域】和【信息】4 个选项卡，现分别介绍如下。

1. 计算

该选项卡的【计算】面板中包含 3 个单选按钮，其中，【保持现有的】表示保留初始化产品模型中的所有参数作模型验证；【仅编辑区域】表示仅对作过模型验证的部分进行编辑；【全部重置】表示删除以前的参数及信息，重作模型验证。

图 8-48　【检查区域】对话框

另外，用户可以在选项卡中单击【矢量对话框】按钮 🔲，在打开的【矢量】对话框中定义顶出的矢量方向。设定脱模方向矢量后，单击【计算】按钮 🔲，然后单击【应用】按钮，系统即可执行对相应产品的区域分析操作，如图 8-49 所示。

2. 面

【面】选项卡的主要功能是分析产品模型的成型性信息，如拔模角度和颜色调整等。该选项卡上各复选框及按钮的功能如图 8-50 所示。

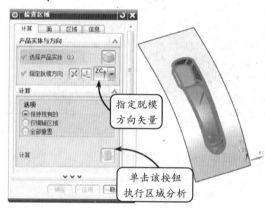

指定脱模方向矢量

单击该按钮执行区域分析

图 8-49　执行区域分析

3. 区域

【区域】选项卡的主要功能是分析并计算出型腔和型芯区域面的个数，并可以为每个区域指定颜色。此外，在该选项卡中还可以显示模型分型线上的相关特征信息，并可以隐藏或显示产品模型上分型线的不同类型，如图 8-51 所示。

其中，在【指派到区域】面板中选择【型腔区域】单选按钮，可以将选取的面指定于型腔区域；选择【型芯区域】单选按钮，可以将选取的面指定于型芯区域。

此外，在该选项卡的【设置】面板中，【内环】表示该环包含不与产品外周连接的开口区域的分型线；【分型边】表示该环是产品外周的边缘，用于定义或部分定义外部分型线；【不完整的环】表示该环包含没有形成闭合环的分型线。

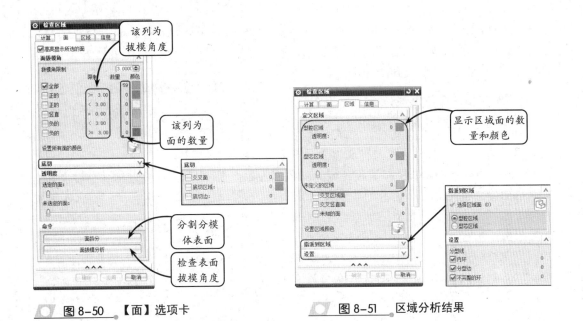

图 8-50 【面】选项卡

图 8-51 区域分析结果

4.信息

该选项卡可以检查模型的【面属性】、【模型属性】和【尖角】3 种属性,现分别介绍如下。

❏ **面属性**

选择该单选按钮,然后选取模型上的某一个面,该面的属性会显示在对话框的下部,如面的类型、拔模角度、半径和面积等参数。

❏ **模型属性**

选择该单选按钮,模型的下列属性会显示在对话框的下部:模型类型(实体或片体)、边界(片体)、体积/面积、面的数量和边缘的数量。

❏ **尖角**

选择该单选按钮,可以通过定义一个角度的界限和半径的值来确认模型可能存在的问题。

例如,切换至该选项卡,并在【检查范围】面板中选择【模型属性】单选按钮。此时,该选项卡下部将显示该模型的相关信息,效果如图 8-52 所示。

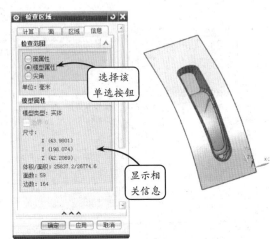

图 8-52 【信息】选项卡

8.4.6 定义区域

定义区域即提取型腔和型芯区域,是指将产品模型分为成型型腔区域和型芯区域两个部分。利用该功能，系统将在相邻的分型线中自动搜索边界面和修补面，且总面数必须等于分别复制到型腔和型芯区域的面数总和。执行定义区域的方法因对模型进行区域分析与否而不同，现分别介绍如下。

1. 定义前未进行区域分析

单击【定义区域】按钮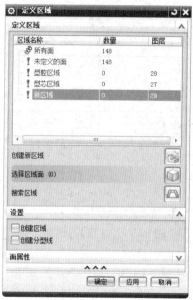，系统将打开【定义区域】对话框，如图 8-53 所示。在该对话框的【定义区域】面板中可以看到，型腔和型芯区域的面数均为零，所有的面均为未定义的面。此时，需要分别指定型腔和型芯区域的面，且使两者之和等于总面数，未定义的面的数量为零。

要执行该操作，在【定义区域】面板中选择【型腔区域】列表项，并单击【选择区域面】按钮，然后在模型上依次选取型腔的所有分型面，并单击【应用】按钮，即可完成型腔区域的定义。

继续使用相同的方法定义型芯区域。完成该操作后，在【设置】面板中依次启用【创建区域】和【创建分型线】复选框，并单击【确定】按钮确认操作即可，效果如图 8-54 所示。

图 8-53　【定义区域】对话框

2. 定义前进行区域分析

如果在定义区域前已经进行了区域分析，则单击【定义区域】按钮，在打开的【定义区域】对话框中，系统将显示已经验证的型腔和型芯区域的面数量，且显示未定义的面数为零。

此时，只需依次启用【创建区域】和【创建分型线】复选框，并单击【确定】按钮确认操作即可，效果如图 8-55 所示。

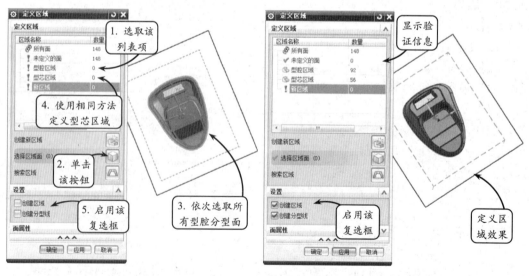

图 8-54　定义型腔和型芯区域　　　　图 8-55　定义区域效果

8.4.7 型腔和型芯

型芯和型腔是构成注塑件成型的两个组件，一块挖成外形的型腔；另一块制成内部形状的型芯。通过执行创建型芯和型腔的操作，可以利用分型面将工件分为型芯和型腔两部分。

要执行该操作，可以单击【定义型腔和型芯】按钮，系统将打开【定义型腔和型芯】对话框，如图8-56所示。该对话框中各复选框及选项的含义如下所述。

❑ **抑制分型**

单击该按钮，系统允许在分型设计已经完成后，对产品模型作出复杂变更。

❑ **没有交互查询**

启用该复选框，系统将在缝合片体之前检查是否有相交的片体，并将其高亮显示。

❑ **缝合公差**

设置该文本框参数，可以控制修剪片体的缝合状态。

此外，在【选择片体】面板中包含3个列表选项，用来创建型芯和型腔部件，现分别介绍如下。

❑ **所有区域**

在【选择片体】面板中选择【所有区域】选项，然后单击【应用】按钮，系统将自动创建型芯和型腔部件。

❑ **型腔区域**

选择该列表项后，补片体及型腔区域将高亮显示，然后单击【确定】按钮，即可创建型腔部件，效果如图8-57所示。

❑ **型芯区域**

选择该选项后，补片体及型芯区域将高亮显示，然后单击【确定】按钮，即可创建型芯部件，效果如图8-58所示。

图8-56 【定义型腔和型芯】对话框

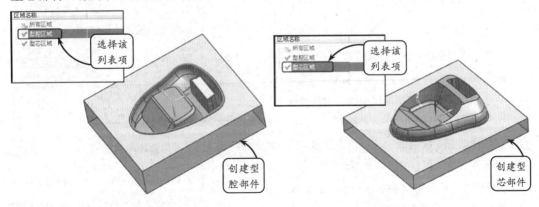

图8-57 创建型腔部件　　图8-58 创建型芯部件

第8章 模具建模

243

本实例创建充电器座模具的型腔和型芯特征，效果如图 8-59 所示。通过对该模型结构的分析，要实现模具的设计效果，除了进行必要的初始设置以外，还需要进行修补曲面的操作。另外，在抽取分型曲面之前必须首先定义设计曲面，更重要的是在查看现有曲面时，必须将交叉区域面定义为型腔或型芯，否则将无法获得型腔和型芯设计效果。

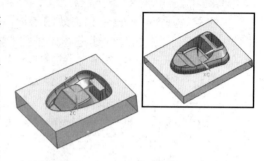

图 8-59　充电器座模具型腔和型芯

操作步骤：

1　启动 UG NX 9 软件，新建一个模型文件。然后在【文件】下拉菜单中选择【属性】|【所有应用模块】|【注塑模向导】选项，添加【注塑模向导】工具栏。接着打开本书配套光盘中的 "charger-over.prt" 文件，效果如图 8-60 所示。

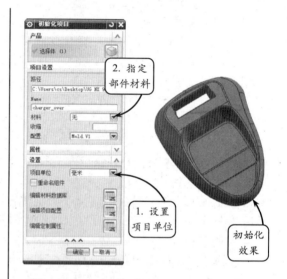

图 8-61　初始化操作

图 8-60　载入案例文件

2　单击【初始化项目】按钮，将打开【初始化项目】对话框。然后设置项目单位为【毫米】，并指定部件材料为【无】。接着单击【确定】按钮，确认该初始化操作，效果如图 8-61 所示。

3　单击【收缩】按钮，将打开【缩放体】对话框。然后指定缩放体类型为【均匀】，并设置比例因子参数，效果如图 8-62 所示。

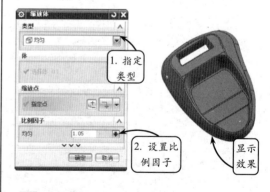

图 8-62　设置收缩率

4　单击【模具 CSYS】按钮，将打开【模具 CSYS】对话框。然后按照如图 8-63 所示选择【产品实体中心】单选按钮，并启用【锁定Z位置】复选框。接着单击【确定】按钮，即可设置该模具坐标系的位置。

图 8-63 设置模具坐标系

5. 单击【工件】按钮，将打开【工件】对话框。然后默认截面的选取和限制参数，并单击【确定】按钮，即可获得加载的成型工件，效果如图 8-64 所示。

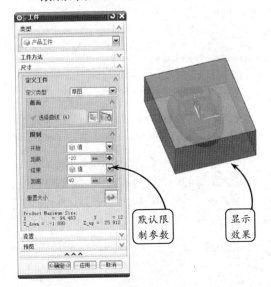

图 8-64 创建成型工件特征

6. 单击【型腔布局】按钮，将打开【型腔布局】对话框，此时默认型腔的数量和缝隙参数。然后单击该对话框中的【矢量对话框】按钮，并指定如图 8-65 所示的轴方向为矢量方向。

7. 完成上述步骤后，在【型腔布局】对话框中单击【开始布局】按钮，系统将执行布局操作。然后单击【自动对准中心】按钮，系统将自动地把当前多腔模的几何中心移动到子装配的绝对坐标（WCS）的原点上，

效果如图 8-66 所示。

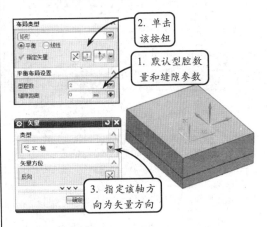

图 8-65 指定矢量方向

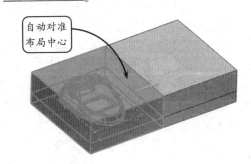

图 8-66 设置布局

8. 在【注塑模工具】工具栏中单击【边修补】按钮，并指定【类型】为【体】方式。接着选取如图 8-67 所示的实体，系统将自动执行补片操作。

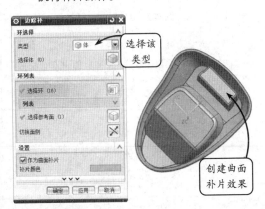

图 8-67 曲面补片效果

9. 在【分型刀具】工具栏中单击【设计分型面】按钮，然后在【编辑分型线】面板中单击

【选择分型线】按钮 ⬚，并选取如图 8-68 所示的曲线作为分型线。接着单击【确定】按钮，退出该对话框。

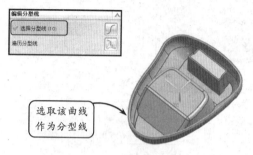

选取该曲线作为分型线

图 8-68 创建分型线特征

10 再次单击【设计分型面】按钮 ⬚，并在【创建分型面】面板中单击【有界曲面】按钮。然后设置分型面的长度参数，并拖动分型面的边界，使其超出所用的工件边界。接着单击【确定】按钮，即可创建分型面特征，效果如图 8-69 所示。

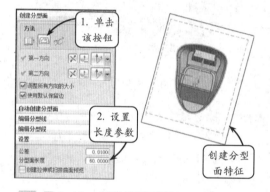

1. 单击该按钮

2. 设置长度参数

创建分型面特征

图 8-69 创建分型面特征

11 在【分型刀具】工具栏中单击【检查区域】按钮 ⬚，并在打开的对话框中单击【选择脱模方向】按钮 ⬚。然后在打开的【矢量】对话框中指定【-ZC 轴】为脱模方向，效果如图 8-70 所示。

指定该轴为脱模方向

图 8-70 指定脱模方向

12 设置完脱模方向，在返回上一个对话框后选择【保持现有的】单选按钮，并单击【计算】按钮 ⬚，执行该模型的区域分析操作。然后切换至【区域】选项卡查看型腔和型芯区域的显示数量，并注意未定义区域为 1。此时启用【交叉区域面】复选框，接着依次单击【应用】和【确定】按钮，退出该对话框，效果如图 8-71 所示。

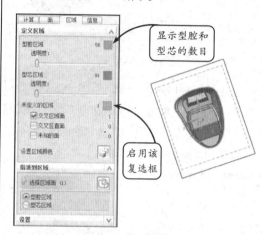

显示型腔和型芯的数目

启用该复选框

图 8-71 显示型腔和型芯数量

13 在【分型刀具】工具栏中单击【定义区域】按钮 ⬚，可以在展开的【定义区域】面板中查看到未定义的面的数量为 0。此时，依次启用【创建区域】和【创建分型线】复选框，并单击【确定】按钮，确认该抽取操作，效果如图 8-72 所示。

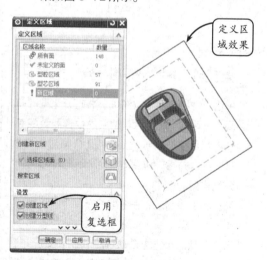

定义区域效果

启用复选框

图 8-72 定义区域效果

14　在【分型刀具】工具栏中单击【定义型腔和型芯】按钮，然后在【选择片体】面板中选择【型芯区域】选项，并单击【确定】按钮，即可获得如图 8-73 所示的型芯部件效果。

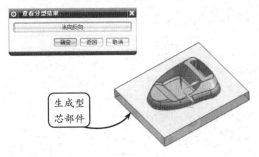

图 8-73　创建型腔部件

15　在【定义型腔和型芯】对话框中，选择【型腔区域】选项，并单击【确定】按钮，即可获得如图 8-74 所示的型腔部件效果。

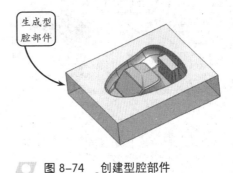

图 8-74　创建型腔部件

8.6　课堂实例 8-2：创建游戏手柄模具

　　本实例创建一个典型的游戏手柄模具的型芯和型腔结构，效果如图 8-75 所示。该手柄主要用来配合游戏机、电脑或其他设备辅助操作游戏。虽然该参照零件结构复杂，并由多个规则曲面组成，但不包含破孔特征，因此重点和难点在于创建该模型的分型曲面，可使用【条带曲面】功能创建其分型曲面。

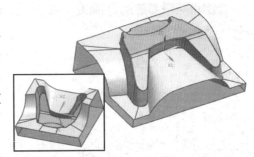

图 8-75　游戏手柄型芯和型腔创建效果

　　创建该结构时，首先添加【注塑模向导】工具栏，并利用【初始化项目】工具设置各项参数。然后利用【收缩】等工具对该壳体进行相应的调整，并利用【工件】工具创建其工件特征。接着利用【型腔布局】工具进行该壳体的布局设置，并在【模具分型工具】工具栏中创建分型线特征，特别是利用【条带曲面】功能创建分型面特征。最后利用【定义区域】和【定义型腔和型芯】工具创建型芯和型腔部件即可。

操作步骤：

1　启动 UG NX 9 软件，新建一个模型文件。然后在【文件】下拉菜单中选择【属性】|【所有应用模块】|【注塑模向导】选项，添加【注塑模向导】工具栏。接着打开本书配套光盘中的"GAMECTRL"文件，效果如图 8-76 所示。

2　单击【初始化项目】按钮，将打开【初始化项目】对话框。然后设置项目单位为【毫米】，并指定部件材料为【无】。接着单击【确定】按钮，确认该初始化操作，效果如图 8-77 所示。

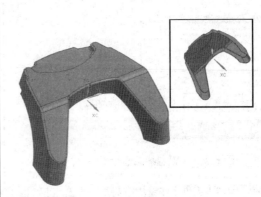

图 8-76　载入案例文件

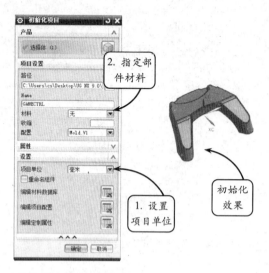

图 8-77 初始化操作

③ 单击【收缩】按钮 ，将打开【缩放体】对话框。然后指定缩放体类型为【均匀】，并设置比例因子参数，效果如图 8-78 所示。

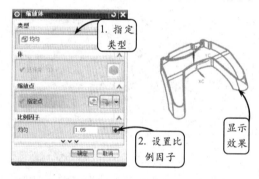

图 8-78 设置收缩率

④ 单击【模具 CSYS】按钮 ，将打开【模具 CSYS】对话框。然后按照如图 8-79 所示的步骤，设置该模具坐标系的位置。

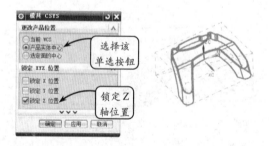

图 8-79 设置模具坐标系

⑤ 单击【工件】按钮 ，将打开【工件】对话框。然后默认截面的选取和限制参数，并单

击【确定】按钮，即可获得加载的成型工件，效果如图 8-80 所示。

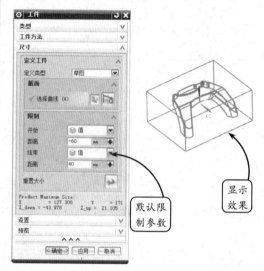

图 8-80 创建成型工件特征

⑥ 单击【型腔布局】按钮 ，将打开【型腔布局】对话框。然后设置型腔的数量和距离参数，效果如图 8-81 所示。

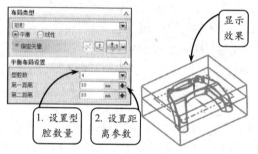

图 8-81 设置型腔布局

⑦ 设置各参数后，单击该对话框中的【矢量对话框】按钮 ，并在打开的对话框中指定如图 8-82 所示的轴为矢量方向。

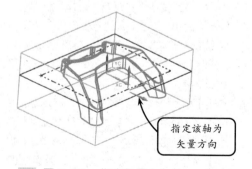

图 8-82 指定矢量方向

8 完成上述步骤后，单击【开始布局】按钮，系统将执行布局操作。然后单击【自动对准中心】按钮，系统将自动地把当前多腔模的几何中心移动到子装配的绝对坐标（WCS）的原点上，效果如图 8-83 所示。

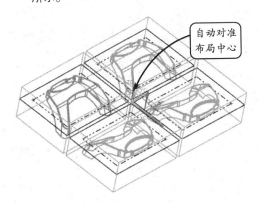

图 8-83 设置布局

9 在【分型刀具】工具栏中单击【设计分型面】按钮，然后在【编辑分型线】面板中单击【选择分型线】按钮，并选取如图 8-84 所示的曲线作为分型线。接着单击【确定】按钮，退出该对话框。

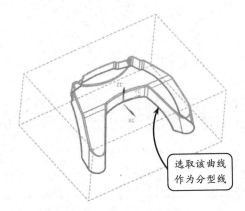

图 8-84 创建分型线特征

10 单击【设计分型面】按钮，并在【创建分型面】面板中选择【条带曲面】单选按钮。然后拖动分型面的引导线，使其超出所用的工件边界。接着单击【确定】按钮，创建分型面特征，效果如图 8-85 所示。

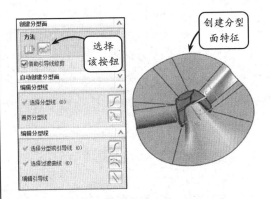

图 8-85 创建分型面特征

11 在【分型刀具】工具栏中单击【检查区域】按钮，并在打开的对话框中单击【选择脱模方向】按钮。然后在打开的【矢量】对话框中指定【ZC 轴】为矢量【类型】，设置脱模方向为 Z 轴向上，效果如图 8-86 所示。

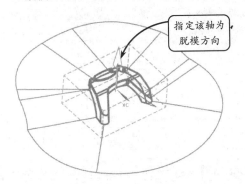

图 8-86 指定脱模方向

12 设置完脱模方向，在返回上一个对话框后选择【保持现有的】单选按钮，并单击【计算】按钮，执行该模型的区域分析操作。然后切换至【区域】选项卡查看型腔和型芯区域的显示数量，并注意未定义区域为 0。此时依次单击【应用】和【确定】按钮，退出该对话框，效果如图 8-87 所示。

13 在【分型刀具】工具栏中单击【定义区域】按钮，可以在展开的【定义区域】面板中查看到未定义的面的数量为 0。此时，依次启用【创建区域】和【创建分型线】复选框，并单击【确定】按钮，确认该抽取操作，效果如图 8-88 所示。

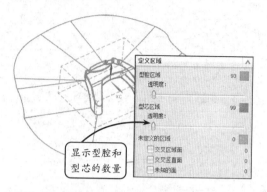

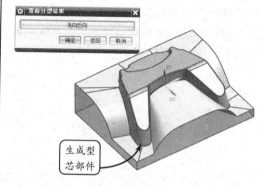

钮，即可获得如图 8-89 所示的型芯部件
效果。

图 8-87 显示型腔和型芯数量

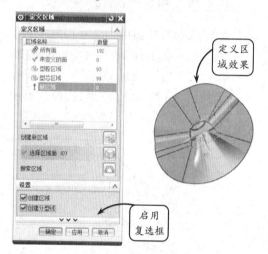

图 8-88 定义区域效果

图 8-89 创建型芯部件

14 在【分型刀具】工具栏中单击【定义型腔和
型芯】按钮，然后在【选择片体】面板中
选择【型芯区域】选项，并单击【确定】按

15 单击上一步【查看分型结果】对话框中的【法
向反向】按钮，则可获得如图 8-90 所示的
型腔部件效果。

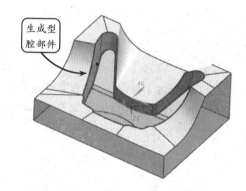

图 8-90 创建型腔部件

8.7 思考练习

一、填空题

1. _____ 是指通过一定方式以特定的
结构形式使材料成型的一种工业产品，同时也是
具备生产出批量工业产品零部件的一种生产工具。

2. _____ 是用来定义模具组件的体积，
并最终决定加工零件的形状，其大小决定了型腔、
型芯和其他组件的大小。

3. 利用 _____ 工具可以用来填充单个
面内的孔特征，该方法特别适用于单个平面或圆
弧面内的孔。

4. 在进行模具设计过程中，为了便于产品
的成型和脱模，必须将模具分成两个或几个部分，
通常将分开模具能取出塑件的面称为 _____。

二、选择题

1. 在对模具进行修补的过程中，_____
是指通过选择一个闭合的曲线或边界环，生成片
体来修补曲面上的开口区域。

   A．实体修补   B．曲面补片

   C．边缘修补   D．修剪区域补片

2. 在执行模具修补进入分型阶段时，首先

要创建_____，即塑件与模具相接触的边界线，它与脱模方向相关。

    A．分型线   B．分型段

    C．分型面   D．抽取区域和分型线

3．在抽取区域和分型线时，型腔面的数量加上型芯面的数量要_____总面数。

    A．等于   B．大于

    C．小于   D．大于或等于

4．在模具设计过程中，设定_____轴的正方向为开模方向。

    A．X   B．Y

    C．Z   D．X、Y、Z任一个

三、问答题

1．简述注塑模设计流程。

2．简述常用型腔布局的几种创建方式。

3．简述创建分型面的几种方式。

四、上机练习

1．手机后盖模具设计

本练习创建手机后盖模具型腔和型芯，效果如图 8-91 所示。该模具是为指定型号的手机专门设计的，其尺寸较小，可采用多模腔的模具结构。另外该零件包含的多个孔和槽特征，主要起到安装摄像头和固定后盖的作用。

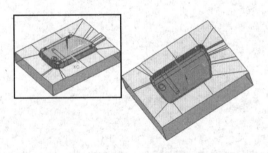

图 8-91   手机后盖模具型腔和型芯

通过对该零件的结构分析，对于该模型上的破孔特征，可以采用相应的模具工具进行修补，然后使用自动搜索分型线的方法便能够有效地确定产品的分型线。该模具设计的难点在于创建分型曲面，用户可以在创建分型线后，使用【条带曲面】功能创建相应的分型曲面，随后执行模制部件验证，即可按照常规的分模操作获得型腔和型芯部件。

2．电话机下壳模具的型芯和型腔

本练习创建一个典型的电话机下壳体模具的型芯和型腔结构，效果如图 8-92 所示。该壳体是普通电话的主要原件之一。虽然该参照零件结构复杂，由多个规则曲面组成，但因不包含破孔特征，所以在进行必要的初始设置后，即可直接进行分型设计。该参照零件的分型线比较明晰，且分型面位于最大截面处或底部端面，视觉效果明显。

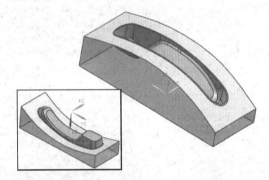

图 8-92   电话机下壳体型腔和型芯创建效果

创建该结构时，首先添加【注塑模向导】工具栏，并利用【初始化项目】工具设置各项参数。然后利用【收缩】等工具对该壳体进行相应的调整，并利用【工件】工具创建其工件特征。接着利用【型腔布局】工具进行该壳体的布局设置，并创建分型线和分型面特征。最后利用【定义区域】和【定义型腔和型芯】工具来创建型芯和型腔部件即可。

第 9 章

装配建模

　　装配设计模块提供自底向上和自顶向下的产品装配方法，能够将产品的各个零部件快速组合在一起，形成产品的整体结构，同时还可对整个结构执行爆炸操作，从而更加清晰地查看产品的内部结构以及部件的装配顺序。装配设计模块是 UG NX 9 中集成的一个重要的应用模块，利用该模块生成的装配模型中的零件数据是对零件本身的直接链接映像。

　　本章主要介绍使用 UG NX 9 进行装配设计的基本方法，包括自底向上和自顶向下的装配方法，以及执行组件编辑和创建爆炸视图等操作方法。

本章学习目的：

➢ 了解装配设计的基础知识
➢ 熟悉产品装配的操作界面
➢ 掌握自底向上和自顶向下的装配方法
➢ 掌握组件编辑的相关方法
➢ 掌握爆炸视图的创建和编辑方法

9.1　装配基础

　　装配就是把加工好的零件按一定的顺序和技术连接到一起，成为一部完整的产品，并且可靠地实现产品的设计功能。用户可以通过在装配模块中模拟真实的装配操作和创建相应的装配工程图来了解机器的工作原理和构造。装配过程不仅可以表达机器或部件的工作原理，还可以表达零件、部件间的装配关系，因此在产品制造过程中，装配图是制订装配工艺规程、进行装配和检验的技术依据，是机械设计和生产中的重要技术文件之一。

9.1.1 机械装配基础知识

在产品装配过程中，首先要明确装配操作中组件、部件和装配体的基本概念，以及装配操作中的基本内容，并了解产品装配的过程，只有这样才能更有效地执行装配操作。

1．机械装配的基本概念

机械装配是指通过关联条件在零件间建立的约束关系，以确定零件在装配体中的准确位置。任何产品都是由若干个零件组成的，为保证有效地组织装配，必须将产品分解为若干个能进行独立装配的装配单元，现分别介绍如下。

❑ 零件

零件是组成产品的最小单元，它由整块金属（或其他材料）制成。在机械装配过程中，一般先将零件组装成套件、组件和部件，然后最终组装成产品。如图 9-1 所示就是显示的套环零件。

图 9-1　套环零件

❑ 套件

套件是最小的装配单元，由一个基准零件上装上一个或若干个零件而构成。为套件而进行的装配过程称为套装，且套件中唯一的基准零件是用来连接相关零件和确定各零件的相对位置的。套件在以后的装配过程中可以作为一个整体零件，不再分开。如图 9-2 所示就是显示的高速轴套件。

❑ 组件

组件是在一个基准零件上装上若干套件及零件构成的。为形成组件而进行的装配过程称为组装。组件中唯一的基准零件作用同套件一样，用于连接相关零件和套件，并确定它们的相对位置。组件中可以没有套件，即由一个基准零件加若干个零件组成，它与套件的区别在于：组件在以后的装配过程中可以进行相应的拆分操作。如图 9-3 所示就是显示的动力轴组件。

图 9-2　高速轴套件

图 9-3　动力轴组件

❑ 部件

部件是由在一个基准零件上装上若干组件、套件和零件构成的。为形成部件而进行的装配过程称为部装。部件中唯一的基准零件也是用来连接各个组件、套件和零件，并决定它们之间的相对位置。部件在产品中能完成一定的完整的功用。如图 9-4 所示就是显示的加速器部件。

❑ 装配体

在一个基准零件上，装上若干部件、组件、套件和零件就成为整个产品。为形成产品的装配体而进行的装配过程称为总装。同样一部产品中只有一个基准零件，作用与上述相同。如图 9-5 所示就是显示的加速器总装配体。

图 9-4　加速器部件

2. 装配内容

在装配过程中，根据装配的成品可分为组装、部装和总装。因此，在执行装配操作之前，为保证装配的准确性和有效性，需要进行零部件的清洗、尺寸和重量分选，以及平衡等准备工作，然后进行零件的装入、连接、部装和总装，并在装配过程中执行检验、调整和试验等操作，最后进行相关的试运转、油漆和包装等工作即可完成整个装配内容。

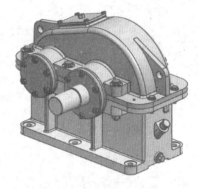

图 9-5 加速器总装配体

3. 装配地位

在整个产品的设计过程中，装配是产品制造中的最后一个阶段，其装配工艺和装配质量将直接影响机器的质量（工作性能、使用效果、可靠性和寿命等）。因此在这个产品的最终检验环节中，需要详细检查并发现设计和加工工艺中的错误，并及时修改和调整。

9.1.2 装配设计简介

UG 装配就是在该软件的装配环境下，将现有组件或新建组件设置定位约束，从而将各组件定位在当前环境中。这样操作的目的是检验各新建组件是否符合产品形状和尺寸等设计要求，而且便于参看产品内部各组件之间的位置关系和约束关系。

1. UG NX 装配概念

装配表示一个产品的零件及子装配的集合。在 UG 中，一个装配就是一个包含组件的部件文件。UG NX 9 软件中的装配的基本概念包括组件、组件特性、多个装载部件和保持关联性等。

❑ **装配部件**

装配部件是由零件和子装配构成的部件，其中零件和部件不必严格区分。在 UG 中允许向任何一个 Part 文件中添加部件构成装配，因此任何一个 Part 文件都可以作为装配部件。需要注意的是：当存储一个装配时，各部件的实际几何数据并不是存储在装配部件文件中，而是存储在相应的部件（即零件文件）中。

❑ **子装配**

子装配是在高一级装配中被用作组件的装配，也拥有自己的组件。子装配是一个相对的概念，任何一个装配部件都可以在更高级的装配中用作子装配。

❑ **组件**

组件是装配部件文件指向下属部件的几何体及特征，它具有特定的位置和方位，且一个组件可以是包含低一级组件的子装配。装配中的每个组件只包括一个指向该组件主模型几何体的指针，当一个组件的主模型几何体被修改时，则在作业中使用该主模型的所有其他组件会自动更新修改。

□ **多个装载部件**

任何时候都可以同时装载多个部件，这些部件可以是显示方式被装载（如用装配导航器上的【打开】选项打开），也可以是隐藏方式装载（如正在由另外的加载装配部件使用），并且装载的部件不一定属于同一个装配。

□ **上下文设计**

所谓上下文工作就是在装配过程中显示的装配文件，该装配文件包含各个零部件文件。在装配过程中进行的任何操作都是针对工作装配文件的，如果修改工作装配体中的一个零部件，则该零部件将随之更新。如图 9-6 所示为上下文设计中的工作部件。

□ **保持关联性**

在装配过程中任一级上的几何体的修改都会导致整个装配中所有其他级上相关数据的更新。对个别零部件的修改，则使用那个部件的所有装配图纸都会相应地更新；反之，在装配上下文中对某个组件的修改，也会更新相关的装配图纸以及组件。

连接杆为工作部件

图 9-6 上下文设计中的工作部件

□ **约束条件**

约束条件又称配对条件，即在一个装配中对相应的组件进行定位操作。通常规定装配过程中两个组件间的约束关系完成配对。例如，规定一个组件上的圆柱面与另一个组件上的圆柱面同轴。

在装配过程中，用户可以使用不同的约束组合去完全固定一个组件的位置。只有系统认为其中一个组件在装配中的位置是被固定在一个恒定位置中，然后才会对另一组件计算出一个满足规定约束的位置。此外，两个组件之间的关系是相关的，如果移动固定组件的位置，当更新时，与它约束的组件也会移动。例如，如果约束一个螺栓到螺栓孔，若螺栓孔移动，则螺栓也随之移动。

□ **引用集**

用户可以通过使用引用集过滤用于表示一个给定组件或子装配的数据量，来简化高级装配的图形显示。引用集的使用，不仅可以大大减少（甚至完全消除）部分装配的部分图形显示，而且无须修改其实际的装配结构或下属几何体模型。在 UG 中，每个组件可以有不同的引用集，因此在一单个装配中的同一个部件允许有不同的表示。

□ **部件属性和组件属性**

对组件执行装配操作后，可以查看和修改有关的部件或组件信息，并可以对该信息进行必要的编辑和修改。其中包括修改组件名、更新部件簇成员、移除当前颜色及部分渲染的设置而使用组件部件的原先设置等。

在装配导航器中选择部件或组件名称，右击选择【属性】选项，系统将打开对应的属性对话框,用户即可在各选项卡中查看或修改相关的属性信息。例如右击一部件名称并选择【属性】选项,系统将打开【显示部件属性】对话框;右击一组件名称并选择【属性】选项,系统将打开【组件属性】对话框,如图 9-7 所示。

2. UG NX 装配专业术语

在使用 UG NX 9 软件进行装配操作的过程中,有大量的装配术语要求用户熟知,建议用户在学习装配技术前熟悉并掌握这些术语,更多的术语定义可以参考有关的技术手册。部分装配术语的定义如表 9-1 所示。

图 9-7 部件和组件属性对话框

表 9-1 装配术语定义

术　　语	定　　义
组件成员	组件成员也称为组件几何体,是组件部件中的几何对象,并在装配中显示。如果使用引用集,则组件成员也可以是组件部件中的所有几何体的某个子集
上下文设计	上下文设计也称为现场编辑,是指当组件几何体显示在装配中时,可以直接对其进行编辑或修改操作
自底向上建模	自底向上建模技术首先创建装配体所需的各个组件模型,然后按照组件、子装配体和总装配的顺序定义这些组件,并利用装配关联条件逐级装配成装配体模型的建模方法
自顶向下建模	自顶向下建模技术是指当在装配过程中创建或编辑组件部件时,所做的任何几何体的修改都会立即自动地反映到该个别的组件部件中
显示部件	显示部件是指当前在图形窗口里显示的部件
工作部件	工作部件是指用户正在创建或编辑的部件,它可以是显示部件或包含在显示的装配部件里的任何组件部件。当显示单个部件时,工作部件也就是显示部件
装载的部件	装载的部件是指当前打开并在内存里的任何部件,通过 UG 打开的部件称为显式装载,而在装配里打开的部件称为隐式装载
关联条件	关联条件是指存在于单个组件的约束集合,装配中的每个组件可以只有一个关联条件,尽管这个关联条件可能由对其他几个组件的装配关系组成
装配顺序	一个装配过程可以有多个装配顺序,装配顺序可以用来控制装配或拆装的次序。用户可以用一步装配或拆装一个组件,也可以建立运动步去仿真组件怎样移动的过程。

9.1.3　装配界面

在 UG NX 9 中进行装配操作,首先要进入装配界面。在打开该软件之后,可以通过

新建装配文件，或者打
开相应的装配文件的方
式进入装配环境进行关
联设计，装配环境如图
9-8 所示。

在该界面中，利用
【装配】选项卡中的各个
工具按钮即可进行相关
的装配操作，也可以通
过【菜单】命令中的【装
配】下拉菜单中的相应
选项来实现同样的操
作。【装配】选项卡中常
用的按钮功能和使用方
法将在以下章节中详细
讲解，这里不再赘述。

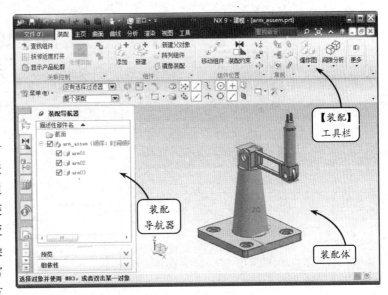

图 9-8　装配操作界面

9.1.4　装配导航器

装配导航器在一个分离窗口中显示各部件的装配结构，并提供一个方便、快捷地操
纵组件的方法。在该导航器中的装配结构以图形的形式来表示，类似于树状图结构，其
中每个组件在该装配树上显示为一个节点。

1. 打开装配导航器

在 UG NX 9 装配环境中，单击资源栏左侧的【装配导航器】按钮，系统即可切换
至装配导航器，如图 9-9 所示。该导航器中各
主要选项及功能按钮的含义如下所述。

❑ 装配导航器显示模式

装配导航器有两种不同的显示模式，即浮
动模式和固定模式。其中在浮动模式下，装配
导航器以窗口形式显示，且在其左上方显示为
图标，当鼠标离开导航器的区域时，导航器
将自动收缩；如果单击图标按钮，该按钮将
变为图标，此时装配导航器将固定在绘图区
域不再收缩。

❑ 装配导航器图标

在装配导航器的树状结构图中，装配中的
子装配和组件都使用不同的图标来表示。同

图 9-9　装配导航器

时，零件和组件处于不同的状态时对应的图标按钮也不同，各图标显示方式如表 9-2
所示。

表 9-2 导航器使用的图标

图 标	显 示 情 况
装配体或 子装配体	当按钮为黄色时，表示该装配或子装配被完全加载；当按钮为灰色但是按钮的边缘仍然是实线时，表示该装配或者子装配被部分加载；当按钮为灰色但是按钮的边缘为虚线时，表示该装配或者子装配没有被加载
组件	当按钮为黄色时，表示该组件被完全加载；当按钮为灰色但是按钮的边缘仍然是实线时，表示该组件被部分加载；当按钮为灰色但是按钮的边缘是虚线时，表示该组件没有被加载
检查框 ☑	表示装配和组件的显示状态，☑按钮表示当前组件或装配处于显示状态，此时检查框显示为红色；☑按钮表示当前组件或装配处于隐藏状态，此时检查框显示为灰色；□按钮表示当前组件或子装配处于关闭状态
扩展压缩框 +	该压缩框针对装配或子装配，展开的每个组件节点/装配或压缩为一个节点

2. 窗口右键操作

在装配导航器的窗口中，右键操作分为两种：一种是在相应的组件上右击；另一种是在空白区域上右击，现分别介绍如下。

❑ 组件右键操作

在装配导航器中任意一个组件上右击，可以对装配导航树的节点进行编辑，并能够执行折叠或展开相同的组件节点，以及将当前组件转换为工作部件等操作。具体的操作方法是：将鼠标移至装配模型树中的任一节点处右击，系统将弹出如图 9-10 所示的快捷菜单。

该菜单中的选项随组件和过滤模式的不同而不同，同时还与组件所处的状态有关。用户可以通过这些选项对所选的组件进行各种操作，例如右键选择相应的组件名称，在打开的快捷菜单中选择【设为工作部件】选项，即可将该组件转换为工作部件，其他所有的组件将以灰显方式显示。

❑ 空白区域右键操作

在装配导航器的任意空白区域右击，系统将弹出一个快捷菜单，如图 9-11 所示。在该快捷菜单中选择指定的选项，即可执行相应的操作。例如，选择【全部折叠】选项，可以将展开的所有子节点都折叠在总节点下；选择【全部展开】选项，即可执行相反的操作。

图 9-10 组件右键菜单

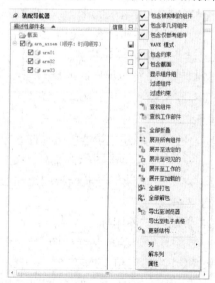

图 9-11 空白区域右键菜单

9.2 装配建模方法

在装配模块中，针对不同的装配体对应的装配方法各不相同，用户不应局限于任意一种装配建模方法。一方面用户可以分别单独建立模型，然后将其加载到装配体中（称为自底向上装配建模）；另一方面也可以直接在装配体上创建模型（称为自顶向下装配建模）。在装配过程中，用户可以在两者之间自由地切换，便于方便快捷地完成装配任务。

9.2.1 自底向上装配

自底向上装配是预先设计好装配中的全部组件，然后将组件添加到装配体中，并设置约束方式限制组件在装配体中的自由度，从而获得组件的定位效果。该装配方式是组件装配中最常用的装配方法，使用该方法执行逐级装配顺序清晰，便于准确定位各个组件在装配体中的位置。

执行自底向上装配的首要工作是将现有的组件导入到装配环境中，这样才能进行必要的约束设置，从而完成相关的组件定位操作。在 UG NX 9 中，系统提供了多种添加和放置组件的方式，并允许对装配体所需相同组件采用多重添加方式，避免繁琐的添加操作。

在【装配】选项卡中，单击【组件】工具栏中的【添加】按钮，系统将打开【添加组件】对话框，如图 9-12 所示。该对话框由多个面板组成，主要用于选择已经创建的组件文件，并可以设置相应的定位方式和多重添加方式，具体操作方法如下所述。

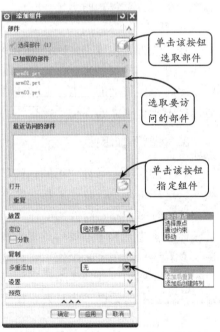

图 9-12　【添加组件】对话框

1. 指定现有组件

在该对话框的【部件】面板中，可以通过 4 种方式指定现有组件：第一种是单击【选择部件】按钮，然后直接在绘图区中选取相应的组件执行装配操作；第二种是在【已加载的部件】列表框中，选择相应的组件名称执行装配操作；第三种是在【最近访问的部件】列表框中，选择相应的组件名称执行装配操作；第四种是单击【打开】按钮，在打开的【部件名】对话框中指定路径，选择相应的部件执行装配操作。

2. 设置定位方式

在该对话框的【放置】面板中，可以指定组件在装配体中的定位方式。其中，在【定位】下拉列表框中包含了以下 4 种执行定位操作的方式。

❑ **绝对原点**

该定位方式是指将执行定位的组件与装配环境中的原坐标系位置保持一致。通常在执行装配操作的过程中，首先选取一个组件设置为【绝对原点】方式，其目的是使将该基础组件"固定"在装配体环境中。这里所讲的固定并非真正的固定，仅仅是一种定位方式。

❑ **选择原点**

选择该选项，系统将通过指定原点定位的方式来确定组件在装配体中的位置，这样该组件的坐标系原点将与选取的参考点重合。

通常情况下，添加的第一个组件都是通过选择该选项确定组件在装配体中的位置，即选择该选项并单击【确定】按钮，然后在打开的【点】对话框中指定参考点的位置即可，如图9-13所示。

❑ **通过约束**

选择该方式定位组件就是选取参照对象并设置相应的约束方式，即通过组件参照约束来显示当前组件在整个装配中的自由度，从而获得组件的定位效果。其中约束方式包括接触对齐、角度、平行和距离等。

图 9-13 指定原点定位组件

❑ **移动**

使用该方式定位组件就是将组件添加到装配环境中，然后通过选择相对于指定基点的移动方式，将组件定位。选择该选项，并单击【确定】按钮，系统将打开【点】对话框。此时指定移动的基点，并单击【确定】按钮确认操作，即可在打开的【移动组件】对话框中进行相应的移动定位操作。

3．多重添加组件

对于装配体中重复使用的相同组件，可以通过设置多重添加组件的方式添加相应的组件。这样将避免重复使用相同的添加和定位方式，节省了大量的装配时间。

要执行多重添加组件的操作，可以在【多重添加】的下拉列表框中选择相应的方式，其具体包含【无】、【添加后重复】和【添加后创建阵列】3 个列表项。如果选择【添加后重复】选项，在装配操作后将再次弹出相应的对话框，用户可以直接执行定位操作，而无须重新添加；选择【添加后创建阵列】选项，在执行装配操作后，系统将打开【创建组件阵列】对话框，此时设置相应的阵列参数即可。

9.2.2　自顶向下装配

自顶向下的装配方法是一种全新的装配方法，主要是基于有些模型需根据实际的情况来判断要装配件的位置和形状，也就是说只能等其他组件装配完毕后，通过这些组件来定位其形状和位置。UG NX 支持多种自顶向下的装配方式，其中最常用的装配方法有以下两种。

该自顶向下的装配方法是建立一个不包含任何几何对象的空组件再对其进行建模，即首先在装配体中建立一个几何模型，然后创建一个新组件，同时将该几何模型链接到新建组件中，从而达到自顶向下装配的效果。其具体操作步骤如下所述。

1．打开一个文件

执行该装配方法，首先打开的是一个含有组件或装配件的文件，或先在该文件中建立一个或多个组件。

2．新建组件

单击【组件】工具栏中的【新建】按钮，系统将打开【新组件文件】对话框。此时，选择【装配】选项，并指定合适的路径后输入装配组件的名称，然后单击【确定】按钮，即可打开【新建组件】对话框，如图9-14所示。

此时如果单击【选择对象】按钮，即可选取相应的图形对象作为新建组件。但由于该装配方法只创建一个空的组件文件，因此该处不需要选择几何对象。接着展开该对话框中的【设置】面板，该面板中包含了多个列表框，以及文本框和复选框，其具体的含义和设置方法如下所述。

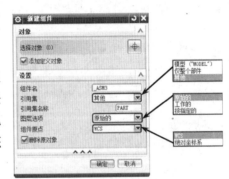

图 9-14 【新建组件】对话框

❏ **组件名**

该文本框用于指定组件的名称。一般情况下，系统默认为组件的存盘文件名。如果新建多个组件，可以修改该组件名便于区分其他组件。

❏ **引用集**

在该列表框中可以指定当前的引用集类型，如果在此之前已经创建了多个引用集，则该列表框中将包括【模型】、【仅整个部件】和【其他】。如果选择【其他】列表项，可以指定引用集的名称。

❏ **图层选项**

该列表框用于设置产生的组件添加到装配部件中的哪一层。选择【原始的】选项，表示新组件保持原来的层位置；选择【工作】选项，表示将新组件添加到装配组件的工作层；选择【按指定的】选项，表示将新组件添加到装配组件的指定层。

❏ **组件原点**

该列表框用于指定组件原点采用的坐标系。如果选择【WCS】选项，系统将设置组件原点为工作坐标；如果选择【绝对坐标系】选项，系统将设置组件原点为绝对坐标。

❏ **删除原对象**

启用该复选框，则在装配过程中将删除所选的对象。

设置新组件的相关信息后，单击该对话框中的【确定】按钮，即可在装配中产生一个含所选部件的新组件，并把相应的几何模型加入到新建组件中。然后可以将该组件设置为工作部件，在组件环境中添加并定位已有部件。这样在修改该组件时，可以任意修改组件中添加部件的数量和分布方式。

在使用自底向上方法添加组件时，可以在列表中选择当前工作环境中现存的组件，但处于该环境中现存的三维实体不会在列表框中显示，不能被当作组件添加。若要使其也加入到当前的装配中，就必须使用该自顶向下的方法进行装配。

9.3　设置装配关联条件

在装配过程中，无论是自底向上还是自顶向下，对现有组件进行定位的方式都是通过设置关联条件为组件之间添加约束来实现的。关联条件是指组件间的装配关系，用来确定组件在装配过程中的相对位置。关联条件可以由一个或多个关联约束组成，而关联约束则用来限制组件在装配中的自由度。

9.3.1　组件定位概述

在装配过程中，除了添加组件，还需要确定组件间的相对位置关系，这时就需要使用【装配约束】工具为组件之间添加相应的约束，使各组件在装配体中被准确定位。

1. 添加装配约束

在装配过程中，无论是自底向上还是自顶向下，对现有组件进行定位的方式都是通过设置关联条件为组件之间添加约束来实现的。关联条件是指组件间的装配关系，用来确定组件在装配过程中的相对位置。关联条件可以由一个或多个关联约束组成，而关联约束则用来限制组件在装配中的自由度。

要执行添加装配约束的操作，可以单击【组件位置】工具栏中的【装配约束】按钮，系统将打开【装配约束】对话框，如图9-15所示。

在该对话框中指定要添加的约束类型，然后依次选取要约束的几何对象，并单击【应用】按钮，即可将相应的组件进行定位。此外，在装配过程中，各组件间的定位条件往往不止一个。用户可以在相应的组件间添加多种关联约束，以使组件在装配体中被准确定位。

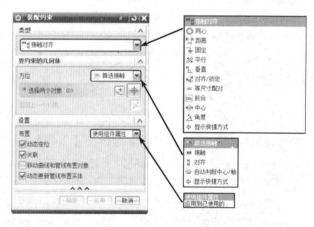

图9-15　【装配约束】对话框

2. 约束类型

约束类型用于确定装配中的约束关系，选择相应的类型选项，并在装配环境中依次选取两个组件的对应特征，即可定义两个组件之间的约束关系，从而确定组件在装配体中的位置。该对话框中各常用约束类型的含义将在下节内容中详细介绍。

9.3.2 接触对齐约束

在 UG NX 9 软件中，继续将对齐约束和接触约束合为一个约束类型，这两种约束方式都可以指定相应的关联类型，使定位的两个同类对象相一致。该约束类型的 4 种约束方式如下所述。

❑ **首选接触和接触**

选择【接触对齐】约束类型后，系统默认约束方式为【首选接触】方式。【首选接触】和【接触】属于相同的约束类型，即指定相应的关联类型，使定位的两个同类对象相一致。

其中，选择两平面对象为参照时，这两个平面需共面且法线方向相反，如图 9-16 所示。若对于锥体，系统首先检查其角度是否相等，如果相等，则对齐其轴线；若对于曲面，系统先检验两个面的内外直径是否相等，若相等则对齐两个面的轴线和位置；而若对于圆柱面，则要求相配组件的直径相等才能对齐轴线。

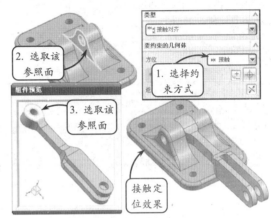

图 9-16 接触约束

❑ **对齐**

使用对齐约束可以对齐相关对象。当对齐平面时，将使这两个表面共面且法向方向相同；当对齐圆柱、圆锥或圆环面等直径相同的轴类实体时，将使其轴线保持一致；当对齐边缘和线时，将使两者共线，效果如图 9-17 所示。

> **注意**
>
> 对齐约束与接触约束的不同之处在于：对齐圆柱、圆锥和圆环面时，并不要求相关联对象的直径相同。

❑ **自动判断中心/轴**

自动判断中心/轴约束方式是指对于选取的两回转体对象，系统将根据选取的参照自动判断，从而获得接触对齐的约束效果。

指定约束方式为【自动判断中心/轴】方式后，在装配环境中依次选取两个组件的参照特征，即可获得该约束效果，如图 9-18 所示。

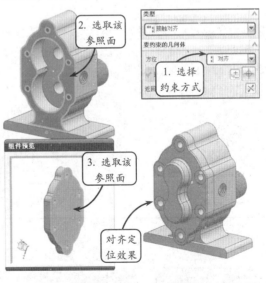

图 9-17 对齐约束

9.3.3 中心和同心约束

在设置组件之间的约束时,对于具有回转体特征的组件,用户可以将各组件的对应参照设置为中心约束或者同心约束,从而限制组件在整个装配体中的相对位置。

1. 中心约束

添加中心约束可以使基础组件的中心与装配组件对象中心重合。其中,装配组件是指需要添加约束进行定位的组件,基础组件是指已经添加完约束的组件。该约束方式包括多个子类型,各子类型含义如下所述。

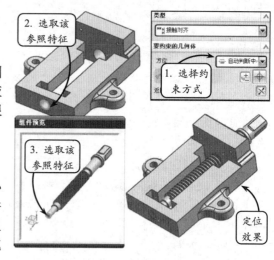

图9-18 自动判断中心/轴约束

❏ **1对2**

选择该约束类型可以将装配组件中的一个对象中心定位到基础组件中的两个对象的对称中心上。如图9-19所示依次选取两组件的孔表面添加中心约束,使两个组件定位在同一条轴线上。

❏ **2对1**

选择该类型可以将装配组件中的两个对象的对称中心定位到基础组件的一个对象的中心位置处。

❏ **2对2**

选择该类型可以将装配组件的两个对象和基础组件的两个对象呈对称中心布置。

2. 同心约束

添加同心约束可以将两个具有回转体特征的对象定位在同一条轴线位置。选择约束类型为【同心】类型,然后在装配环境中依次选取两回转体对象的边界轮廓线,即可获得同心约束效果,如图9-20所示。

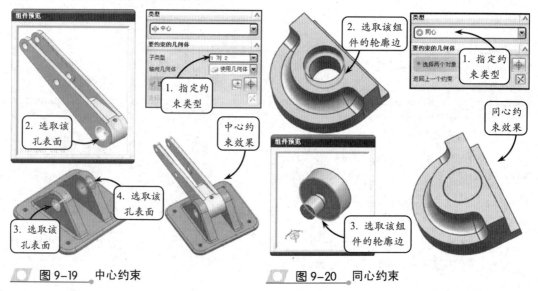

图9-19 中心约束   **图9-20** 同心约束

9.3.4 平行和距离约束

在设置组件和组件、组件和部件之间的约束方式时，为更准确地显示组件间的关系，用户可以定义面与面之间的距离参数，从而显示组件在装配体中的自由度。

1. 平行约束

为定义两个组件保持平行对立的关系，可以依次选取两组件的对应参照面，使其面与面平行。

在装配过程中，添加平行约束可以使指定的装配对象的方向矢量彼此平行，效果如图 9-21 所示。该约束类型与对齐约束相似，不同之处在于：平行约束操作仅使两平面的法矢量同向，但对齐约束操作不仅使两平面的法矢量同向，且能够使两平面位于同一个平面上。

2. 距离约束

在设置组件和组件、组件和部件之间的约束方式时，为更准确地显示组件间的关系，用户可以定义面与面之间的距离参数，从而显示组件在装配体中的自由度。

该约束类型用于指定两个组件对应参照面之间的最小距离，距离可以是正值也可以为负值，通过正负号可以确定装配组件在基础组件的哪一侧，效果如图 9-22 所示。

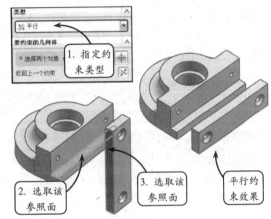

图 9-21　平行约束

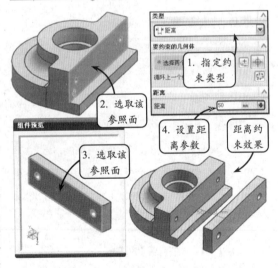

图 9-22　距离约束

9.3.5 角度和垂直约束

在定义组件与组件、组件与部件之间的关联条件时，可以选取两参照面并设置相应的约束角度，从而通过面约束起到限制组件移动约束的目的。其中垂直约束是角度约束的一种特殊形式，用户可以单独设置，也可以按照角度约束设置。

1. 角度约束

选择该约束类型可以在两个对象间设置角度尺寸，从而将装配组件约束到正确的方位上。角度约束可以在两个具有方向矢量的对象间产生，此时角度就是这两个方向矢量的夹角，且逆时针方向为正。如图 9-23 所示就是依次选取两个表面的轮廓线并设置角度为 0，从而确定组件在装配体中相对位置的效果。

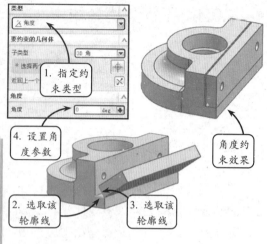

图 9-23　角度约束

2. 垂直约束

在定义组件与组件、组件与部件之间的关联条件时，可以选取两参照面并设置相应的约束角度，从而通过面约束起到限制组件移动约束的目的。其中垂直约束是角度约束的一种特殊形式，用户可以单独设置，也可以按照角度约束设置。

在装配过程中，添加垂直约束可以使两组件的对应参照在矢量方向上互相垂直。如图 9-24 所示就是指定两组件的对应表面添加垂直约束的定位效果。

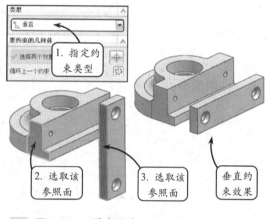

图 9-24　垂直约束

9.4　组件阵列和镜像

在装配过程中，除了重复添加相同组件提高装配效率以外，对于按照圆周或线性分布的组件，以及沿一个基准面对称分布的组件，可以使用【阵列组件】和【镜像装配】工具一次获得多个特征，并且阵列或镜像的组件将按照原组件的约束关系进行定位，极大地提高了产品装配的准确性和设计效率。

9.4.1　组件阵列

在装配设计过程中，经常会遇到包含线性或圆周阵列的螺栓、销钉或螺钉等定位组件进行装配的情况，单独依靠以上章节中介绍的装配方法，很难快速地完成装配工作。而使用相关的组件阵列工具可以一次创建多个组件并确定其位置,快速地完成装配任务。

在【装配】选项卡中单击【阵列组件】按钮，系统将打开【阵列组件】对话框，如图 9-25 所示。该对话框提供了【线性】、【圆形】和【参考】3 种定义组件阵列的方法，其中【线性】和【圆形】是最常用的两种方法。

1．线性阵列装配

设置线性阵列可以通过指定相应的参照并设置行数和列数来创建阵列组件特征。单击【阵列组件】按钮 ，并选择要阵列的组件对象。然后在【布局】列表框中选择【线性】选项，并设置相应的线性阵列参数，即可完成多组件对象的阵列装配操作，效果如图 9-26 所示。

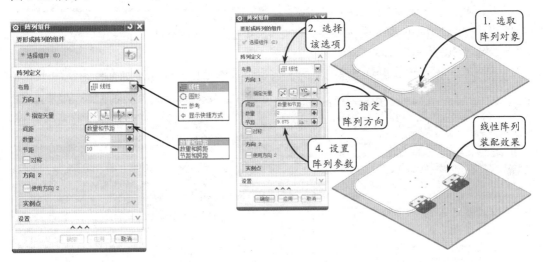

图 9-25　【阵列组件】对话框　　　图 9-26　线性阵列装配组件

2．圆形阵列装配

与线性阵列不同之处在于：圆形阵列是将对象沿轴线执行圆周均匀阵列操作。

单击【阵列组件】按钮 ，并选择要阵列的组件对象。然后在【布局】列表框中选择【圆形】选项，并设置相应的圆形阵列参数，即可完成多组件对象的阵列装配操作，效果如图 9-27 所示。

9.4.2　组件镜像

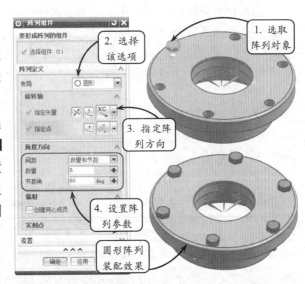

图 9-27　圆形阵列装配组件

组件镜像功能主要用来处理左右对称的装配情况，类似于在建模环境中对单个实体特征的镜像。因此特别适合像汽车底座等这样对称的组件装配，仅仅需要完成一边的装配工作即可。

要执行镜像装配组件操作，可以在【装配】选项卡中单击【镜像装配】按钮，系统将打开【镜像装配向导】对话框，如图9-28所示。

此时，在该对话框中单击【下一步】按钮，然后在装配环境中选取待镜像的组件，其中组件可以是单个或多个，如图9-29所示。

接着单击【下一步】按钮，并在装配环境中选取相应的基准面为镜像平面，如图9-30所示。如果没有，可以在打开的对话框中单击【创建基准平面】按钮，然后创建一个基准面作为镜像平面。

图 9-29   选择镜像对象

图 9-30   选择镜像平面

完成上述步骤后，单击【下一步】按钮，即可在打开的对话框中设置镜像类型。此时，用户可以选取相应的镜像组件，然后单击【非关联镜像】按钮或【关联镜像】按钮，选择相应的镜像类型。同时【重用和重定位】按钮将被激活，单击该按钮将可以重新指定镜像类型；而单击【排除】按钮，系统将执行删除指派组件的操作，如图9-31所示。

设置镜像类型后，单击【下一步】按钮，系统将打开新的对话框，如图9-32所示。在该对话框中，如果对之前的定位方式不满意，可以再次单击【重用和重定位】按钮，指定各个组件的多种定

图 9-31   指定镜像类型

位方式。其中，在【定位】列表框中选择各列表项，系统将执行对应的定位操作；用户也可以通过多次单击【循环重定位解算方案】按钮，来查看相应的定位效果。

指定镜像定位方式后，单击【下一步】按钮，将打开新的对话框，如图9-33所示。在该对话框中可以对镜像装配的组件进行命名，并指定相应的保存路径。最后单击【完成】按钮，即可获得镜像装配组件的效果。

图 9-32 指定镜像定位方式   **图 9-33** 命名镜像装配组件

9.5 编辑组件

在完成组件装配后，如现有的组件不符合设计要求，需要进行删除、替换或者移动现有组件的操作，还可以利用该装配环境中所提供的对应的编辑组件工具快速地实现编辑操作任务。

9.5.1 删除或替换组件

为满足产品装配的需要，可以将已经装配完成的组件和设置的约束方式同时删除，也可以将其他相似组件替换现有组件，并且可以根据需要仍然保持前续组件的约束关系。

1. 删除组件

在装配过程中，可以将指定的组件删除掉。在装配环境中选取要删除的对象，单击右键，选择【删除】选项，即可将该指定组件删除。对于在此之前已经进行约束设置的组件，执行该操作，会出现两种情况。一种是打开【移除组件】提示框，如图 9-34 所示。此时，单击该提示框中的【确定】按钮，即可将其删除。

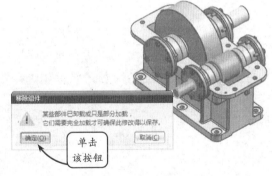

图 9-34 【移除组件】提示框

另一种是打开【更新失败列表】对话框，如图 9-35 所示。此时，依次单击该对话框中的【删除】按钮，即可将列表框中显示的配对约束和组件全部删除，最后单击【确定】按钮确认操作即可。

2. 替换组件

在装配过程中，还可以选取指定的组

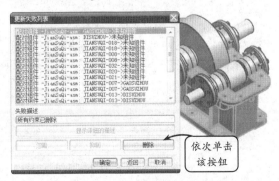

图 9-35 【更新失败列表】对话框

件将其替换为新的组件。要执行替换组件操作，可以在装配环境中选取要替换的组件，然后右击选择【替换组件】选项，系统将打开【替换组件】对话框，如图 9-36 所示。

在该对话框的【替换件】面板中单击【选择部件】按钮，即可在装配环境中选取替换后的组件；或者单击【浏览】按钮，指定相应的路径打开替换组件；或者在【已加载的部件】和【未加载的部件】列表框中选择相应的组件名称。

指定替换组件后，展开【设置】面板。该面板中包含两个复选框，各复选框的含义及设置如下所述。

❏ **维持关系**

启用该复选框可以在替换组件时保持装配关系。它是先在装配中移去组件，并在原来位置加入一个新的组件。系统将保留原来组件的装配条件，并沿用到替换的组件上，使替换的组件与其他组件构成关联关系，效果如图 9-37 所示。

❏ **替换装配中的所有事例**

启用该复选框，则当前装配体中所有重复使用的装配组件都将被替换。

图 9-36　【替换组件】对话框

9.5.2　移动组件

在装配过程中或完成装配操作后，如果使用的约束条件不能满足设计者的实际装配需要，还可以利用手动编辑的方式将组件指定到相应的位置处。

要移动组件，可以首先选取待移动的组件，右击选择【移动】选项，或者选取移动对象后单击【移动组件】按钮，系统都将打开【移动组件】对话框，如图 9-38 所示。且此时在装配环境中只有指定的要移动的组件高亮显示。

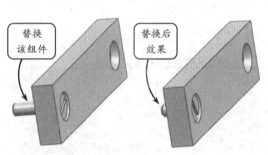

图 9-37　替换组件

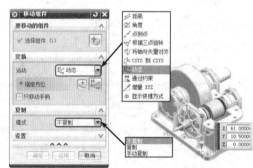

图 9-38　【移动组件】对话框

该对话框的【运动】列表框中包含多种移动组件的方式。各方式的含义及使用方法如表 9-3 所示。

UG NX 9 中文版标准教程

表 9-3　【运动】列表框各方式的含义及使用方法

按　　钮	含义及使用方法
动态	使用动态坐标系移动组件。选择该方式后，单击【点对话框】按钮，即可在打开的【点】对话框中指定相应的点移动组件；或者单击【坐标系】按钮，激活坐标系，通过移动或旋转坐标系的方式动态地移动相应的组件
通过约束	使用约束移动组件。选择该移动方式，对话框中将增加【约束】面板。用户可以按照上述添加约束的方法移动组件
距离	选择该方式后，指定相应的移动矢量方向，并设置移动的距离参数，即可将组件移动到指定的位置
点到点	用于将所选的组件从一个点移动到另一个点。选择该方式后，依次指定出发点和终止点，即可将该组件移动到终止点位置
增量 XYZ	用于平移所选组件。选择该方式后，在对应的【变换】面板中分别设置组件在X、Y 和 Z 轴方向的移动距离即可。如果输入值为正，则沿坐标轴正向移动；反之沿负向移动
角度	用于绕轴线旋转所选的组件。选择该方式后，指定相应的矢量方向和轴点，并设置旋转角度参数，即可将该组件沿选择的旋转轴执行相应的旋转操作
根据三点旋转	选择该方式后，通过指定旋转的轴矢量方向和 3 个参考点，即可将组件执行相应的旋转操作
CSYS 到 CSYS	利用移动坐标系的方式重新定位所选组件。选择该方式后，单击相应的【CSYS对话框】按钮，通过该对话框依次指定起始坐标系和终止坐标系即可
将轴与矢量对齐	选择该方式后，通过依次指定起始矢量、终止矢量和相应的枢轴点，即可将组件移动到指定的位置

9.6　爆炸视图

在打开一个现有的装配体时，或者在执行当前组件的装配操作后，为参看装配体下属的所有组件，以及各组件在子装配体以及总装配中的装配关系，用户可以通过使用爆炸视图功能来查看各个组件的装配关系和约束关系。

9.6.1　创建爆炸视图

爆炸图是指在装配模型中组件按照装配关系偏离原来位置的拆分图形，可以方便用户查看装配中的各零件及其相互之间的装配关系。其在本质上也是一个视图，与其他用户定义的视图一样，一旦定义和命名就可以被添加到其他图形中。本节将详细介绍自动和手动创建爆炸视图的方法和技巧。

1. 创建爆炸视图

要查看装配实体的爆炸效果，首先需要创建爆炸视图。通常创建该视图的方法是：单击【爆炸图】工具栏中的【新建爆炸图】按钮，系统将打开【新建爆炸图】对话框，如图 9-39 所示。

在该对话框中的【名称】文本框中输入爆炸图

图 9-39　【新建爆炸图】对话框

名称，或接受系统的默认名称为 Explosion 1，单击【确定】按钮，即可新建一个爆炸图。

2．自动爆炸组件

通过新建一个爆炸视图即可执行以下的组件爆炸操作，UG NX 装配中的组件爆炸方式为自动爆炸，即基于组件之间保持关联条件，沿表面的正交方向自动爆炸组件。

要执行该方式的爆炸操作，可以单击【爆炸图】工具栏中的【自动爆炸组件】按钮，系统将打开【类选择】对话框。然后在装配环境中选取要进行爆炸的组件，并单击【确定】按钮，即可打开【自动爆炸组件】对话框，如图 9-40 所示。

在该对话框的【距离】文本框中可以设置组件间执行爆炸操作的距离参数，且设置的距离参数将为组件相对于关联组件移动的绝对距离，即组件从当前位置移动指定的距离值，如图 9-41 所示。

图 9-40　【自动爆炸组件】对话框

自动爆炸只能爆炸具有关联条件的组件，对于没有关联条件的组件，不能使用该爆炸方式。

3．手动创建爆炸视图

在执行自动爆炸操作之后，各个零部件的相对位置并非按照正确的规律分布，还需要使用【编辑爆炸图】工具将其调整到最佳的位置。

要执行该操作，可以单击【爆炸图】工具栏中的【编辑爆炸图】按钮　，系统将打开【编辑爆炸图】对话框，如图 9-42 所示。

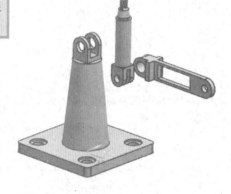

图 9-41　爆炸效果

首先选择【选择对象】单选按钮，并在装配环境中直接选取将要移动的组件，选取的对象将高亮显示；然后选择【移动对象】单选按钮，即可通过移动坐标系将该组件移动或旋转到适当的位置。如图 9-43 所示就是拖动坐标系的 X 轴将连接杆组件移动至合适的位置。

选取该组件为待移动的对象

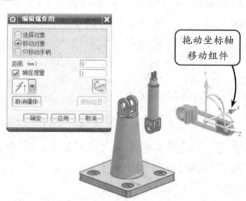

拖动坐标轴移动组件

图 9-42　【编辑爆炸图】对话框

图 9-43　编辑爆炸视图

此外，若选择【只移动手柄】单选按钮，则将只移动由标注 X 轴、Y 轴或 Z 轴方向的箭头所组成的手柄，以便在组件繁多的爆炸视图中仍然可以移动组件。

提 示

在选取要编辑的组件对象时，如果选取错误，则可以使用 Shift＋鼠标左键，取消对该组件的选取。另外，在移动对象时，┌ 下拉列表框将被激活。用户可以选择相应的选项在视图区中构造一点，并单击【确定】按钮，将所选组件移动到构造点的位置。

9.6.2 编辑爆炸视图

在 UG NX 9 的装配环境中，执行相应的自动和手动爆炸视图操作，即可获得理想的爆炸效果。另外，还可以对爆炸视图进行位置编辑、复制、删除和切换等操作，使爆炸效果更加清晰、一目了然。

1．删除爆炸图

当不必显示装配体的爆炸效果时，可以执行删除爆炸图的操作将其删除，具体的操作方法是：在【爆炸图】工具栏中单击【删除爆炸图】按钮 ，系统将打开【爆炸图】对话框，如图 9-44 所示。该对话框中列出了创建的所有爆炸图的名称，用户可以在列表框中选择要删除的爆炸图名称，并单击【确定】按钮，即可将其删除。

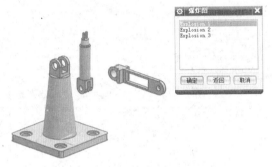

图 9-44　【爆炸图】对话框

2．切换爆炸图

在装配过程中，可以将多个爆炸图进行相应的切换。具体的操作方法是：在【爆炸图】工具栏中单击【工作视图爆炸】列表框按钮 ，系统将打开如图 9-45 所示的下拉列表框。

该列表框中列出了所创建的和正在编辑的各个爆炸图的名称，用户可以根据需要，选择要在当前图形窗口中显示的爆炸图名称，进行相应的切换。

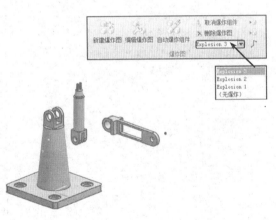

图 9-45　【工作视图爆炸】列表框

3．隐藏组件

执行隐藏组件操作是将当前图形窗口中的组件隐藏。具体的操作方法是：在【爆炸图】工具栏中单击【隐藏视图中的组件】按钮 ，系统将打开【隐藏视图中的组件】对话框。此时，在装配环境中选取要隐藏的组件，并单击【确定】按钮，即可将其隐藏。

此外，该工具栏中的【显示视图中的组件】按钮 是隐藏组件的逆操作，通过该工具可以使已隐藏的组件重新显示在图形窗口中，这里不再赘述。

截止阀在各种管路中的应用非常广泛，其主要作用是控制所在管路的通断状态，效果如图 9-46 所示。该装配体两侧的法兰部分通过螺栓螺母固定和定位管道，通过旋转圆盘带动阀体旋转，这样当阀体对应的孔特征与整个管路流动方向一致时为通路，与管路方向垂直时为截止状态。

要创建该装配体，可以首先添加阀体组件，并使用绝对定位方式完全定位该组件，从而使该组件与装配环境坐标系完全重合，然后按照装配顺序装配其他组件。在设置组件约束方式时，可以多次使用圆心和对齐约束确定组件在装配体中的准确位置。

图 9-46　截止阀装配模型

操作步骤：

1　新建一个名称为"Jiezhifa.prt"的装配文件，单击【确定】按钮进入装配界面。然后在打开的【添加组件】对话框中单击【打开】按钮，并选择本书配套光盘中的文件"drf_valve_106.prt"，即组件 1。接着指定定位方式为【绝对原点】，即可获得如图9-47 所示的定位效果。

件 2 的组件预览图，效果如图 9-48 所示。

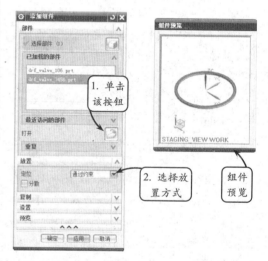

图 9-48　打开组件 2

3　在【装配约束】对话框中选择【接触对齐】类型，并指定要约束的几何体的方位为【接触】。然后依次选择如图 9-49 所示两组件的对应表面为参照面，系统将执行接触约束操作。

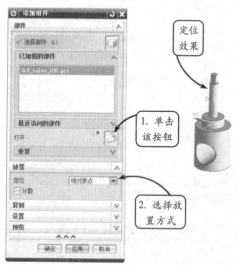

图 9-47　定位组件 1

2　单击【添加】按钮，按照上一步的方法打开本书配套光盘中的文件"drf_valve_3456.prt"，即组件 2，并设置定位方式为【通过约束】。然后单击【确定】按钮，出现组

4　添加完接触约束后，单击【应用】按钮确认该操作。然后继续在【装配约束】对话框中指定要约束的几何体的方位为【自动判断中心/轴】形式，并选取如图 9-50 所示两组件的对应中心线，系统将执行对齐约束操作。

UG NX 9中文版标准教程

此时，单击【确定】按钮，即可定位组件2。

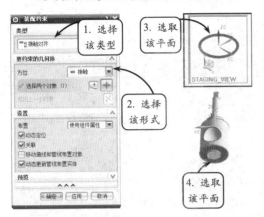

图 9-49　设置接触约束

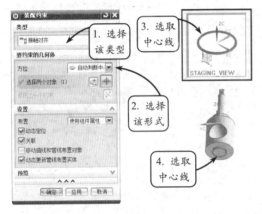

图 9-50　设置对齐约束

5　按照上述方法打开本书配套光盘中的文件"drf_valve_103.prt"，即组件 3，设置定位方式为【通过约束】，单击【确定】按钮后打开【装配约束】对话框。然后选择装配约束类型为【平行】，并依次选取两组件的两平行面为参考面，系统将执行平行约束操作，效果如图9-51所示。

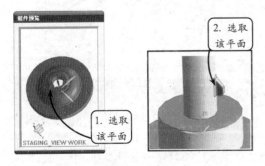

图 9-51　设置平行约束

6　添加完平行约束后，单击【应用】按钮确认该操作。然后继续在【装配约束】对话框中选择【接触对齐】类型，并指定要约束的几何体的方位为【接触】。接着依次选取如图9-52所示两组件的对应表面为参照面，系统将执行接触约束操作。

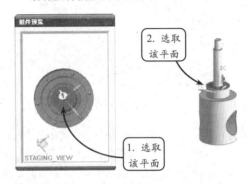

图 9-52　设置接触约束

7　添加完接触约束后，单击【应用】按钮确认该操作。然后再次在【装配约束】对话框中指定要约束的几何体的方位为【自动判断中心/轴】形式，并依次选取两组件的中心线为参考对象，系统将执行对齐约束操作。此时，单击【确定】按钮，即可定位组件3，效果如图9-53所示。

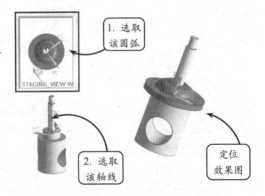

图 9-53　设置对齐约束并定位组件 3

8　按照上述方法打开本书配套光盘中的文件"drf_valve_101.prt"，即组件 4，设置定位方式为【通过约束】方式，单击【确定】后打开【装配约束】对话框。然后选择【接触对齐】类型，并指定要约束的几何体的方位为【接触】。接着选取如图 9-54 所示两组件的对应表面为参照面，系统将执行接触约束操作。

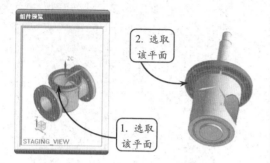

9　添加完接触约束后，单击【应用】按钮确认该操作。然后继续在【装配约束】对话框中指定要约束的几何体的方位为【自动判断中心/轴】形式，并依次选取两组件的中心线为参考对象，系统将执行对齐约束操作，效果如图 9-55 所示。

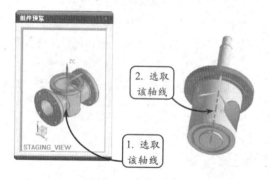

图 9-55　设置对齐约束

10　添加完接触约束后，单击【应用】按钮确认该操作。然后再次在【装配约束】对话框中指定要约束的几何体的方位为【自动判断中心/轴】形式。接着依次选取如图 9-56 所示两组件的对应圆弧，系统将执行接触约束操作。此时，单击【确定】按钮，即可定位组件 4。

11　按照上述方法打开本书配套光盘中的文件"drf_valve_washer.prt"，即组件 5。然后在【装配约束】对话框中选择【同心】类型，并依次选取两组件相应的圆弧为参考对象，系统将执行同心约束操作。此时，单击【确

定】按钮，即可定位组件 5，效果如图 9-57 所示。

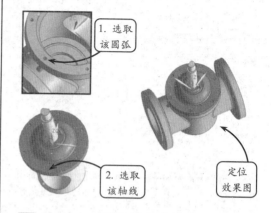

图 9-56　设置对齐约束并定位组件 4

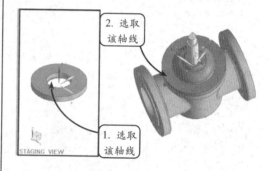

图 9-57　设置同心约束并定位组件 5

12　重复打开"drf_valve_washer.prt"文件，并在【装配约束】对话框中指定【同心】约束，在装配体的适当位置添加相同组件，效果如图 9-58 所示。

图 9-58　定位垫圈

13　按照上述方法打开本书配套光盘中的文件"drf_valve_hex.prt"，即组件 11。然后在【装配约束】对话框中选择【同心】类型，并依次选取两组件相应的圆弧为参考对象，系统

UG NX 9 中文版标准教程

将执行同心约束操作。此时，单击【确定】
按钮，即可定位组件 11，效果如图 9-59
所示。

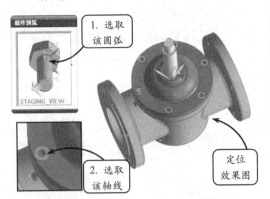

图 9-59　设置同心约束并定位组件 11

14　重复打开 "drf_valve_hex.prt" 文件，并在
【装配约束】对话框中指定【同心】约束，
在装配体的适当位置添加相同组件，效果如
图 9-60 所示。

图 9-60　定位螺栓

15　按照上述方法打开本书配套光盘中的文件
"drf_valve_1234.prt"，即组件 17。设置定
位方式为【通过约束】方式，单击【确定】
按钮后打开【装配约束】对话框。然后选择
要约束的几何体的方位为【平行】类型，并
依次选取两组件的两平行面为参考面，系
统将执行平行约束操作，效果如图 9-61
所示。

16　添加完平行约束后，单击【应用】按钮确认
该操作。然后继续在【装配约束】对话框中
指定要约束的几何体的方位为【自动判断中
心/轴】形式，并依次选取两组件的轴线特

征为参考对象，系统将执行对齐约束操作，
效果如图 9-62 所示。

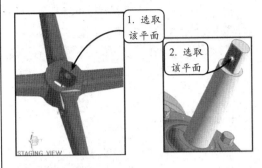

图 9-61　设置平行约束

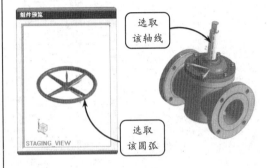

图 9-62　设置对齐约束

17　添加完对齐约束后，单击【应用】按钮确认
该操作。然后再次在【装配约束】对话框中
指定要约束的几何体的方位为【接触】形式。
接着依次选取如图 9-63 所示两组件的对
应表面为参照面，系统将执行接触约束操
作。此时，单击【确定】按钮，即可定位
组件 17。

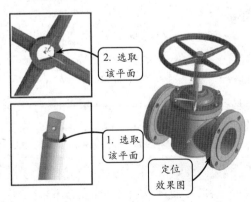

图 9-63　设置接触约束并定位组件 17

18　按照上述方法打开本书配套光盘中的文件

"drf_valve_set_screw.prt"，即组件 18。设置定位方式为【通过约束】方式，单击【确定】按钮后打开【装配约束】对话框。然后指定要约束的几何体的方位为【自动判断中心/轴】形式，并依次选取两组件的特征为参考对象，系统将执行对齐约束操作，效果如图 9-64 所示。

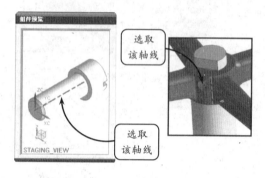

图 9-64　设置对齐约束

19　添加完对齐约束后，单击【应用】按钮确认该操作。然后继续在【装配约束】对话框中指定要约束的几何体的方位为【接触】形式，并依次选取两组件的特征为参考对象，系统将执行约束操作。此时，单击【确定】按钮，即可定位组件 18，效果如图 9-65 所示。

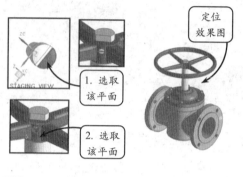

图 9-65　设置对齐约束并定位组件 18

9.8　课堂实例 9-2：创建抽油机装配模型

本实例创建抽油机装配模型，效果如图 9-66 所示。其主要结构包括固定在支座上的桶状缸体，与缸体连接的端盖和三通体结构零件，还有缸体中的拉杆和三通体结构零件中的轴类零件。缸体中的拉杆在别的动力作用下，作往复的直线运动，引起与缸体密封连接的三通体内的空气压力产生变化，油在压力差的作用下，通过三通体底部的接口被吸入，由侧边的接口流出，完成油的抽取。

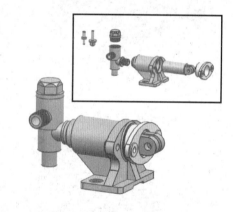

图 9-66　抽油机装配模型

创建该装配模型，主要用到接触、对齐、角度和平行等约束方式。在定位三通体结构的位置时，除了设置接触、对齐约束外，还要通过角度约束来设置两平面间的角度。三通体内部结构的多个零件可以采取从下往上依次定位。而拉杆除了设置与缸体接触、对齐后，还要设置它的顶端侧面与底座的相应侧面为平行约束，才能准确定位。

操作步骤：

1　新建一个名称为"Chouyoujizhuangpei.prt"的装配文件，单击【确定】按钮进入装配界面。然后在打开的【添加组件】对话框中单击【打开】按钮📂，并选择本书配套光盘中的文件 "pump01.prt"，即组件 1。接着指定定位方式为【绝对原点】，即可获得如图

9-67 所示的定位效果。

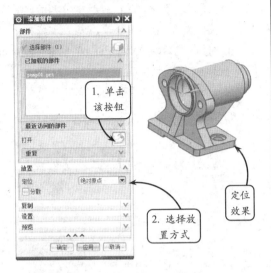

图 9-67　定位组件 1

② 单击【添加】按钮 ，按照上一步的方法打
开本书配套光盘中的文件"pump02.prt"，
并设置定位方式为【通过约束】方式，单击
【确定】按钮后出现定位组件 2 的组件预览
图，效果如图 9-68 所示。

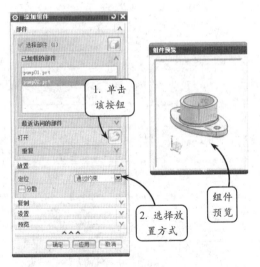

图 9-68　打开组件 2

③ 在【装配约束】对话框中选择【接触对齐】
类型，并指定要约束的几何体的方位为【接
触】方式。然后依次选取组件 2 的底部端面
与组件 1 的内孔端面为参照面，系统将执行
接触约束操作，效果如图 9-69 所示。

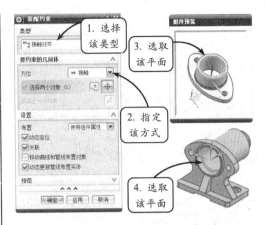

图 9-69　设置接触约束

④ 添加完接触约束后，单击【应用】按钮确认
该操作。然后在【装配约束】对话框中指定
要约束的几何体的方位为【对齐】方式。接
着依次选取组件 2 的凸台孔表面与组件 1 的
内孔表面为参照面，系统将执行对齐约束操
作，效果如图 9-70 所示。

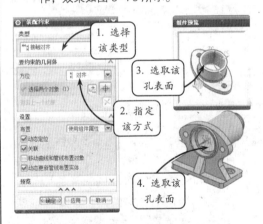

图 9-70　设置对齐约束

⑤ 添加完对齐约束后，单击【应用】按钮确认
该操作。然后继续在【装配约束】对话框中
指定要约束的几何体的方位为【对齐】方式，
依次选取组件 2 的底座的孔表面与组件 1 对
应的孔表面为参照面，单击【确定】按钮即
可，效果如图 9-71 所示。

⑥ 单击【添加】按钮 ，按照上面的方法打开
光盘中的文件"pump04.part"，并设置定
位方式为【通过约束】方式。然后在【装配
约束】对话框中指定要约束的几何体的方位

为【接触】方式，依次选取组件3与组件1的对应平面为参照面，系统将执行接触约束操作，效果如图9-72所示。

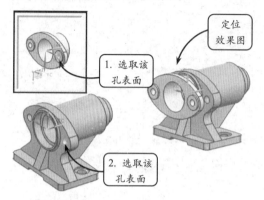

图 9-71　设置对齐约束并定位组件 2

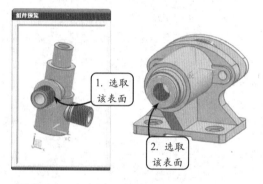

图 9-72　设置接触约束

7 添加完接触约束后，单击【应用】按钮确认该操作。然后在【装配约束】对话框中指定要约束的几何体的方位为【对齐】方式。接着依次选取组件3与组件1的对应表面为参照面，系统将执行对齐约束操作，效果如图9-73所示。

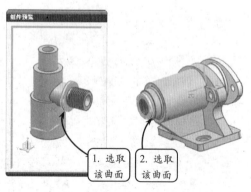

图 9-73　设置对齐约束

8 添加完对齐约束后，单击【应用】按钮确认该操作。然后继续在【装配约束】对话框中选择约束类型为【角度】类型。接着依次选取组件3的顶端平面与组件1的底座侧面为参照面，输入约束角度为90°，单击【确定】即可定位组件3，效果如图9-74所示。

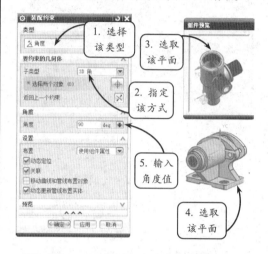

图 9-74　设置角度约束并定位组件 3

9 按照上面的方法打开光盘中的文件"pump07.part"，即组件4，并设置定位方式为【通过约束】方式。然后在【装配约束】对话框中指定要约束的几何体的方位为【接触】方式。接着依次选取组件4与组件3的对应平面为参照面，系统将执行接触约束操作，效果如图9-75所示。

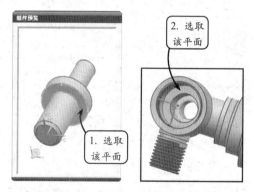

图 9-75　设置接触约束

10 添加完接触约束后，单击【应用】按钮确认该操作。然后在【装配约束】对话框中指定要约束的几何体的方位为【自动判断中心/

轴】方式。接着依次选取组件 4 的轴表面和组件 3 的底端孔表面为参照面，系统将执行对齐约束操作。接着单击【确定】按钮即可定位组件 4，效果如图 9-76 所示。

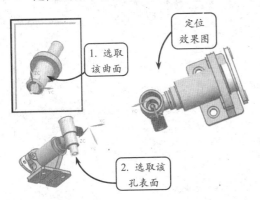

图 9-76 设置对齐约束并定位组件 4

11 按照上面的方法打开光盘中的文件 "pump06.part"，即组件 5，并设置定位类型为【通过约束】方式。然后在【装配约束】对话框中指定要约束的几何体的方位为【接触】方式。接着依次选取组件 5 的圆台底面与组件 3 的对应平面为参照面，系统将执行接触约束操作，效果如图 9-77 所示。

图 9-77 设置接触约束

12 添加完接触约束后，单击【应用】按钮确认该操作。然后在【装配约束】对话框中指定要约束的几何体的方位为【自动判断中心/轴】方式。接着依次选取组件 5 与组件 3 的对应孔表面为参照面，系统将执行对齐约束操作。接着单击【确定】按钮即可定位组件 5，效果如图 9-78 所示。

13 按照上面的方法打开光盘中的文件 "pump05.part"，即组件 6，并设置定位类型为【通过约束】方式。然后在【装配约束】

对话框中指定要约束的几何体的方位为【接触】方式，并选取组件 6 的下表面与组件 3 的上表面为参照面，系统将执行接触约束操作，效果如图 9-79 所示。

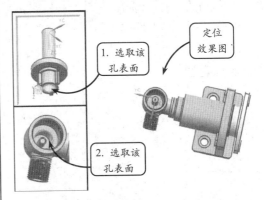

图 9-78 设置对齐约束并定位组件 5

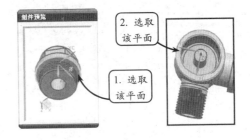

图 9-79 设置接触约束

14 添加完接触约束后，单击【应用】按钮确认该操作。然后在【装配约束】对话框中指定要约束的几何体的方位为【自动判断中心/轴】方式，并依次选取组件 6 的孔表面和组件 5 的轴表面为参照面，系统将执行对齐约束操作。接着单击【确定】按钮即可定位组件 6，效果如图 9-80 所示。

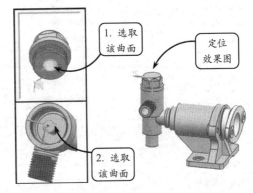

图 9-80 设置对齐约束并定位组件 6

15 按照上面的方法打开光盘中的文件"pump03.part"，即组件 7，并设置定位类型为【通过约束】方式。然后在【装配约束】对话框中指定要约束的几何体的方位为【接触】方式，并依次选取组件 7 的轴端面与组件 1 的对应面为参照面，系统将执行接触约束操作，效果如图 9-81 所示。

取组件 7 的顶端侧面与组件 1 的底座侧面为参照面，单击【确定】按钮即可定位组件 7，效果如图 9-83 所示。

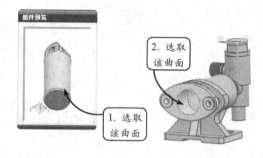

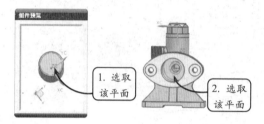

图 9-81　设置接触约束

图 9-82　设置对齐约束

16 添加完接触约束后，单击【应用】按钮确认该操作。然后在【装配约束】对话框中指定要约束的几何体的方位为【自动判断中心/轴】方式，并依次选取组件 7 的轴表面和组件 2 的孔表面为参照面，系统将执行对齐约束操作，效果如图 9-82 所示。

17 添加完对齐约束后，单击【应用】按钮确认该操作。然后继续在【装配约束】对话框中选择约束类型为【平行】类型。接着依次选

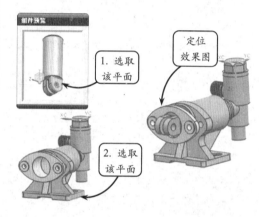

图 9-83　设置平行约束并定位组件 7

9.9　思考与练习

一、填空题

1. 在整个产品的设计过程中，_____是产品制造中的最后一个阶段，其工艺和质量将直接影响机器的质量。

2. _____装配是预先设计好装配中的部件几何模型，然后再将该部件的几何模型添加到装配中，从而使该部件成为一个组件。

3. _____是指组件间的装配关系，用来确定组件在装配过程中的相对位置，其可以由一个或多个约束组成。

4. 在装配设计过程中，遇到包含线性或圆周阵列的螺栓、销钉或螺钉等定位组件进行装配的情况，用户可以使用_____工具一次获得多个组件并确定其位置，快速地完成装配任务。

5. _____是在装配模型中组件按照装配关系偏离原来的位置的拆分图形，可以方便用户查看装配中的零件及其相互之间的装配关系。

二、选择题

1. 下列选项中_____不属于【接触对齐】约束类型的子选项。

　　A. 首选接触　　　B. 接触

　　C. 角度　　　　　D. 对齐

2. 在设置组件之间的约束时，对于具有回转体特征的组件，用户可以将各组件的对应参照设置为_____，从而限制组件在整个装配体中的相对位置。

　　A. 平行约束　　　B. 角度约束

　　C. 接触对齐约束　D. 同心约束

3. 在以下创建组件阵列的方式中，_____
不属于圆形阵列的创建方式。

    A．圆柱面   B．面的法向
    C．基准轴   D．边

三、问答题

1. 简述自底向上装配的操作方法。
2. 简述在设置装配关联条件时最常用的约束类型。
3. 简述手动和自动创建爆炸视图的方法。

四、上机练习

1. 减速器装配模型

本练习创建减速器组件的装配体模型，效果如图 9-84 所示。减速器主要由轴系部件、箱体以及附件三大部分组成。其中，轴系部件主要用于实现回转零件的回转运动，箱体是支撑传动齿轮的主要零件，而附件则包括定位销、起盖螺钉、起吊装置以及油杯等零件，主要是为了保证减速器正常工作，以便于减速器的注油、排油、通气以及吊运等工作。

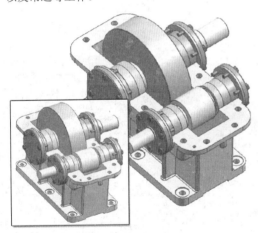

    图 9-84   减速器组件实体模型

此减速器属于齿轮传动的二级减速器。减速器箱内的传动零件一般包括圆柱齿轮、锥齿轮和蜗杆等传动零件，并且这些零件决定减速器的技术特性。其传动轴一般采用阶梯轴，并通过轴承和平键固定轴上零件。因此在装配该减速器组件时，需要首先添加轴类零件为基础件，然后在此基础上按照由里向外的原则装配完成该组件。

2. 活塞传动机构装配

本练习装配活塞传动机构，效果如图 9-85 所示。该机构由活塞、活塞环和活塞销等组成。其中，活塞呈圆柱形，上面装有活塞环，借以在活塞往复运动时密闭气缸；上面的几道活塞环称为气环，用来封闭气缸，防止气缸内的气体漏泄；下面的环称为油环，用来将气缸壁上的多余的润滑油刮下，防止润滑油窜入气缸；活塞销呈圆筒形，它穿入活塞上的销孔和连杆小头中，将活塞和连杆连接起来。

    图 9-85   活塞传动结构

要获得该机构的装配效果，可首先指定一个基础元件，并选择定位方式为【绝对原点】，然后依次添加元件，并设置相应的约束方式限制新添加元件的自由度，即可获得整体装配效果。